メタゲノム解析技術の最前線

Metagenomics: a new frontier
of bacterial community researches

《普及版／Popular Edition》

監修 服部正平

シーエムシー出版

はじめに

　土壌，海洋，河川などの自然環境やヒト，動物，植物，昆虫などの表面や体内にはさまざまな微生物（主に真正細菌と古細菌）が生息している。その種類は $10^6 \sim 10^8$，その総菌数は 10^{30} のオーダーと見積もられており，ヒトや動物などの多細胞生物種に較べてはるかに多様性に富む。また，その全バイオマスは地球上の全生物種の 1/3 にもなり，地球は微生物の惑星という研究者もいる。細菌は通常，多くの細菌種が集まった集団（細菌叢）を形成して生息しており，その構成菌種の数はその生息環境によって，数菌種から数千，数万菌種と広範囲に変化する。

　しかしながら，寒天培地上に形成するコロニー数と顕微鏡下で観察される細菌数が大きく異なること，数十日の培養時間を必要とするきわめて増殖が遅い細菌の存在，培養できる細菌種が全体の 0.1 ～ 1% しか存在しないことを示した土壌細菌叢の DNA-DNA 会合実験など，見えるけれども培養できない細菌種（microorganisms that are viable but not culturable）が細菌叢の大半を占めている事例が多数報告され，これまで実験室で培養できた細菌種は全体の一握りであることが認識されるようになった。

　このような難培養性細菌が大部分を占める環境細菌叢の全体構造や生物機能を探る方法としてメタゲノム解析が登場した。メタゲノム解析は 2003 年頃に世界的に本格化し始めた新しいゲノム解析技術であるが，ここ数年におけるシークエンス技術の革新的な進歩とあいまって，メタゲノム解析を活用した細菌叢研究が急速に発展してきている。

　一方で，メタゲノム解析を実際に活用するには新しいさまざまな要素技術を必要とする。とくに機能生物の解釈には，細菌叢が生息する環境の化学・物理データなどのメタ情報の取得も大事になる。さらには，メタボロームやトランスクリプトームといったオーミクスデータを取り扱うことも細菌叢を包括的に理解するために必要である。

　本書では，基本的なメタゲノムデータの取得技術とバイオインフォマティクス技術，環境や農業に関わる土壌，水田，海洋，地殻深部，植物根圏と植物共生系の細菌叢，宿主との相互作用の面からの昆虫共生細菌叢，産業応用面からのバイオリアクター細菌叢とメタゲノムデータからの機能探索，健康・疾患に関わるヒトの口腔や腸内常在菌叢，機能解析のモデル系など，メタゲノム解析とその関連研究が各分野で活躍している研究者によって解説されている。本書がメタゲノム解析の実際を理解する上での一助になれば幸いである。

2010 年 12 月　　　　　　　　　　　　　　　　　　　　　　　東京大学　服部正平

普及版の刊行にあたって

本書は2010年に『メタゲノム解析技術の最前線』として刊行されました．普及版の刊行にあたり，内容は当時のままであり加筆・訂正などの手は加えておりませんので，ご了承ください．

2017年2月

シーエムシー出版　編集部

執筆者一覧（執筆順）

服部 正平	東京大学大学院　新領域創成科学研究科　教授	
中川 智	㈳バイオ産業情報化コンソーシアム　JBIC研究所　担当部長	
	；現　協和発酵バイオ㈱　ヘルスケア商品開発センター　マネジャー	
野口 英樹	東京工業大学大学院　生命理工学研究科　特任准教授	
伊藤 武彦	東京工業大学大学院　生命理工学研究科　教授	
森 宙史	東京工業大学大学院　生命理工学研究科　生命情報専攻	
丸山 史人	東京医科歯科大学大学院　歯学総合研究科　細菌感染制御学分野	
	准教授	
黒川 顕	東京工業大学大学院　生命理工学研究科　生命情報専攻　教授	
内山 郁夫	自然科学研究機構　基礎生物学研究所　ゲノム情報研究室　助教	
福田 雅夫	長岡技術科学大学　生物系　教授	
森田 英利	麻布大学　獣医学部　食品科学研究室　教授	
菊池 真美	㈱クレハ　生物医学研究所　主任研究員	
上野 真理子	㈱クレハ　生物医学研究所　研究員	
髙見 英人	㈳海洋研究開発機構　深海・極限環境生物圏領域　上席研究員	
高木 善弘	㈳海洋研究開発機構　深海・極限環境生物圏領域　技術研究主任	
竹山 春子	早稲田大学　先進理工学部　生命医科学科　教授	
岡村 好子	早稲田大学大学院　先進理工学研究科　生命医科学専攻　准教授	
本郷 裕一	東京工業大学大学院　生命理工学研究科　生体システム専攻　准教授	
野田 悟子	山梨大学大学院　医学工学総合研究部　准教授	
大熊 盛也	㈳理化学研究所　バイオリソースセンター　微生物材料開発室　室長	

藤 井 隆 夫	崇城大学　生物生命学部　応用生命科学科　教授	
藤　　英　博	㈳理化学研究所　計算生命科学研究センター　研究員	
大 島 健志朗	東京大学大学院　新領域創成科学研究科　特任助教	
中 村 昇 太	大阪大学微生物病研究所　遺伝情報実験センター　感染症メタゲノム研究分野　特任助教	
中 屋 隆 明	大阪大学微生物病研究所　遺伝情報実験センター　感染症メタゲノム研究分野；感染症国際研究センター　特任准教授	
飯 田 哲 也	大阪大学微生物病研究所　遺伝情報実験センター　感染症メタゲノム研究分野；感染症国際研究センター　特任教授	
大 野 博 司	㈳理化学研究所　免疫・アレルギー科学総合研究センター　免疫系構築研究チーム　チームリーダー	
福 田 真 嗣	㈳理化学研究所　免疫・アレルギー科学総合研究センター　免疫系構築研究チーム　研究員	
山 本 幸 司	神戸大学大学院　医学研究科　内科学講座　消化器内科学分野	
吉 田　　優	神戸大学大学院　医学研究科　内科系講座　病因病態解析学分野；内科学講座　消化器内科学分野　准教授	
井 上　　潤	神戸大学大学院　医学研究科　内科学講座　消化器内科学分野	
大 井　　充	神戸大学大学院　医学研究科　内科学講座　消化器内科学分野	
吉 江 智 郎	神戸大学大学院　医学研究科　内科学講座　消化器内科学分野	
東　　　　健	神戸大学大学院　医学研究科　内科学講座　消化器内科学分野　教授	
林　　潤一郎	愛知学院大学　歯学部　歯周病学講座　講師	

小 島 俊 男	浜松医科大学　実験実習機器センター　准教授	
近 藤 伸 二	㈱理化学研究所　計算生命科学研究センター設立準備室　生命モデリングコア　メタシステム研究チーム　研究員	
野 口 俊 英	愛知学院大学　歯学部　歯周病学講座　教授	
藤 井 　 毅	㈱農業環境技術研究所　生物生態機能研究領域　領域長	
星野（髙田）裕子	㈱農業環境技術研究所　生物生態機能研究領域　主任研究員	
森 本 　 晶	㈱農業・食品産業技術総合研究機構　東北農業研究センター　主任研究員	
岡 田 浩 明	㈱農業環境技術研究所　生物生態機能研究領域　主任研究員	
對 馬 誠 也	㈱農業環境技術研究所　農業環境インベントリーセンター　センター長	
海 野 佑 介	㈱農業・食品産業技術総合研究機構　北海道農業研究センター　根圏域研究チーム　特別研究員	
信 濃 卓 郎	㈱農業・食品産業技術総合研究機構　北海道農業研究センター　根圏域研究チーム　チーム長	
伊 藤 英 臣	東京大学大学院　農学生命科学研究科　応用生命化学専攻；日本学術振興会特別研究員	
石 井 　 聡	東京大学大学院　農学生命科学研究科　応用生命化学専攻　特任助教	
妹 尾 啓 史	東京大学大学院　農学生命科学研究科　応用生命化学専攻　教授	
池 田 成 志	㈱農業・食品産業技術総合研究機構　北海道農業研究センター　根圏域研究チーム　芽室研究拠点　主任研究員	
南 澤 　 究	東北大学大学院　生命科学研究科　教授	

執筆者の所属表記は，2010年当時のものを使用しております。

目　次

【基礎編】

第1章　総論

1　メタゲノム解析とは何か …… 服部正平…3
　1.1　はじめに …………………………… 3
　1.2　メタゲノム解析の基本的なウェット実験プロセス ……………………… 4
　1.3　メタゲノム解析の基本的なバイオインフォマティクス ………………… 5
　1.4　メタゲノム解析とリファレンスゲノム ……………………………… 8
　1.5　細菌叢メタゲノム解析と環境生態系 ………………………………… 9
　1.6　国際動向 …………………………… 10
　1.7　おわりに …………………………… 11

2　メタゲノム関連技術の産業利用と世界動向 ……………………… 中川　智…13
　2.1　メタゲノム解析とは ……………… 13
　2.2　メタゲノム解析に関する会議 …… 14
　2.3　メタゲノム解析に必要なDNAの調製 …………………………………… 14
　2.4　メタゲノム解析 …………………… 15
　2.5　主なメタゲノム解析プロジェクト … 18
　2.6　企業の活動 ………………………… 22
　2.7　バイオインフォマティクス ……… 24
　2.8　技術開発の進展に伴う今後のメタゲノム解析 ……………………………… 28

第2章　解析技術

1　メタゲノム解析におけるバイオインフォマティクス ……… 野口英樹, 伊藤武彦…33
　1.1　はじめに …………………………… 33
　1.2　ヒト腸内細菌叢メタゲノム解析を例に ………………………………… 34
　1.3　メタゲノム配列からの遺伝子予測 … 37

2　メタゲノムデータベース
　……… 森　宙史, 丸山史人, 黒川　顕…42
　2.1　メタゲノム解析とは ……………… 42
　2.2　メタゲノム解析専用のデータベース ………………………………… 43
　2.3　比較メタゲノム解析 ……………… 44
　2.4　メタデータの重要性 ……………… 45
　2.5　メタゲノム解析に利用可能なデータベース ………………………………… 46
　2.6　リファレンスゲノムの重要性 …… 49
　2.7　16S rRNA群集構造解析について ………………………………… 49

I

2.8 おわりに …………………… 52
3 比較ゲノムにおけるインフォマティクス基盤 ………………… 内山郁夫…54
　3.1 はじめに …………………… 54
　3.2 微生物ゲノム情報の蓄積 …… 54
　3.3 オーソログ解析 …………… 55
　3.4 微生物の比較ゲノムデータベース
　　　 …………………………… 57
　3.5 コアゲノム解析 …………… 58
　3.6 比較ゲノム解析ワークベンチ … 62
4 メタゲノムの産業利用 …… 福田雅夫…66
　4.1 はじめに …………………… 66
　4.2 メタゲノムからの有用遺伝子の探索
　　　 …………………………… 67
　4.3 メタゲノムの産業利用＝新規有用遺伝子の探索における課題 …… 71
　4.4 おわりに …………………… 71

5 腸内細菌叢ゲノムDNAの調製法
　 …… 森田英利, 菊池真美, 上野真理子…81
　5.1 はじめに …………………… 81
　5.2 糞便サンプル ……………… 82
　5.3 凍結糞便サンプルからの細菌細胞の回収 ………………………… 82
　5.4 細菌細胞の溶菌・破砕とゲノムDNA精製のためのプロトコール … 83
　5.5 細菌ゲノムDNAの精製 …… 84
　5.6 16S rRNA遺伝子配列解析 … 84
　5.7 メタゲノム解析方法 ………… 85
　5.8 各手法により精製された細菌ゲノムDNA量とそのクオリティの比較
　　　 …………………………… 85
　5.9 DNAのクオリティに関する各手法間の比較 ……………………… 86
　5.10 結論 ……………………… 88

【応用編】

第3章　環境・海洋

1 メタゲノム解析から地下深部環境を探る
　 ……………… 髙見英人, 高木善弘…95
　1.1 はじめに …………………… 95
　1.2 地下鉱山の熱水流路に繁茂する微生物マットのメタゲノム解析 … 96
　1.3 下北半島東方沖海洋掘削コアサンプルのメタゲノム解析 ……… 102
2 マリンメタゲノム：海洋性難培養微生物からの有用遺伝子・物質の探索
　 ……………… 竹山春子, 岡村好子…108
　2.1 はじめに …………………… 108
　2.2 カイメン共生・共在バクテリアのメタゲノムライブラリー構築 …… 109
　2.3 メタゲノムライブラリーからの有用遺伝子スクリーニング ……… 111
　2.4 シングルセルバイオロジーからメタゲノミックス ……………… 115
　2.5 おわりに …………………… 116

3 難培養性微生物種のゲノム解析技術と
シロアリ腸内共生機構 …… **本郷裕一**…118
3.1 はじめに …………………………… 118
3.2 難培養性細菌種の少数細胞からの
ゲノム完全長配列取得 …………… 118
3.3 培養不能細菌種のゲノム解析が明
らかにしたシロアリ腸内共生機構
……………………………………… 121
3.4 シングルセル・ゲノミクスと今後
の展望 ……………………………… 123
4 微生物群集のメタトランスクリプトーム
解析 ………… **野田悟子，大熊盛也**…127
4.1 はじめに …………………………… 127
4.2 トランスクリプトーム解析の意義
……………………………………… 127

4.3 環境微生物のトランスクリプトーム
解析 ………………………………… 128
4.4 シロアリ共生原生生物の EST 解析
……………………………………… 131
4.5 おわりに …………………………… 134
5 嫌気的アンモニア酸化（anammox）の
反応機構と微生物複合システム解析
………… **藤井隆夫，藤　英博**…137
5.1 はじめに …………………………… 137
5.2 anammox 細菌の発見 …………… 137
5.3 anammox 細菌の多様性 ………… 138
5.4 anammox 細菌のメタゲノム解析
……………………………………… 140
5.5 anammox の反応機構 …………… 141
5.6 おわりに …………………………… 142

第4章　医療・健康

1 ヒトマイクロバイオームのメタゲノム
解析 ………… **服部正平，大島健志朗**…143
1.1 はじめに …………………………… 143
1.2 ヒト常在菌叢の細菌組成解析 …… 144
1.3 ヒト腸内マイクロバイオームの
メタゲノム解析 …………………… 148
1.4 ヒト常在菌の個別ゲノム解析 …… 151
1.5 次世代（第2世代）シークエンサー
を用いた細菌叢メタゲノム解析 … 152
1.6 腸内細菌叢の機能と宿主との相互
作用 ………………………………… 154
1.7 腸内細菌叢と疾患 ………………… 156
1.8 国際ヒトマイクロバイオーム計画と

今後の展望 ………………………… 157
2 次世代シークエンサーを用いた感染症
の診断と解析
…… **中村昇太，中屋隆明，飯田哲也**…160
2.1 次世代 DNA シークエンサーの感染症
領域への応用 ……………………… 160
2.2 病原細菌の迅速ゲノム解析 ……… 160
2.3 メタゲノム解析による病原体検出
……………………………………… 161
2.4 細菌感染症への応用 ……………… 162
2.5 ウイルス感染症への応用 ………… 165
2.6 展望 ………………………………… 167
3 マウスモデルを用いた宿主─腸内フロー

ラ間相互作用の解析
　　　　………… 大野博司, 福田真嗣…169
3.1　ノトバイオートマウスを用いた解析
　　　………………………………… 170
3.2　SPFマウスを用いたマルチオミクス
　　　解析による腸内環境評価法の確立の
　　　試み ……………………………… 174
3.3　おわりに ………………………… 175
4　疾患とメタゲノム（腸内細菌と炎症性
　腸疾患）… 山本幸司, 吉田　優, 井上　潤,
　　　大井　充, 吉江智郎, 東　健…176
4.1　はじめに ………………………… 176
4.2　腸内細菌叢の構成と生体との相互
　　　作用 ……………………………… 177
4.3　腸内細菌と疾患 ………………… 179
4.4　メタゲノム解析の有用性 ……… 182
4.5　腸内細菌叢を標的とした治療 …… 182
4.6　おわりに ………………………… 183
5　口腔内フローラのメタゲノム解析
　　………… 林潤一郎, 小島俊男, 近藤伸二,
　　　　　　森田英利, 野口俊英…187
5.1　はじめに ………………………… 187
5.2　口腔フローラと口腔疾患 ……… 187
5.3　歯肉縁下プラークと歯周炎 …… 188
5.4　口腔フローラのメタゲノム研究 … 190
5.5　おわりに ………………………… 197

第5章　農　業

1　農耕地土壌の生物学的特性解明への挑戦
　　………… 藤井　毅, 星野（高田）裕子,
　　　森本　晶, 岡田浩明, 對馬誠也…200
1.1　はじめに ………………………… 200
1.2　スキムミルクを用いた土壌DNA
　　　抽出法の確立 …………………… 202
1.3　PCR-DGGEを用いた農耕地土壌に
　　　おける生物学的特性の解析 …… 203
1.4　eDNAプロジェクト …………… 205
1.5　土壌メタトランスクリプトーム解析
　　　…………………………………… 207
1.6　今後の展望 ……………………… 207
2　植物根圏土壌におけるメタゲノム解析
　　　………… 海野佑介, 信濃卓郎…209
2.1　植物根圏とそこに棲む微生物 …… 209
2.2　植物根圏微生物群集へのメタゲノム
　　　解析 ……………………………… 210
3　水田土壌のメタゲノム解析
　　…… 伊藤英臣, 石井　聡, 妹尾啓史…215
3.1　はじめに（水田土壌の特徴と微生物）
　　　…………………………………… 215
3.2　水田土壌のメタゲノム解析 …… 217
3.3　おわりに ………………………… 220
4　植物共生微生物の群集構造解析
　　　………… 池田成志, 南澤　究…222
4.1　はじめに ………………………… 222
4.2　非培養法による植物共生微生物の
　　　群集構造解析の現状と問題点 …… 222
4.3　細菌細胞濃縮法の開発 ………… 224
4.4　新時代の植物共生細菌の多様性

解析・群集構造解析 ················ 225
4.5　植物共生科学におけるパラダイム
　　　シフト ································ 229

4.6　今後の植物共生科学の展望：多様性
　　　解析からメタゲノム解析へ向けて
　　　 ······································· 229

基礎編

第1章 総 論

1 メタゲノム解析とは何か

服部正平[*]

1.1 はじめに

　さまざまな環境に生息する細菌叢に対して，どういった細菌種で構成されているのか？　細菌種の間にはどんな関係があるのか？　細菌叢と周りの環境の間にはどのような関係があるのか？　どのような機能をもった遺伝子や代謝系が存在するのか？　それらはどのように獲得されてきたのか？　細菌叢の形成を決定する要因は何か？　環境または宿主生態系の形成や変動における細菌叢の役割は？など，多くの質問が浮かんでくる。

　難培養性細菌が多数を占める細菌叢を研究する方法として，構成する細菌種の16Sリボソーム（16S）遺伝子を指標とする方法がある。構成する細菌種の16S配列をPCRで一括増幅し，その配列解析から構成する菌種を特定したり，菌種組成を解析するのである。しかし，この方法では生物機能に直結する遺伝子を解析することができない。そこで，細菌叢が有する生物機能を探索するアプローチとしてメタゲノム解析が提唱された。'metagenome'という語句が現れるもっとも古い報告は1998年に発表された土壌細菌叢に関する論文である[1]。この論文は，細菌叢を構成する細菌種のゲノムの集合体，すなわち，メタゲノムからさまざまな化合物の生合成に関わる遺伝子をクローニングするという戦略を提唱した。この戦略によって，従来における培養された細菌種からの探索よりもより多くの新規な生合成遺伝子，つまり新規化合物を，膨大未知な難培養性細菌種から発見できるというわけである。

　その後，この論文のアイデアに沿って，メタゲノムからプラスミドやフォスミドライブラリーを構築し，そこから抗生物質耐性やさまざまな酵素活性を有する遺伝子をクローニングする研究が進んだ。同時に，配列類似度を指標に機能既知の遺伝子に類似した遺伝子をPCRによってメタゲノムから増幅して同定する方法も開発された。

　これらのメタゲノムを活用した細菌種の解析や有用遺伝子の探索に加えて，2002年後半頃から細菌叢やファージ群集のメタゲノムをランダムにシークエンスする新たな方法が現れた[2~4]。この方法は，菌種解析や特定の有用遺伝子の探索とは異なり，細菌叢やファージ群集全体がコードする（新規遺伝子も含めた）遺伝子をバイアスなく枚挙するものであり，得られる遺伝子情報

---

　[*]　Masahira Hattori　東京大学大学院　新領域創成科学研究科　教授

メタゲノム解析技術の最前線

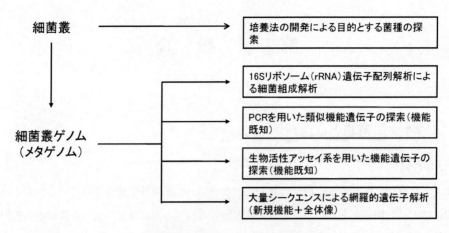

図1 細菌叢と細菌叢メタゲノムの解析方法

から生存(適応)戦略, 多様性, 代謝物, ネットワークなどの細菌叢の生命システム (=叢として の生きるしくみ) の全体像の解明に迫るものである (図1)。この網羅的なシークエンスをベースにしたメタゲノム解析は, 近年におけるシークエンサーの進歩と相まって, その有効性がさらに深まり, 微生物学や微生物が関係するさまざまな研究分野におおきな波及効果をもたらしてきている。

世界的な趨勢として, 今日におけるメタゲノム解析 (Metagenomics) とは大量シークエンスによる網羅的解析を指しており, 難培養性細菌をおもな対象とした当初における16S配列解析や特定の機能遺伝子のクローニングなどの解析と区別する方向にある[5]。

1.2 メタゲノム解析の基本的なウェット実験プロセス

細菌叢からそのDNAを調製できれば, メタゲノム解析はいかなる細菌叢にも応用できる。その基本的プロセスは, ①細菌叢の全ゲノムDNAの調製, ②それらの断片化によるゲノムDNAライブラリーの作製, ③ショットガンシークエンスによる大量の断片配列の取得, ④得られた断片配列のアセンブリによる連続した長い配列 (コンティグ) とシングルトン (コンティグを形成しない断片配列) で構成される重複のないメタゲノム配列の決定の各ステップからなる (図2)。

この一連の実験プロセスにおいて, 大事なことは細菌叢からのDNA抽出の手法の確立である。細菌叢にはさまざまな種類の細菌 (ときには環境や宿主由来の細胞なども夾雑する) が混在しており, これらをバイアスなく溶菌する方法や菌種組成が変化しない長期保存および搬送方法を検討しておく必要がある。これは定量性の高い解析データの取得と他の方法で得られたデータとの互換性を検討する上で重要である。

細菌叢を構成する各細菌種のゲノムをほぼ完全に再構築できるかどうかは, 構成する菌種数,

第1章　総　論

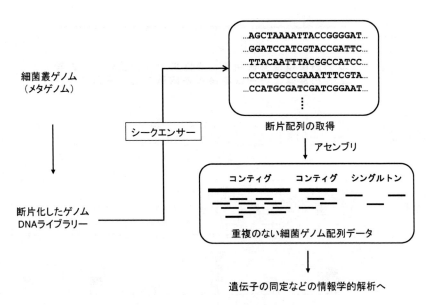

図2　細菌叢のメタゲノム解析（細菌ゲノム配列の取得）

菌種の組成比，収集するシークエンス量（配列情報量）に依存する。たとえば，わずか数菌種で構成されている強酸性を呈する鉱山排水中に形成されるバイオマットの細菌叢のメタゲノム解析の場合，11 Mb 程度の配列情報量で優占する複数の細菌種のほぼ完全なゲノムが再構築された[6]。しかし，1,000 種の細菌種（その平均ゲノムサイズを 3 Mb とする）がそれぞれ 0.1％の組成比で構成される細菌叢を仮定したとき，その大半のゲノムの決定には少なくとも 30 Gb の配列情報が必要になる。今日，200 以上の細菌叢のメタゲノムプロジェクトが進行しているが，優占菌種のゲノム情報を明らかにした場合やほとんどが断片配列のままであるなど，解析の程度はさまざまとなっている。本書では，大量のメタゲノムデータとフォスミドなどを用いて細菌叢に優占する特定の菌種のゲノムを再構築する例が示されている。

近年，従来のサンガー法を原理としたキャピラリ型シークエンサーの数千倍の配列決定スピードを有する第 2 世代型シークエンサーが開発され，これらを用いることにより，一つのプロジェクトで数百 Mb〜数十 Gb の配列を決定でき（たとえば，124 名のヒト腸内細菌叢に対して 500Gb 以上の配列が決定されている[7]，より網羅的なメタゲノム解析が可能になっている。

1.3　メタゲノム解析の基本的なバイオインフォマティクス

メタゲノム解析の利点は，細菌叢が有する遺伝子組成からその機能的特徴を把握できるところにある。この解析はバイオインフォマティクスに依るところが大きい。ここでは，メタゲノムデータの基本的な情報学的解析プロセスを示す（図3）。まず，重複のない細菌ゲノム配列にコー

メタゲノム解析技術の最前線

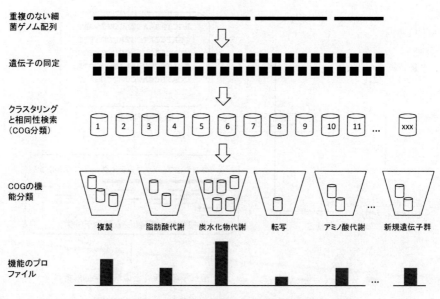

図3 メタゲノム解析における情報学的解析と細菌叢の機能プロファイリング

表1 環境細菌叢のメタゲノム解析例

細菌叢	配列情報量（Mb）	遺伝子数
リッチモンド鉄鉱山の酸性廃水中の細菌バイオマット	11	12,559
サルガッソー海の海洋表面からの海洋細菌	1600	1,200,000
Eel 川堆積層の嫌気的メタン酸化（AOM）古細菌叢	2	2,332
サンタクルツ内湾の鯨骨（深海）に生息する海洋細菌叢	95	122,145
ミネソタ鉄鉱山の Soudan 採掘坑の廃水中の細菌叢	74	15,500
ヒト腸内細菌叢（2名のアメリカ人）	72	46,503
高いリン除去能を有するバイオリアクターの細菌叢	110	64,844
海洋生息貧毛類 Olavius algarvensis の共生細菌叢	30	21,154
マウス（肥満）腸内細菌叢	200	13,892
太平洋，大西洋41カ所の海洋細菌叢	6300	6,123,395
健康ヒト口腔（TM7）細菌叢	3	4,078
シロアリ腸内細菌叢	62	82,789
ヒト腸内細菌叢（13名の日本人）	727	662,548
Northern Line Islands 珊瑚礁の海洋細菌叢	208	243,600
スーパーマーケット室内の大気中の細菌叢	80	79,005
ワシントン湖堆積物の細菌叢	255	321,503
ヒト腸内細菌叢（124名の欧州人）*	577,000	3,299,822

*第2世代シークエンサーによる解析

第1章　総　論

ドされる遺伝子を情報学的に同定する。表1には，論文発表されたメタゲノムデータの配列情報量とそこから同定された遺伝子数の例を示す。ついで，類似したアミノ酸配列をもつ（同じ機能をもつ）遺伝子のクラスタリングと公的データバンクに登録された機能既知遺伝子に対する相同性検索を行う。これにより，同定された各遺伝子は配列類似度を指標に各COG（Clusters of Orthologous Group：配列が有意に類似したオルソログ遺伝子のグループ）にクラスター化され，さらに各COGは表2に示した25の機能カテゴリーに分類される。ついで，各機能カテゴリーに含まれるCOGの数から細菌叢における機能の頻度分布（プロファイル）を知ることができる。この機能プロファイルは細菌叢を特徴づける機能を示す。図3では，炭水化物の代謝に関連する遺伝子が多いことがこの細菌叢の機能的な特徴になる。メタゲノム解析では，既知遺伝子と有意な配列類似度を示さない新規遺伝子候補（新規遺伝子のクラスター）も多数発見され，そのおお

表2　遺伝子の機能カテゴリー

情報記憶と処理	
J	翻訳，リボソームの構造と構築
A*	RNAのプロセシングと修飾
K	転写
L	複製，組換え，修復
B*	クロマチン構造
細胞プロセシングとシグナリング	
D	細胞周期の制御，細胞分裂，染色体分配
Y*	核構造
V	防御機構
T	シグナル伝達機構
M	細胞壁，膜
N	細胞運動性
Z*	細胞骨格
W	細胞外構造
U	細胞内移動，分泌，および小胞輸送
O	翻訳後修飾，たんぱく質の代謝回転，折りたたみ
代謝	
C	エネルギー生産と変換
G	炭水化物の輸送と代謝
E	アミノ酸の輸送と代謝
F	ヌクレオチドの輸送と代謝
H	補酵素の輸送と代謝
I	脂質の輸送と代謝
P	無機イオンの輸送と代謝
Q	二次代謝物の生合成，輸送，異化
機能が未確定	
R	予測のみの機能
S	機能未知

*原核生物にはない機能カテゴリー

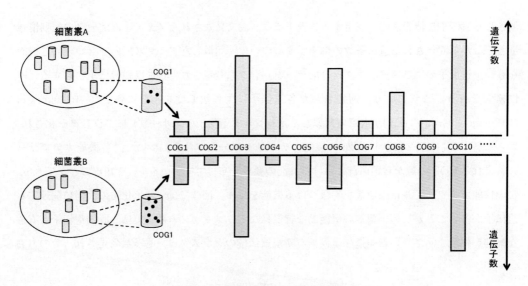

図4 細菌叢の比較メタゲノム解析
・：個々のオルソログ遺伝子，COG：オルソログ遺伝子グループ

よその割合は同定された全遺伝子の1/2〜1/4である。これらは新たな機能や有用機能の発見につながる。

上述した機能プロファイリングのほかに，同一COGに属するオルソログ遺伝子の数を異なった細菌叢間で直接比較して（比較メタゲノム解析），その細菌叢間で特徴的に増減するCOG／機能を抽出することもできる（図4）。図4では，COG8とCOG5が細菌叢AとBにそれぞれ特徴的に存在する。また，COG3とCOG10は両方の細菌叢で共通して高頻度に存在することがわかる。

1.4 メタゲノム解析とリファレンスゲノム

PubMedを'metagenome'で検索すると，16S配列解析による菌種解析，データベース構築を含めたバイオインフォマティクス関係，特定機能遺伝子の探索，細菌叢としての機能研究，ウェット方法論の開発，大量シークエンス情報によるメタゲノム解析などが研究テーマとなっている。この中で，大量シークエンス情報によるメタゲノム解析は，2003年以来，今日までに合計240のプロジェクトが論文発表またはその進捗状況が公表されている[8]。図5に大量シークエンス情報にもとづくメタゲノム解析プロジェクトの対象となった細菌叢およびファージ群集の内訳を示す。

一方，メタゲノム解析によって同定される遺伝子の菌種帰属は容易ではなく，それを克服するためのリファレンスとなる細菌個別のゲノム情報の取得も始まっている[9]。これは，科学的興味

第1章 総　論

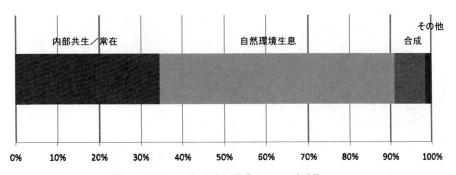

ヒト（動物）、昆虫、植物、魚類等の内部共生細菌叢とファージ群集：83
土壌、海洋、河川等の自然環境生息細菌叢とファージ群集：135
産業バイオリアクター等の合成細菌叢とファージ群集：18
その他：4
計 240

図5　メタゲノム解析の対象となっている細菌叢とファージ群集の内訳
GOLD：http://www.genomesonline.org/ より引用

の結果生じた情報バイアスを是正する目的で，すべての細菌系統においてゲノム情報が相対的に少ない系統の菌種を選択的に解析して，バイアスの少ないリファレンスゲノム情報データベースを構築するものである。つまり，これまで培養されてなかった細菌種も含めて，より系統立てた細菌研究をゲノム科学的に進めると言うことである。リファレンスゲノム情報が充実することで，メタゲノム中の遺伝子の正確な菌種帰属やこれまでにない高い定量性をもった菌種組成解析を行うことが可能になり，メタゲノムデータの有効性は増大する。約1,000菌種のヒト常在菌のリファレンスゲノムの収集が国際的にも進んでいる。

1.5　細菌叢メタゲノム解析と環境生態系

　細菌叢の研究は，それらが生息する環境との関係やそれらが形成する環境生態系全体を研究する分野でもある。これまで，生息する細菌種の同定や分類の研究が中心に行われてきたが，メタゲノム解析により「環境の上に成り立つ生命システム」と言う包括的な研究が展開できるようになった。そのため，メタゲノム情報とともに細菌叢の遺伝子発現（メタトランスクリプトーム）や代謝物（メタボローム），たんぱく質（プロテオーム）情報を統合したオーミクス情報も必要になる（図6）。これらの分子種の測定と情報収集には第2世代シークエンサー，質量分析器，核磁気共鳴（NMR）が有効である。このようなさまざまなオーミクスデータを解釈し理解するためには，環境のpH，温度，酸素濃度，窒素・炭素源，リン・鉄などの無機イオン濃度，塩濃度などのさまざまな化学的・生化学的データ，動物体内を生息場所とする場合には，宿主の性別，

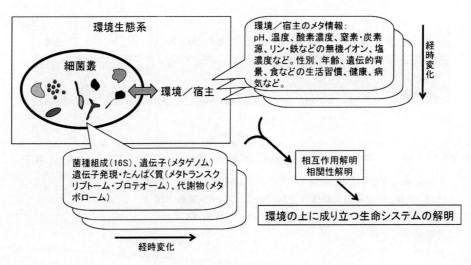

図6 環境の上に成り立つ生命システムの解明

年齢,食などの生活習慣,遺伝的背景（ゲノム情報や遺伝子発現情報），健康状態などのメタ情報との相関性を調べる必要がある。また，日々変動する自然環境は実験室で再現できないため，一度のサンプリングよりも長期的で経時的なサンプル収集も必要となる。階層クラスタリング法,外挿法,主成分分析法,自己組織化マッピング法などが，代謝物の増減と菌種の増減間の相関性といった異種データ間や環境／宿主のメタ情報との相関性を調べる上で有効な計算機科学や統計学の手法として利用されている。

1.6 国際動向

メタゲノム解析技術の確立とシークエンス技術の著しい進歩の中で，米国アカデミー調査評議会（National Research Council of The National Academies）は，地球の膨大未知な部分である細菌叢を解き明かす新しい科学としてメタゲノム解析の重要性を取り上げている[10,11]。この中で，ヒトや動物，地球環境に生息する細菌叢ゲノムの理解はヒトゲノムを理解することと同じくらい重要であると説いている。これに呼応して，メタゲノム関係の論文やプロジェクトの世界的な増加にくわえて，欧米ではヒト常在細菌叢ゲノム研究が2008年から国家プロジェクトとして発足し，日米欧中の研究者を中心とした国際コンソーシアムが立ち上がっている[12]。土壌や海洋などの細菌叢メタゲノム研究の国際ミーティングやシンポジウムも本格化してきており，ヒト常在菌叢と同様に，今後，具体的な国際コンソーシアムの設立が予想される[13,14]。このコンソーシアム化は，情報の迅速共有だけでなく，研究者間でサンプリングや解析手法を統一することにより，解析データの互換性が高まり，より効率的で信頼性の高い科学的知見の発見や解釈につなが

る。

1.7 おわりに

自然環境やヒトなどに生息する細菌叢の全貌解明は，これまで難攻不落の研究テーマであったが，第2世代シークエンサー，質量分析器，NMRを用いたオーミクス解析によって，今や難培養性細菌の正体も含めた網羅的で体系立てた解明が可能となってきた。一方で，これらの研究で蓄積される生物情報量は桁違いに膨大であり，その現実的な時間内での解析にはバイオインフォマティクスの高度化や計算機環境の整備が伴わないといけない。これは個人で対応できる問題ではなく，組織や国家レベルでの対処が必要である。また，このようなハード面の充実にくわえて，膨大なメタゲノムを含めた生物情報の中で何が重要であるかといったソフト面の検討も必要である。地球上の最大多数派である微生物圏の包括的な理解は，地球生物種の多様性と進化の解明を含めた現代細菌学の再体系化の始まりであるとともに，ヒトの健康と病気，地球または地域規模での物質循環や環境変動，環境保全，食糧生産などの人類が抱える諸問題の解決に繋がる重要な科学的課題であり，新たな産業創成の資源になると期待される（図7）。

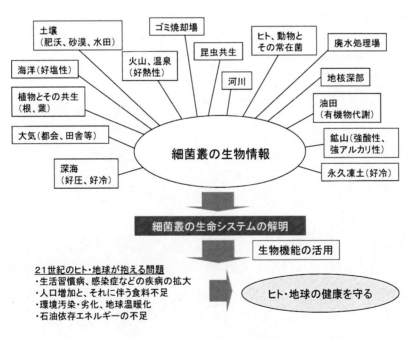

図7 メタゲノム解析の波及効果

文　献

1) Handelsman J *et al*. Molecular biological access to the chemistry of unknown soil microbes: a new frontier for natural products. *Chem. Biol.* **5**, R245-R249 (1998)
2) Breitbart M *et al*. Genomic analysis of uncultured marine viral communities. *Proc. Natl. Acad. Sci. USA.* **99**, 14250-14255 (2002)
3) Breitbart M *et al*. Metagenomic analyses of an uncultured viral community from human feces. *J. Bacteriol.* **185**, 6220-6223 (2003)
4) Schmeisser C *et al*. Metagenome survey of biofilms in drinking-water networks. *Appl. Environ. Microbiol.* **69**, 7298-7309 (2003)
5) Hugenholtz P *et al*. Metagenomics. *Nature* **455**, 481-483 (2008)
6) Tyson GW *et al*. Community structure and metabolism through reconstruction of microbial genomes from the environment. *Nature* **428**, 37-43 (2004)
7) Qin J *et al*. A human gut microbial gene catalogue established by metagenomic sequencing. *Nature* **464**, 59-65 (2010)
8) GOLD：http://www.genomesonline.org/
9) Wu D *et al*. A phylogeny-driven genomic encyclopaedia of Bacteria and Archaea. *Nature* **462**, 1056-1059 (2009)
10) Pennisi E. Metagenomics. Massive microbial sequence project proposed. *Science.* **315**, 1718 (2007)
11) http://books.nap.edu/catalog.php?record_id=11902
12) Mullard A. The inside story. *Nature* **453**, 578-580 (2008)
13) http://metagenomics.calit2.net/2007/index.php
14) http://www.conventus.de/soil2010/

2 メタゲノム関連技術の産業利用と世界動向

中川　智*

2.1 メタゲノム解析とは

メタゲノムという用語は，1998年に Jo Handelsman らが初めて使ったもので，"metagenome" とは "the groundwork for cloning and functional analysis of the collective genomes of (soil) microflora" であると定義している[1]。すなわち，地球上の様々な環境には，多種多様な微生物が棲息しているが，これらの微生物のうち，実験室環境で培養可能なものはごくわずかであり，多くの微生物が培養困難である中，微生物の培養を経ることなく，染色体DNAを直接回収して，クローニングと機能解析を行おうとしたものである[2〜4]。

環境中に棲息する微生物の遺伝子を解析するという研究自体は，1980年代半ばにさかのぼる。Norman R. Pace らは1985年に，RNAを回収したのち，逆転写反応によりcDNAを合成した[5〜6]。引き続き，PCR法を用いて16S rRNA配列を増幅し，塩基配列を決定することにより微生物の多様性の解析に成功した。この研究を発端として，環境中から直接DNAをクローニングすることを考え，1991年の報告につながる[7]。その後1995年になると，Healy らが高温性嫌気微生物群からDNAを回収し，大腸菌でメタゲノムライブラリーを構築した（zoolibrariesと称した）[8]。そこから，セルラーゼやキシロシダーゼなどの酵素遺伝子の単離に成功している。

一方，"metagenomics" という用語は，2005年に Kevin Chen らが用いたもので，"the application of modern genomics techniques to the study of communities of microbial organisms directly in their natural environments, bypassing the need for isolation and lab cultivation of individual species" と定義した[9]。従来のmetagenome解析研究が，個々の遺伝子を解析対象としたのに対して，metagenomicsでは，ゲノム解析技術を用いて，微生物群集を対象に，ゲノム単位での解析をイメージしたものとなっている[10]。

メタゲノム解析を技術的な観点から大きく2つに分けると，メタゲノム由来のDNAにコードされた遺伝子の機能に基づいて解析するFunction Driven型と，DNAの塩基配列に基づいて解析するSequence Driven型の2通りがある[2〜4]。

DNA塩基配列のコストが高かった1990年代までは，Sequence Driven型のものも，目的とする遺伝子群で共通に保存された領域を利用したPCR法による増幅で取得する方法，または，ハイブリダイゼーション法を用いて取得する方法というものが主流であったが，2000年以降，メタゲノムライブラリーを構築したのち，DNAの塩基配列を決定するというメタゲノム解析が

---

* Satoshi Nakagawa　㈳バイオ産業情報化コンソーシアム　JBIC研究所　担当部長
　　　　　　　　；現　協和発酵バイオ㈱　ヘルスケア商品開発センター　マネジャー

徐々に増加してきた。これは，ヒトゲノム配列を決定する国際プロジェクトの進展に伴い，塩基配列決定技術が急速に進展したことの影響を受けたものであり，2000年代半ばから，塩基配列を解読するメタゲノムプロジェクトの規模は年々拡大してきた。さらに，2005年の次世代型シーケンサの登場以降は，塩基配列決定コストの大幅な低価格化も伴い，広く実施されるようになってきた。

2.2 メタゲノム解析に関する会議

1990年代後半から2000年代前半においては，メタゲノム解析研究の主要な報告は，主にアメリカやドイツからなされたものであった。2003年6月になり，メタゲノム解析に関する初めての国際会議が，ドイツ・ゲッチンゲンで開催された。その後，ドイツでは，メタゲノムに特化した国際会議は開催されてはいないが，微生物ゲノム解析に関する会議（European Prokaryotic Genomics Conference, PROKAGEN 2005, ProkaGENOMICS 2007, ProkaGENOMICS 2009）が，2003年以降隔年で4回開催されており，メタゲノム解析も主要なテーマの一つとなっている。次回の会議は，2011年9月に「5th European Conference on Prokaryotic and Fungal Genomics」（http://www.prokagenomics.org/）が予定されている。

一方，米国では2006年から2008年まで，3回に渡り「The Annual International Conference on Metagenomics」（http://metagenomics.calit2.net/）が開催された。

このように2000年代中盤は，メタゲノムに特化した国際会議も開催されたが，近年は，多くの微生物系の会議で，メタゲノム解析のセッションが設けられるようになり，広くメタゲノム解析が実施されるようになったものと考えられる。

日本国内では，1999年から「微生物ゲノム研究のフロンティア」というワークショップが開催されてきたが，その発展として2007年に日本ゲノム微生物学会（http://www.sgmj.org/）が発足し，年会が毎年開催されるようになり，その中でメタゲノム解析に関するセッションも設けられている。

2.3 メタゲノム解析に必要なDNAの調製

メタゲノム解析研究に質・量の観点から適したDNAを，環境中から調製することは重要なステップである。

質の観点では，制限酵素処理などの分子生物学的な酵素反応を阻害するフミン酸などの不純物が含まれていないこと，また，環境中に存在する多様な微生物から，バイアスなくDNAを回収することが望ましい。さらには，例えば，ある化合物を分解・資化するための酵素遺伝子群をオペロンとして取得する場合や，生理活性物質をコードする遺伝子群クラスターをセットで回収し

第 1 章 総 論

たい場合には，長鎖の DNA を用いてメタゲノムライブラリーを構築する必要がある。このような場合，マイルドな条件で細胞膜の破壊操作を行えば，長鎖の DNA の回収効率は高まるが，細胞膜が比較的強固なグラム陽性細菌などの微生物由来の DNA の回収効率は悪くなる。特に環境サンプル中の微生物の多様性解析を実施する場合には，可能な限りその環境の多様性を維持して網羅的に DNA を回収することが望ましい。そのために，多様な微生物種から万遍なく DNA を回収することを目的として，物理的な破砕法などを採用すると，DNA へのダメージも同時に生じてしまい，短い断片の DNA の割合が増加してしまう[11~13]。

量的な観点では，μグラムオーダーの DNA を回収することが困難な場合もあるが，近年，phi29 DNA ポリメラーゼとランダムプライマーを用いた Multiple Displacement Amplification (MDA) 法が注目されている[14,15]。鎖置換反応により DNA を増幅させるが，比較的バイアスも少なく増幅させることが可能であると同時に，PCR 法と比較して，遺伝子増幅における精度が高いと言われている。MDA 法では，キメラ DNA が出現するなどの問題点は報告されてはいるが，さまざまな MDA 法のキットが販売されるようになり，徐々に MDA 法の抱える課題が解決されつつあるようである。

2.4 メタゲノム解析

上述してきたように，2000 年代初期までのメタゲノム解析を振り返ってみると，メタゲノム解析は，大きく分けて，DNA をクローニングして，コードされた遺伝子産物の機能を解析して，新規な遺伝子を取得する Function Driven 型のものと，ハイブリダイゼーション法や PCR 法を用いて目的とする遺伝子を取得する Sequence Driven 型のものがあった。この頃にも，メタゲノムライブリーを作成して，ランダムに塩基配列を決定することも考えられてはいたが，まだまだ塩基配列決定のコストは高く，大規模に実施された報告は少ない時代であった。

シーケンスベースのメタゲノム解析においては，ハイブリダイゼーション法を用いる場合には，既知の配列と相同性の比較的高いものが回収される傾向が高く，また PCR 法を用いる場合には，ファミリー蛋白質での保存された領域の配列を用いることから，同様に既知のものと類似した遺伝子が取得されやすい傾向となる。特に後者の場合は，目的とする遺伝子産物の部分断片が回収されることなどの欠点がある。一方，Function Driven 型の戦略においては，宿主微生物での異種遺伝子の発現の問題をはじめとして，多くの課題を有するが，それぞれの課題を克服するような技術開発を進めながら研究は進められてきた。

2.4.1 Function driven 型のメタゲノム解析

メタゲノム解析の目的の一つである，新規性の高い（有用）遺伝子を（培養困難な）微生物から取得する，という目的には，シーケンスベースの解析は既知の配列情報に少なからず依存する

ことから,必ずしも好ましいものではない。

従って上記の目的のためには,メタゲノムライブラリーを作成して,遺伝子産物としての蛋白質を発現させ,その機能を解析することにより,取得する方法が望ましい。しかし,この方法においては,異なる宿主での遺伝子発現という課題に直面することになる。具体的には,一般的に広く分子生物学の実験に使われる宿主は大腸菌であるが,メタゲノム由来のDNA上にある野生型のプロモーターが大腸菌内で機能するか,G + C含量が異なる遺伝子やコドンユーセージの異なる遺伝子が大腸菌で効率的に転写・翻訳されるか,また,酵素遺伝子の発現の場合には,必要な補酵素・補因子が供給されるか,もしくは,活性を有する形で発現されるか等,多くの課題を有する。また,菌体外に分泌される酵素の取得を目指す場合には,枯草菌のようなグラム陽性細菌を用いる方が望ましいし,放線菌が生産するような2次代謝産物の生合成系遺伝子群を取得する場合には,2次代謝産物の基質となる物質の供給系も必要であることから,放線菌を宿主とした宿主ベクター系でライブラリーを作成することが望ましいのは言うまでもない。

そこで,近年は,大腸菌のみならず,*Bacillus* 属細菌,*Pseudomonas* 属細菌,*Rhodococcus* 属細菌,*Streptomyces* 属の放線菌など,多様な宿主ベクター系の開発も行われてきており,近年は,シャトルベクターを用いて多種類の宿主での発現を試みる検討もなされている[16, 17]。

1グラムの土壌中には,10^3〜10^4 種類の微生物が存在すると言われており,また,例えば大腸菌を例にとってもコードされる遺伝子産物の数は4,000個を超えることから,目的とする遺伝子産物を,メタゲノムライブラリーからランダムな活性スクリーニングにより同定できる確率が低いことは容易に想像される。

そのため,特定の遺伝子の取得を目的とした場合,環境中からランダムにDNAを取得して探索するよりも,DNAを回収する前に何らかの濃縮操作を行った方が効率的であると考えられる。例えば,耐熱性酵素を取得することが目的であれば,温泉などの高温環境下に生存する微生物群をスクリーニングソースにすることなど,目的の遺伝子をコードする微生物が多く存在すると思われる特殊環境を対象にすることが望ましい。また,特定の化合物を分解する酵素遺伝子を取得したければ,あらかじめ特定の基質化合物を添加した集積培養を施す,などにより,目的の遺伝子産物をコードする微生物の存在割合を高める工夫が考えられる。

近年,特定の基質を資化する微生物群を集積する方法として,Stable Isotope Probe(SIP)法が開発された[18, 19]。SIP法では,^{13}C や ^{15}N などの安定同位体で標識された基質を用いて一定期間あらかじめ培養することにより,その基質の分解(資化)に関与した微生物のDNAには,安定同位体由来の基質が取り込まれる。その結果,そのような微生物の染色体DNAは安定同位体標識されることになる。このような環境からDNAを抽出したのち,密度勾配超遠心法などにより,安定同位体標識されたDNAを分別回収し,このDNAからメタゲノムライブラリーを構築

することで，目的とする遺伝子産物が濃縮されていることが期待される。

しかしながら，SIP法の課題としては，

・使用可能な安定同位体元素は，^{13}Cや^{15}Nなどに限定されること
・対象となる（標識される）化合物がこれらの元素を含むものに限定されること
・場合によっては，安定同位体された標識化合物が高価な場合，実験系が小さくなり，回収できるDNA量が少なくなる場合

などがあげられる。

さらには，複合微生物系においては，安定同位体で標識された基質を直接資化した微生物のみならず，その微生物が代謝・排出された産物を資化した微生物由来のDNAも回収される可能性があるので，安定同位体標識化合物での培養には，添加濃度・培養時間などの注意が必要である。

上述のような工夫を施したのち，活性体として発現した遺伝子産物から，目的とする機能を有するものを探索する方法としては，ハイスループットのアッセイ系が構築しやすいものが好ましく，結果的に，初期のメタゲノム解析から得られた酵素遺伝子は，菌体外に生産されるもの，発色・発光系の酵素反応に関連するもの，などが対象となりやすかった。いずれにせよ，確率論的な観点からも，微量反応系における超ハイスループットスクリーニング系の構築が必要である。

2.4.2 Sequence Driven型のメタゲノム解析

初期のSequence Driven型のメタゲノム解析としては，目的とする蛋白質ファミリー間で保存されている領域を用いてPCR増幅により遺伝子を取得する，または，ハイブリダイゼーション用のプローブを作成して遺伝子を取得する，ことなどが主流であった。しかし，この方法では，既知の蛋白質のホモログは容易に取得されるが，メタゲノム解析に期待される，新規性の高い配列を有し，かつ，類似の活性・機能を有するタンパク質の取得は困難である。また，PCR増幅を用いた場合には，部分断片の取得となることから，最終的には全長の遺伝子の再取得が必要になる，もしくは保存領域部分をカセットとして既知蛋白質との融合体で発現させる必要が生じる。

メタゲノムライブラリーを構築したのち，塩基配列を決定することにより，有用遺伝子を探索する方法においては，1990年代は塩基配列決定コストが高かったこともあり，あまり盛んではなかった。また，この方法では，遺伝子産物の機能予測は，相同性解析に依存することになるので，この場合も配列における新規性を有する遺伝子産物の取得は困難となる。

そのような中，塩基配列決定技術の進展に伴い，2000年代に入ると，徐々に塩基配列決定にもとづくメタゲノム解析も実施されるようになってきた。

DeLongらは，2000年に，海洋性微生物のメタゲノムライブラリーを，フォスミドベクターを用いて構築し，塩基配列決定により微生物由来の新規なRhodopsinであるProteorhodopsinを

発見した[20]。また，ドイツのW. R. Streitらのグループは，2003年に飲料水網のバイオフィルムを対象に，合計144 kbの塩基配列決定を実施した[21]。

その後，2003年頃から，次項に記載するような大規模な塩基配列決定を伴うSequence Driven型のメタゲノム解析が急増するようになってきた。2004年になり，Tysonらは酸性鉱山環境から[22]，VenterらはSargasso Seaからメタゲノムライブラリーを構築し[23]，大規模な塩基配列を実施した。大規模な塩基配列決定によるメタゲノム解析の目的としては，遺伝子取得という目的以外にも，微生物の群集解析，環境微生物のゲノム解析ということをも目的としており，Tysonらは，Leptospirillum group ⅡとFerroplasma type Ⅱに分類される微生物の全ゲノム配列をほぼ再構築した。このような研究を経て，徐々に"metagenomics"という概念が登場することになるが，棲息する微生物種が限定されるような環境サンプルを対象にメタゲノム解析をする場合，その環境に棲息する主要な微生物のゲノムの全体像を得て，メタゲノム解析から環境中に存在する微生物の機能，代謝経路などを予測することが可能となりつつある[24]。

2.5 主なメタゲノム解析プロジェクト

2.5.1 海洋を対象にした主なメタゲノム解析

DeLongらが2000年に海洋微生物の塩基配列決定を伴うメタゲノム解析を報告したのち，塩基配列決定技術は急速に改良が進み，大規模塩基配列決定技術を活用したメタゲノミクス解析が行われるようになった[25〜29]。

2004年に，C. VenterらによりSargasso Seaの微生物の大規模シーケンスが実施されたが[23]，この解析をパイロットプロジェクトとして位置づけ，引き続き，海洋の微生物やウイルスを，大規模に解析するプロジェクトGlobal Ocean Sampling Expeditionを開始した（http://www.jcvi.org/cms/research/projects/gos/overview/）。2003年から2008年に実施されたサンプリングでは，7.7百万リード（総塩基長として6.3 billion bp）のデータを取得し，120万種類の新規な遺伝子産物を見出すことに成功し，環境中には予想されたように，極めて多数の培養困難な（もしくは未培養の）微生物が存在することが明らかにされた。このプロジェクトは，引き続き2009年〜2010年に2度目のサンプリングが実施されている。このプロジェクトに対しては，The Gordon and Betty Moore Foundationが，7年間にわたり総額24.5百万ドルの資金を提供しており，この研究資金を用いて，California Institute for Telecommunications and Information Technology（Calit2）が，Community Cyberinfrastructure for Advanced Marine Microbial Ecology Research and Analysis（CAMERA）プロジェクトを開始し，膨大なデータに対応するためのバイオインフォマティクスシステムの環境を整備することになった[30]。

第1章　総　論

2.5.2　腸内細菌のメタゲノム解析

　腸内細菌を含めたヒト常在菌の生理学的な機能を解明することを目的として，2008年10月に国際コンソーシアム（International Human Microbiome Consortium, IHMC）が設立された。設立前の経緯としては，2006年2月のHuman Microbiome Project "Brainstorming" Sessionを経て，2007年4月にはNIH Roadmap Human Microbiome Project Workshopが開催された。その後，2007年12月にOrganizational Meeting of the International Human Microbiome Consortium，2008年3月にHMP Community Outreach Meetingが開催され，いよいよ研究開発が開始された。国際コンソーシアムには，米国，フランス，カナダ，オーストラリア，シンガポール，中国，アイルランド，韓国と日本が参画している。また，それぞれの国・地域においては，米国では，NIHのRoadmap projectのひとつでもあるHuman Microbiome Project（http://nihroadmap.nih.gov/hmp/）[31]が，欧州ではMetaHIT Project（http://www.metahit.eu/，2008年から4年間，8カ国が参画）[32]が，中国ではMeta-Gut Projectが行われ，そして日本では東京大学の服部正平教授らが，Human MetaGenome Consortium Japan（http://metagenome.jp/microbes/data.html）[33]においてヒト常在菌のゲノム解析研究をスタートさせている。

　研究の進捗については，2010年になり，3月に中国で1st MetaHIT Conference on Human Metagenomicsが，2010年8月に米国でHuman Microbiome Research Conferenceが開催されるなど，順調に推移しており，米国においては追加の予算提供の報告も見られる。

2.5.3　バイオ燃料関係のメタゲノム解析

　米国エネルギー省のゲノムセンターであるDOE Joint Genome Institute（http://www.jgi.doe.gov/）では，産業微生物のゲノム解析，有用な酵素遺伝子の取得などを行ってきているが，メタゲノム解析に関しては，2005年にDiversa社と共同で大規模なメタゲノム解析を実施した。

　JGIにおいては，Energy Genomicsと称して，化石資源からの代替燃料開発のために必要な資源作物のゲノム解析，セルラーゼなどの高分子多糖を分解する酵素遺伝子を有する微生物のゲノム解析，エタノール発酵に関与する微生物のゲノム解析などを実施してきているが，メタゲノム解析としては，2007年にシロアリの腸内細菌を解析し，新規なセルラーゼ等の遺伝子を取得するプロジェクトが実施された[34]。また，牛の腸内細菌のメタゲノム解析を実施し，糖分解酵素の取得を目指した。この研究は，近年にはメタトランスクリプトーム解析への展開もなされており，実際に発現している遺伝子の取得を目指し，RNAを対象にしたメタゲノム解析を実施している。シロアリにしろ，牛にしろ，それらの生物に，バイオ燃料の資源となる作物を供与することで，目的の資源作物の分解に適した糖分解酵素の取得も試みられている状況である。

　同様の研究としては，樹木の害虫生物であるカミキリ虫の腸内細菌のメタゲノム解析による糖分解酵素の取得の報告もなされており，注目度の高い研究領域となっている。

2.5.4 ドイツ

ドイツでは2001年に the German Federal Ministry for Education and Research (Bundesministerium für Bildung und Forschung BMBF) の研究資金を受け，GenoMik - genome research on microorganisms というプロジェクトが開始された。世界的にも，非常に早い時期に立ちあがった大型プロジェクトである。

このプロジェクトでは，下記の3つのテーマから実施された。

1. The competence network Würzburg, "genome research on pathogenic bacteria", coordinated by Professor Werner Goebel.
2. The competence network Göttingen, "genome research on bacteria for the analysis of the biodiversity of bacteria and their use for the development of new production procedures", coordinated by Gerhard Gottschalk.
3. The competence network Bielefeld, "genome research on bacteria relevant for agriculture, environmental protection and biotechnology", coordinated by Prof. Alfred Pühler.

単離された微生物のゲノム解析を推進すると同時に，"Environmental genomics (metagenomics) as a resource for new biocatalysts, metabolic pathway, and drug" という研究課題を設け，Rolf Daniel, Rudolf Amann, Werner Liesack, Karl-Erich Jaeger, Wolfgan Streit, Kenneth N. Timmis らがメタゲノム解析研究を実施し，多くの成果が論文として報告されている。このプロジェクトの特徴は，産学が共同して実施することが義務付けられており，産業応用も強く意識したプロジェクトであった。このような流れを受け，前述したように，メタゲノム解析に関する初めての国際会議が2003年6月に開催されるにいたった。

GenoMikプロジェクトは，2001年から2004年までの第1期に続き，2004年から2006年までが第2期として実施された。さらに，フォローアッププログラムとして，2006年からGenoMik-Plusプロジェクト（http://www.genomik-plus.de/）が3年のプロジェクトとして，以下の課題で実施された。

1. The Würzburg net, "PathoGenoMik-Plus", coordinated by Prof. Matthias Frosch.
2. The Göttingen net, "BiotechGenoMik-Plus", coordinated by Wolfgang Liebl.
3. The Bielefeld net, "AgriUmweltGenoMik-Plus", coordinated by Prof. Alfred Pühler.

またGenoMik-Plusプロジェクトとして並行して，バイオインフォマティクス環境の整備にも力を入れた研究開発も実施された。

2009年には，それまでのプロジェクトで得られた成果の産業応用を進めるため，GenoMik-Transferプロジェクト（http://www.genomik-transfer.de/）が開始された。メタゲノムに特化したプロジェクトではないが，このプロジェクトでは22の企業が参画し，100を超えるプロジェ

クトが実施されており，微生物ゲノム解析技術を産業応用へ活用することに対するドイツの強い意気込みが感じられる。

2.5.5 土壌微生物解析の国際コンソーシアム

2008年，フランス・リヨンで，土壌微生物のメタゲノム解析を目的とした国際コンソーシアムの設立に向けた会議が開催された。フランスでは，The French National Research Agency（ANR）が，Metasoilプロジェクト（http://metasoil.univ-lyon1.fr/）として研究開発を開始し，現在では23カ国の研究者からTerragenome, International soil metagenome sequencing consortium（http://www.terragenome.org/）が構築されている。

2.5.6 日本

平成14年度から平成19年度まで，独立行政法人新エネルギー・産業技術総合開発機構（NEDO）の支援を受け，生物機能活用型循環産業システム創造プログラムの一環として，ゲノム情報に基づいた未知微生物遺伝子資源ライブラリーの構築プロジェクト（以下，未知微生物プロジェクト）が実施された。本プロジェクトは，新規な微生物を1万種類取得することを目標にした他，東京農工大（現早稲田大学）の竹山春子教授が，海綿やサンゴに共生する微生物由来のメタゲノムライブラリーを構築し，Function Driven型の有用遺伝子の取得を試みた[35,36]。並行して，塩基配列決定技術も進展してきたことから，Sequence Driven型の解析も実施した。この際，バイオインフォマティクスは，株式会社ザナジェンが担当したが，塩基配列決定に基づくメタゲノム解析は，研究の歴史も浅く，プロジェクトを開始した頃には，バイオインフォマティクスツールが全くと言っていいほど整備されていなかったことから，プロジェクトの研究開発に必要なものとして，微生物種の多様性解析のためのツールやメタゲノム用データベース等を開発しながら実施した（後述）。

また農林水産省は，平成18年度から土壌DNA（土壌から培養過程を経ないで得られたDNA）の解析手法を取り入れて，微生物多様性を調査する標準手法等を開発するプロジェクト研究「土壌微生物相の解明による土壌微生物性の解析技術の開発」プロジェクト（http://www.niaes.affrc.go.jp/project/edna/edna_jp/index.html）を開始した（平成22年度まで）。土壌病害の発生や有機質肥料からの養分供給には，土壌微生物が重要な役割を果たしていることから，物理性と化学性だけでなく，生物性を評価する手法の開発が望まれており，農業環境技術研究所などが中心となり，土壌生物相の機能と構造や，連作障害・病害多発・堆肥連用等農業生産と関わりの深い土壌における土壌微生物相を調査・解析し，作物生産性と土壌生物相との関連性の解析を進めている。このプロジェクトでは，「土壌DNA等を用いた土壌生物相の解析手法の開発」という研究開発テーマのもと，基幹技術として採用した変成濃度勾配ゲル電気泳動（DGGE）法を用いた土壌生物相の解析のための標準化マニュアルを作成した。また，土壌生物性の評価法開

発及び作物生産向上技術開発に資するため,本方法で取得したデータを含め,全国の農地の土壌理化学性・生物性をデータベース化した農耕地土壌eDNAデータベース（eDDASs：eDNA Database for Agricultural Soils）を開発した。

その他,2006年に特定非営利活動法人ジオバイオテクノロジー振興会議（GBO）が発足した。GBOは,企業会員からの活動費用を基に,海洋コアや海底熱水などから試料を採取し,新規微生物や新規遺伝子の探索を行ってきた。2010年からは,近畿バイオインダストリー振興会議の研究会のひとつとして,新たにスタートしている。

2.6 企業の活動

メタゲノム解析の産業利用としては,産業上有用な酵素遺伝子の取得と,生理活性物質をコードする遺伝子の取得があげられる。従来は,単離培養された微生物から,酵素遺伝子や生理活性物質の探索が行われてきたが,近年,新規な遺伝子・化合物の取得効率が低下してきており,未培養の微生物をターゲットにした新規遺伝子・新規化合物の取得への期待は年々高まりつつある。

後者の生理活性物質をコードする遺伝子の取得については,分子量の小さな化合物をコードする遺伝子のメタゲノム解析による取得は成功しているものの,抗生物質をはじめとするポリケタイド系の2次代謝産物の生合成系遺伝子クラスターの取得の試みは,多くの研究がなされているが,未だ困難を極めている[37〜40]。一つの理由は,遺伝子クラスターのサイズが大きいことがあげられるが,長鎖DNAの回収の困難さ,BACライブラリー構築の難易度とともに,宿主ベクター系の課題も有する。ポリケタイド系抗生物質遺伝子を発現させるには,*Streptomyces*属放線菌を用いた宿主の開発が望ましいが,さらに,放線菌ゲノム上に存在する抗生物質遺伝子の多くが少なくとも実験室環境では発現していないことを考えると,メタゲノム由来の抗生物質遺伝子クラスターから,生理活性物質を発現させることが容易でないことは想像できる。

産業上有用な酵素遺伝子については,メタゲノム解析による取得の場合,取得したDNAの生物種が不明であること,また,そもそも遺伝子組み換え技術を利用していることなどから,パブリックアクセプタンスの問題が懸念され,特に食品系の用途に用いることは難しい。一方,石油などの化石資源の枯渇化にともなうケミカルプロセスからバイオプロセスへの転換を目指したWhite Biotechnologyは,特に欧州をはじめとして,研究が活発化している。このような背景のもと,特にドイツではメタゲノム解析を実施するベンチャー企業が複数存在し,かつ,化学系の大企業との共同研究を進めているのが特徴的である[41〜42]。

2.6.1 ドイツ

ドイツでは,前述したように,BMBFの資金提供を受け,微生物ゲノムの産業活用を強力に

第1章　総　論

推進しており，産学協同でプロジェクトを実施している。GenoMik-transferプロジェクトでは，22の企業がパートナーとして参画しているが，GATC Biotech社のようなシーケンス受託企業や，GeneData Bioinfromatik社やINSILICO Biotechnology社のようなバイオインフォマティクス系の企業が参画していることも，ゲノムベースの研究を推進している一助になっていると思われる。

ドイツのメタゲノム解析の企業として，最も有名なのは，BRAIN社（http://www.brain-biotech.de）である。1993年に設立され，BASF, Ciba, Degussa, Genencor, Henkel, Sandozなど多くの化学系の企業と共同研究を実施している。単離された微生物由来のものとともに，メタゲノムライブラリーActivity-Based Expression Libraries（ABEL®）を構築し，Function Driven型の戦略で，超ハイスループットなスクリーニングシステムを構築し，有用酵素遺伝子の探索を実施している。また，長鎖のインサートを有するライブラリーであるLarge Insert Libraries（LIL®）の構築も行っている。

c-LEcta社（http://www.c-lecta.de/?lang=en）は，2004年に設立し，White Biotechnologyを志向した企業である。5000種以上の微生物を保存していると同時に，メタゲノムライブラリーも多数構築済みで，大腸菌以外にも，*Bacillus* speciesや*Pichia* pastrisなど複数の宿主での発現系を有するなど，いつでもスクリーニングに供することが可能な状態である。

Evocatal社（http://www.evocatal.com/en/home.html）は2006年に設立しており，多種類の酵素（oxidoreductases（EC1），transferases（EC2），hydrolases（EC3），lyases（EC4），Isomerases（EC5））に対して，スクリーニング系を有しており，また，大腸菌以外に，*Bacillus subtilis*, *Pseudomonas putida*, *Rhodobacter capsulatus*などの蛋白質発現用宿主を開発している。また，分泌蛋白質生産のために，複数の*Bacillus*属細菌宿主を用意している。

また，ドイツには，メタゲノム解析の企業ではないが，DNA合成の企業として，2001年にSloning社（http://www.sloning.com/，現在はMorphoSys Groupのメンバー）が設立された。Sloning社のSlonomics®テクノロジーにより，コドンユーセージを変えながら人工遺伝子を合成することが可能なことから，異宿主での発現に適した遺伝子をデザインすることが可能であるとともに，変異の導入による酵素改良も可能である。

2.6.2　米国

2007年にDiversa社とセルロース系のバイオエタノールの会社であったCelunolが統合して，Verenium社（http://www.verenium.com/index.html）が発足した。前身のDiversa社は，1994年に設立された酵素遺伝子探索の会社であり，多様な微生物種から酵素の取得を目指したと同時に，DOE Joint Genome Instituteと共同で，メタゲノムの大規模シーケンスによる遺伝子探索も実施した。DirectEvolution®技術では，ハイスループットスクリーニングを経て得られた遺伝

子を進化工学的に改良し，産業用酵素の開発を実施している。

2002年に設立されたeMetagen（現在は存在しない），当時ウイスコンシン大学のR. Goodman教授らの技術をベースに，未培養の微生物から新規な抗生物質や抗ガン剤を取得することを目的とした企業であった。

1995年に設立されたKosan Biosciencesは，ポリケタイド系の2次代謝産物を探索する会社で，遺伝子ベースでの探索研究も実施したが，2008年，Bristol-Myers Squibb社に買収された。

2.6.3 フランス

2001年に設立されたLibraGen社（http://www.libragen.com/）は，メタゲノム解析技術も用いて，酵素触媒などを開発する企業で，良質なメタゲノムライブラリーMETA-DNA®を構築する技術を有している。2010年には，METASOILプロジェクトに参画し，100万を超えるメタゲノムクローンをプロジェクトに提供している。

1998年に設立されたProteus社（http://www.proteus.fr/）は，バイオプロセス用タンパク質の取得・改良，発現系構築，蛋白質生産系の開発など，多様な技術を用いて，企業との共同研究を実施している。

2.6.4 その他

1998年にアイスランドに設立されたProkaria社（http://www.prokaria.com/）は，シーケンスベースで特殊環境等のメタゲノム解析を実施している。

カナダに設立されたTerraGen Discovery社は，低分子化合物や抗菌剤の探索を行っていた企業であるが，2000年にCubist Pharmaceuticals社（http://www.cubist.com/）に買収された。

上述したように，ドイツなど欧州を中心に，メタゲノム解析企業が活動しているが，米国発の企業は，買収された，もしくは既に存続していないものも多い。また，日本においては，株式会社ザナジェンがメタゲノム解析に必要なバイオインフォマティクスツールの開発を行っていたが，既に解散している。

2.7 バイオインフォマティクス

シーケンスベースのメタゲノム解析が活発に実施されるようになるまでは，微生物のゲノム解析は，単一の微生物を対象にしたものであり，メタゲノム解析の場合のような複合微生物を対象にしたゲノム解析用のバイオインフォマティクスツールの開発はなされていなかった。前述したように，NEDOの未知微生物プロジェクトにおいて，株式会社ザナジェンは，各種ソフトウエアの開発を実施しながら研究開発を行った。それにも触れながら，メタゲノム解析におけるバイオインフォマティクスの課題を整理する[43,44]。

2.7.1 アセンブル

塩基配列決定に伴い生産される個々の塩基配列を結合していく作業であるアセンブルについては，サンガー法に基づいたキャピラリーシーケンサで実施していた時代と，現在の主流である次世代型シーケンサ（後述）の時代とでは，課題が大きく異なる。

キャピラリーシーケンサの時代は，1リードの解読長が500～700 base 程度であった。当時，微生物のゲノムプロジェクトで用いられた代表的なアセンブルソフトは，ワシントン大学が開発した Phrap や，Broad Institute（当時）が開発した Arachne 等であった。しかしながら，これらは，単一の微生物を対象にしたものであり，ゲノム配列決定の過程においては，ミスアセンブルはその後の配列決定作業に非常に大きな悪影響を及ぼすため，当時開発されたアセンブルソフトは，一般的に，塩基配列の連結においては保守的なスタンスであった（誤りを極力なくす，怪しい場合には連結しない）。一方，環境中の微生物叢を考えると，同じ環境に共存する同属同種の微生物においても，そのゲノム配列が完全に一致するとは限らず，多少の違いが存在することが想定される。そのような"ほぼ同じで微妙に異なる"配列を連結しながら，微生物ゲノム配列を構築することが，メタゲノム解析用のアセンブルソフトには要求されることになるが，未だそのようなものは開発されていない[45]。

2.7.2 遺伝子領域予測

特定の微生物種を対象にして，ゲノム配列情報から遺伝子産物をコードする領域を予測するためには，その生物種の既知の遺伝子領域の情報や，ゲノム配列から自動的に抽出した遺伝子領域情報を学習データとして用いてモデルを作り，遺伝子領域予測用のソフトウエアを用いて行うのが通常である。しかし，そもそもメタゲノム由来の DNA とは，多種多様な微生物由来の DNA の混合物であるから，塩基配列情報から上述したような学習データの構築はできない。BLAST などの相同性解析ツールを用いて，既知の蛋白質配列と相同性を示す領域を見出すことは可能であったが，新規な遺伝子の予測は不可能ということになる。筆者らが，未知微生物プロジェクトにおいてメタゲノム解析から遺伝子領域を実施する場合には，プロジェクトの初期においては，擬陽性は止む得ぬものとして，可能な限り多くの Open Reading Frame を抽出していた。その後 2006 年になり，野口らがメタゲノム配列から遺伝子領域を予測するためのツールとして，MetaGene の開発に成功した[46]。その後，2009 年には Orphelia が[47]，2010 年には MetaGeneMark[48]，MetaGenomeThreader[49]，FragGeneScan[50] などの遺伝子領域予測ソフトウエアが，相次いで発表されるようになった。

2.7.3 系統分類

微生物叢の多様性解析に必須な作業が，系統分類解析となる。従来は，rRNA 遺伝子をはじめとする系統分類の指標となるようなマーカー遺伝子を回収し，その配列に基づいて解析すること

が可能であった。一方，メタゲノム解析の一つの目的は，有用遺伝子の取得であり，系統分類マーカー遺伝子を取得することが目的ではない。その場合，メタゲノム解析対象とした環境サンプルの微生物の多様性を解析するための新たな手法が必要であった。

そこで筆者らは，池村・金谷らが開発した一括学習型自己組織化マップ法（Batch-Learning Self-Organizing Map, BLSOM法）をメタゲノム解析に活用することを考えた。池村・金谷らは，ゲノム配列上に潜む生物種固有の特徴を解明することを目的に，大量かつ多次元データのクラスタリングと視覚化を行う方法として，ヘルシンキ大学のコホネンらが開発した教師なし学習アルゴリズム「自己組織化マップ法（Self-Organizing Map, SOM）」に着目した。池村・金谷らは，その長所を生かしながら，再現性のあるクラスタリング結果を取得するアルゴリズムとしてBLSOMの開発に成功した。BLSOMを用いて，一定長のDNA断片中の4連続塩基の出現頻度を解析することで，個々のDNA断片配列が，生物種ごとにクラスタリング（自己組織化）することが明らかとなった[51~54]。

この原理を応用して，筆者らは3つの応用を考えた[55,56]。

ひとつは，既知のゲノム配列から人工的に作成したDNA断片とメタゲノム由来のDNA断片の4連続塩基の出現頻度をBLSOM解析に供して，微生物種を予測しようというものである。4連続塩基の出現頻度の類似度が高ければ，BLSOM解析後に得られる2次元地図上において，既知微生物由来のDNA断片の近傍にクラスタリングされることを期待したものである。この場合，referenceとなる既知ゲノム配列が当時は少なかったが，現在では1,000を超える微生物のゲノム配列が決定されたこと[57]，また，次世代シーケンサ（後述）の開発により，今後ますますゲノム配列が決定される微生物種は増加するものと思われ，予測精度はますます向上するものと考えられる。また，2次元地図上のメタゲノム配列由来の領域の数をカウントすることにより，メタゲノムDNAを回収した環境に棲息する主要な微生物種の数を計測できるものと考えられる。ただし，これは，特殊環境のような棲息する微生物種の少ない環境であれば比較的容易であろうが，多様性の高い複雑な環境の場合は，膨大な量の塩基配列データが必要となる。さらには，BLSOMにより特定の領域にクラスタリングされたDNA断片のみを回収してアセンブルを実施すると，その中に含まれるDNA由来の微生物種はかなり限定されると思われることから，アセンブル作業の効率化にもつながると期待される。このような方法を改良することで，環境中の微生物のうち，優先種（主要微生物種）のゲノム配列を構築することも，さらに容易になるものと考えられる。

なお，オリゴヌクレオチドの出現頻度に基づいたDNA断片からの微生物の多様性解析については，Teelingらは同じく4連続塩基の出現頻度を用いたツールの開発を報告しており[58~59]，4連続塩基の出現頻度には生物種固有の特徴が秘められているものと考えられる[60~64]。また，

第1章 総 論

Chan らのグループは，SOM の変法として，unsupervised Growing Self-Organising Map (GSOM) のアルゴリズムを用いたソフトウエアを開発している[65〜67]。

2.7.4 データベース

未知微生物プロジェクトでは，産業上有用な酵素遺伝子を取得することを一つの目標とした。そのため，東京農工大・竹山教授らが構築したサンゴや海綿に共生する微生物群から構築したメタゲノムライブラリーの塩基配列を決定し，アセンブルにより，配列を連結したのち，上述したように Open Reading Frame の抽出または，MetaGene による遺伝子領域を予測したのち，相同性解析，Pfam 蛋白質機能ドメイン解析，EC 番号の付与などを実施した。それらの解析結果は，新たに構築したメタゲノム用データベース XanaMetaDB に搭載した。ユーザーは，グラフィカルユーザーインターフェースから，キーワード検索はもとより，相同性検索，機能ドメイン検索など，多様な方法で，ユーザーが興味ある酵素をコードする遺伝子を容易に探索することが可能である。なお，開発した株式会社ザナジェン社は 2007 年に解散しており，現在は，株式会社メイズが XanaMetaDB の販売を検討しているので，シーケンスベースのメタゲノム解析を実施し，塩基配列データの処理に困っている読者は是非，問い合わせてみて欲しい[68]。

その他，メタゲノムデータを入手のためのデータベースや，メタゲノムデータをオンラインで解析するためのデータベースシステムとしては MeganDB（http://www.megan-db.org/megan-db/），IMG/M[69]（http://img.jgi.doe.gov/cgi-bin/m/main.cgi），Megx.net[70]（http://www.megx.net/），CAMERA（Community Cyberinfrastructure for Advanced Microbial Ecology Research and Analysis）[71]（http://camera.calit2.net/index.shtm）などが，開発されている。また，産業用酵素に着目したデータベースとしては，MetaBioiME[72]（http://metasystems.riken.jp/metabiome/）が報告されている。

2.7.5 高速解析：並列化処理，GPU

大規模なシーケンス解析に基づくメタゲノム解析が実施されるようになり，また，今後，次世代型シーケンサがますます活用されるようになり，計算機資源の不足が危惧される。Expressed Sequence Tag（EST）解析が盛んだった 1990 年代後半は，Compugen 社や Paracel 社などの専用ボードを用いたソフトウエアの高速化が主流であったが，これらの IT 機器は極めて高価なものであった。その後，ソフトウエアの並列化なども有力な方法であるが，近年注目を集めている技術が，Graphics Processing Units（GPUs）を用いた並列化処理による高速化技術である[73〜76]。そもそも GPU は，通常の CPU での処理では負荷のかかるグラフィックス関連の処理を高速化させるためのものであるが，2007 年に NVIDIA 社が Compute Unified Device Architecture（CUDA）により，GPU 向けの C 言語の統合開発環境を提供したことにより，汎用コンピューティングが可能となった。GPU の利用により，大規模 PC クラスターを必要とせず，安価な設

備投資で解析が可能となるよう，さまざまなバイオインフォマティクス関係のソフトウエアのGPU対応が望まれる。

2.8 技術開発の進展に伴う今後のメタゲノム解析
2.8.1 次世代型シーケンサ

2005年の454社（現Roche社）のpyrosequencing法による新しいDNAシーケンサの登場に引き続き，Agencourt Bioscience社（Applied Biosystems社を経て，現Life Technologies社），Solexa社（現Illumina社）が相次いで，新しいシーケンス技術，DNAシーケンサを上市させた。従来のサンガー法に基づくキャピラリーシーケンサと次世代型シーケンサとの大きな違いは，次世代型シーケンサでは，解読長は短いものの，並列化処理により大量の塩基配列を解読し，大量のデータを生産することである。2005年の登場以来，各社は毎年のごとく改良（バージョンアップ）を進め，Roche社のものは，近いうちに1リードあたりの解読長が1000 bpに達するとも言われており，Sequence Driven型のメタゲノム解析には有用な機種である[77〜79]。一方，解読長は50〜150 baseと短いものの，Illumina社やLife Technologies社の製品では，1ランあたりの総データ生産量は200〜400 Gbに到達しようとしている[80]。仮に1微生物のゲノムサイズを5 Mbとし，重複度40でゲノム解析をしたとしても，400 Gbのデータ生産が可能であれば，大雑把にいえば，2000種類の微生物ゲノム解読も可能となる。今後，さらに解読長やデータ生産量の向上が期待されるとともに，従来は配列決定前にPCR増幅による感度向上のためのステップが必要であったが，そのような増幅操作は不要なsingle moleculeを解析可能な機種の販売開始も近い[81〜84]。

次世代型シーケンサのもう一つの特徴は，あらかじめ，大腸菌などの宿主を用いて，メタゲノムライブラリーを構築する必要がないことである。DNAを回収できれば，その量が微量な場合はMDA法などを併用しながら，短時間に環境サンプルの解析が可能にとなった。

2.8.2 メタトランスクリプトーム

近年，実際に環境中で発現している遺伝子を回収するという目的で，環境サンプルからDNAではなく，RNAを抽出し，逆転写反応などによりcDNAを合成して解析する手法も開発されつつある[85]。この方法の問題点は，量・質の観点から十分RNAを回収できるかが大きな課題である。また，原核微生物の場合，真核生物のものにみられるような5'末端のCAP構造や3'末端のpolyA配列等もなく，cDNA合成の難易度はさらに高くなるが，この領域の技術開発も着実に進歩している。

2.8.3 Single-molecule genomics

次世代シーケンサの登場ならびに，その後の急速な改良とともに，微細加工技術の進展も，メ

第1章 総　論

タゲノム解析に今後大きな影響を及ぼすと思われる。セルソーターなどを利用することにより，微生物を単一セル化し，可能であれば数世代の培養を経たのち，DNAを回収してゲノム解析が可能になる日も近いと思われる。MDAを用いたsingle cellのゲノム解析の可能性についても，研究は進展してきている[86～92]。

P. Schloss らは，2003年に，"A long-term goal of metagenomics analysis" として，未培養の微生物のゲノムの再構築を掲げている[93]が，10年もかからず，実現が近づいている[94]。単一微生物の解析の時代を経て，複合微生物叢の解析としてのメタゲノム解析，メタゲノミクス解析が急速に発展したが，再び，単一微生物の解析に戻る日も近いかもしれない。その場合には，本項で記載した課題の半分は不要なものになるであろう。

1998年にJ.Handelsmanがmetagenomeという用語を用いて以来，わずか10年強で，メタゲノム解析の研究領域は急速に拡大した。特に，遺伝子解析から，metagenomicsという微生物生態系を解析する研究が可能になったことは特筆すべきことである。これは，特に1995年の*Haemophilus influenza*菌のゲノム解析に始まる従来の微生物ゲノム解析研究で培われた経験の上に，近年の急速なゲノム解析技術の進展が伴ったことによるものである。また，最後の項で記載したように，さらに多様な領域での急速な技術開発が実施されており，今後ますます様々な分野でメタゲノム解析研究が実施され，新たな研究領域も出現するものと考えられ，その結果として微生物に由来する膨大な塩基配列情報が入手可能になると思われる。

単一微生物のゲノム解析からの，または，特殊環境由来のサンプルからのDNAそのものの取得・保存は困難であることはもとより，メタゲノムライブラリーの作成を必要としない次世代シーケンサの活用においても，実際のDNAは無く，塩基配列情報だけが蓄積するケースがますます増えるであろうが，並行して開発が実施されている長鎖かつ正確なDNAの合成技術の進展に伴い，得られた遺伝子・ゲノム配列情報から直接DNAを合成して，各種評価系に供する，産業応用に活用することなどが想定され，微生物の産業活用がますます進展することを期待する。

最後に，本節で執筆したメタゲノム解析のいくつかは，他節で詳細に報告されているので，参照されたい。

文　献

1) J. Handelsman *et al., Chem. Biol.*, **5**, 245 (1998)

2) P. D. Schloss and J. Handelsman, *Curr. Opin. Biotechnol.*, **14**, 303 (2003)
3) J. Handelsman, *Microbiol. Mol. Biol. Rev.*, **68**, 669 (2004)
4) C. S. Riesenfeld et al., *Annu. Rev. Genet.*, **38**, 525 (2004)
5) D. J. Lane et al., *Proc. Nat. Acad. Sci.*, **82**, 6955 (1985)
6) N. R. Pace et al., *ASM News*, **51**, 4 (1985)
7) N. R. Pace, *J. Bacteriol.*, **173**, 4371 (1991)
8) F. G. Healy et al., *Appl. Microbiol. Biotechnol.*, **43**, 667 (1995)
9) K. Chen and L. Pachter, *PLoS Comp. Biol.*, **1**, 24 (2005)
10) J. Handelsman, *Nature Rev.*, **3**, 457 (2005)
11) J. Rajendhran and P. Gunasekaran, *Biotechnol. Adv.*, **26**, 576 (2008)
12) S. Lee and S. J. Hallam, *J. Vis. Exp.*, pii: 1569. doi: 10.3791/1569 (2009)
13) M. R. Liles, *Appl. Environ. Microbiol.*, **74**, 3302 (2008)
14) E. Lipp, *Genet. Engineer. Biotechnol. News*, p.36, July (2007)
15) K. Silander and J. Saarela, *Methods Mol. Biol.*, **439**, 1 (2008)
16) S. C. Wenzel and R. Muller, *Curr. Opin. Biotechnol.*, **16**, 594 (2005)
17) S. C. Troeschel et al., *Methods Mol. Biol.*, **668**, 117 (2010)
18) V. J. Orphan, *Curr. Opin. Microbiol.*, **12**, 231 (2009)
19) Y. Chen et al., *Methods Mol. Biol.*, **668**, 67 (2010)
20) O. Béjà et al., *Science*, **289**, 1902 (2000)
21) C. Schmeisse et al., *Appl. Environ. Microbiol.*, **69**, 7298 (2003)
22) G. W. Tyson et al., *Nature*, **428**, 37 (2004)
23) J. C. Venter et al., *Science*, **304**, 66 (2004)
24) M. Ferrer et al., *J. Mol. Microbiol. Biotechnol.*, **16**, 109 (2009)
25) E. F. DeLong, *Nature Rev.*, **3**, 459 (2005)
26) E. F. DeLong and D. M. Karl, *Nature*, **437**, 336 (2005)
27) R. A. Edwards et al., *Oceanography*, **20**, 56 (2007)
28) C. Bowler et al., *Nature*, **459**, 180 (2009)
29) E. F. DeLong, *Nature*, **459**, 200 (2009)
30) S. Sun et al., *Nucleic Acids Res.*, Epub ahead of Print, Nov 2 (2010)
31) NIH HMP Working Group, *Genome Res.*, **19**, 2317 (2009)
32) J. Qin et al., *Nature*, **464**, 59 (2010)
33) 服部正平, マリンメタゲノムの有効利用, シーエムシー出版, p.179 (2009)
34) F. Warnecke et al., *Nature*, **450**, 560 (2007)
35) 竹山春子, 岡村好子, マリンメタゲノムの有効利用, シーエムシー出版, p.81 (2009)
36) 永田裕二, 津田雅孝, マリンメタゲノムの有効利用, シーエムシー出版, p.166 (2009)
37) X. Li and L. Qin, *Trends Biotechnol.*, **23**, 539 (2005)
38) L. Fieseler, et al., *Appl. Environ. Microbiol.*, **73**, 2144 (2007)
39) T. Hochmuth and J. Piel, *Phytochmistry*, **70**, 1841 (2009)
40) S. F. Brady et al., *Nat. Prod. Rep.*, **26**, 1488 (2009)
41) D. Cowan et al., *Tends Biotechnol.*, **23**, 321 (2005)

第1章 総論

42) L. Fernanderz-Arrojo *et al.*, *Curr. Opin. Biotechnol.*, **21**, 725 (2010)
43) V. Kunin *et al.*, *Microbiol. Molecul. Biol. Rev.*, **72**, 557 (2008)
44) J. Raes, *Curr. Opin. Microbiol.*, **10**, 490 (2007)
45) K. Scheibye-Alsing *et al.*, *Comput. Biol. Chem.*, **33**, 121 (2009)
46) H. Noguchi *et al.*, *Nucleic Acids Res.*, **34**, 5623 (2006)
47) K. J. Hoff *et al.*, *Nucleic Acids Res.*, **37**, W101-5 (2009)
48) W. Zhu *et al.*, *Nucleic Acids Res.*, **38**, e132 (2010)
49) D. J. Schmitz0Hubsch and S. Kurtz, *Methods Mol. Biol.*, **668**, 325 (2010)
50) M. Rho *et al.*, *Nucleic Acids Res.*, **38**, e191 (2010)
51) T. Abe *et al.*, *Genome Res.*, **13**, 693 (2003)
52) T. Abe *et al.*, *DNA Res.*, **12**, 281 (2005)
53) T. Abe *et al.*, *Gene*, **365**, 27 (2006)
54) 阿部貴志ほか，マリンメタゲノムの有効利用，シーエムシー出版，p.228 (2009)
55) M. Mitsumori *et al.*, *J. Appl. Microbiol.*, **109**, 763 (2010)
56) P. Ricke *et al.*, *Appl. Environ. Microbiol.*, **71**, 7472 (2005)
57) D. Wu *et al.*, *Nature*, **462**, 1056 (2009)
58) H. Teeling, *BMC Bioinformatics*, **5**, 163 (2004)
59) H. Teeling, *Environ. Microbiol.*, **6**, 938 (2004)
60) I. Saeed and S. K. Halgamuge, *BMC Genomics*, **10**, S10 (2009)
61) J. Bohlin *et al.*, *PLoS Comput. Biol.*, **4**, e1000057 (2008)
62) J. Bohlin *et al.*, *BMC Genomics*, **9**, 104 (2008)
63) J. Bohlin *et al.*, *BMC Genomics*, **10**, 487 (2009)
64) G. J. Dick *et al.*, *Genome Biol.*, **10**, R85 (2009)
65) C. K. Chan *et al.*, *BMC Bioinformatics*, **9**, 215 (2008)
66) C. K. Chan *et al.*, *J Biomed. Biotechnol.*, **2008**, Article ID 513701 (2008)
67) B. Yang *et al.*, *BMC Bioinformatics*, **11**, S5 (2010)
68) 中川智，マリンメタゲノムの有効利用，シーエムシー出版，p.219 (2009)
69) V. M. Markowitz *et al.*, *Nucleic Acids Res.*, **35** D534 (2008)
70) R. Kottman *et al.*, *Nucleic Acids Res.*, **38**, D391 (2010)
71) S. Sun *et al.*, *Nucleic Acids Res.*, Epub ahead of print (2010)
72) K. Vineet *et al.*, *Nucleic Acids Res.*, **38**, D468 (2010)
73) J. L. Payne, *et al.*, *Interdiscip. Sci.*, **2**, 213 (2010)
74) H. Shi *et al.*, *J. Comput. Biol.*, **17**, 603 (2010)
75) C. Trapnell, *Parallel Comput.*, **35**, 429 (2009)
76) P. D. Vouzis and N. V. Sahinidis, *Bioinformatics*, doi：10.1093/bioinformatics/btq644 (2010)
77) R. E. Edwards *et al.*, *BMC Genomics*, **7**, 57 (2006)
78) http://454.com/publications-and-resources/publications.asp
79) K. E. Wommack *et al.*, *Appl. Environ. Microbiol.*, **74**, 1453 (2008)
80) S. Rodrigue *et al.*, *PLoS One*, **5**, e11840 (2010)
81) W. J. Ansorge, *New Biotechnol.*, **25**, 195 (2009)

82) M. L. Metzker, *Nature Rev.*, **11**, 31 (2010)
83) B. A. Flusberg et al., *Nature Methods*, **7**, 461 (2010)
84) S. Uemura et al., *Nature*, **464**, 1012 (2010)
85) F. Warnecke and M. Hess, *J. Biotechnol.*, **142**, 91 (2009)
86) R. Treffer and Volker, *Curr. Opin. Biotechnol.*, **21**, 1 (2010)
87) F. McCaughan and Pau H. Dear, *J. Pathology*, **220**, 297 (2010)
88) R. S. Lasken, *Curr. Opin. Microbiol.*, **10**, 510 (2007)
89) T. Ishoey et al., *Curr. Opin. Microbiol.*, **11**, 198 (2008)
90) M. Keller and J. L. Ramos, *Curr. Opin. Microbiol.*, **11**, 195 (2008)
91) R. S. Lasken, *Biochem. Soc. Trans.*, **37**, 450 (2009)
92) T. Woyker et al., *PLoS One*, **5**, e10314 (2010)
93) P. D. Schloss and J. Handelsman, *Curr. Opin. Biotechnol.*, **14**, 303 (2003)
94) T. Woyker et al., *PLoS One*, **4**, e5299 (2009)

第2章　解析技術

1　メタゲノム解析におけるバイオインフォマティクス

野口英樹[*1]，伊藤武彦[*2]

1.1　はじめに

　ある環境下における生物群（特に微生物群）からまとめてDNAを抽出しシークエンスすることで，その環境に存在する生物群の集団としての振る舞いを理解しようという研究がいわゆるメタゲノム解析であるが，解析の中で実験とともに重要な要素を占めているのがバイオインフォマティクス解析技術である。主なターゲットとなっているメタゲノム解析が微生物群であることから，従来のバクテリアなどに対するバイオインフォマティクス技術の多くが適用可能であるが，単純にそのまま適用するだけでは不十分である。

　その大きな要因としては「全ゲノム情報が得られていないこと」「得られるゲノム配列の菌種由来が不明であり，断片配列であること」が挙げられるであろう。前者に関しては，個別菌解読の場合と比べてメタゲノム解析における最も留意すべき本質的な違いである。例えば，ある機能を持った遺伝子が「多い／少ない」といった議論をする際には，得られているゲノム配列の偏りなどを考慮する必要があるし，さらには，ある機能を持った遺伝子が「ない」ということは基本的には論じることができない。これらの点を十分留意した上で解析を実施しないと全く誤った結論を導きだしてしまいかねない。

　後者に関しては，メタゲノムのみならず冗長度の低いドラフトゲノム配列を扱うときに一般的に起こりうる問題として捉えることもできる。微生物ゲノムの遺伝子予測には *ab initio* プログラムの適用が有効であるが，*ab initio* 遺伝子予測プログラムはゲノム上に挿入欠失があるとフレームシフトにより，予測精度が格段に落ちる。特に近年では大量にデータが安価に得られるという利点から，新型シークエンサの一種である454を用いるケースが多々見られる。454を用いた場合では，冗長度が十分に高い場合には高精度な配列が得られるが，readデータなど冗長度が低い場合には，挿入欠失タイプのエラーがsanger法と比べて多く含まれる。このようなデータを用いるときに，従来型の遺伝子予測プログラムを適用することは短く分断された遺伝子を大量に予測することとなり危険である。また，ゲノムデータが何の菌種由来か不明な点も適用すべ

　＊1　Hideki Noguchi　東京工業大学大学院　生命理工学研究科　特任准教授
　＊2　Takehiko Itoh　東京工業大学大学院　生命理工学研究科　教授

きモデルが不明となるため，誤った遺伝子予測を引き起こす要因となりうる．

本項では上記の点に留意し，どのようなバイオインフォマティクス解析をすることで大量のゲノムデータから情報を引き出すことができるのか，以下で紹介していくこととする。前半では文献1）を取り挙げ，どのような解析を行ったのかを具体的に解説し，後半ではメタゲノムに対応した遺伝子予測アルゴリズムについて解説を加えることとする。

1.2 ヒト腸内細菌叢メタゲノム解析を例に

ここでは文献1）を参考に，メタゲノムデータのバイオインフォマティクス解析がどのように行われるのか，その一例を紹介することにしよう。文献1）は我々日本人13人の各個人由来腸内細菌叢DNAから約80,000 readずつをSanger法で取得し，そのメタゲノム解析を実施したものである。この論文ではまず始めに，各個人由来のゲノムデータから遺伝子予測さらには機能アサインを実施している．図1にその概要を示しているが，以下では各ステップを解説していく。

① **アセンブル**：まず，ここでは各個人について得られた約80,000 readをアセンブルしている。このステップは，得られたデータ内の冗長性を消すことを意味している。アセンブルすることにより単独のreadよりも少しは長いcontigの作成が期待され，後の遺伝子予測時の精度向上が期待される。しかし，遺伝子数などの量的な議論をするためには，予測された遺伝子数に対して各contigの冗長度を乗ずるなどの工夫が必要となることを留意すべきである。また，基本的にアセンブラは入力データに高い冗長性がある場合の稼働を想定していることが多いため，ミスアセンブルなどが起きやすい点も注意したい。

② **遺伝子予測**：ここでは，アセンブルにより得られたcontigおよびsingletに対して，遺伝

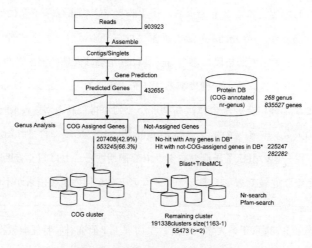

図1　アノテーションパイプライン

子予測を実施している。遺伝子予測には短い断片配列からの正確な遺伝子予測が比較的可能なmetagene[2]が用いられている（後述）。ゲノムデータに対して，ホモロジー検索を行うことにより遺伝子情報を抽出している場合や，途中にstopコドンを含まず長く取ることのできたORFをすべて遺伝子候補とするなど論文により遺伝子候補の抽出には様々な手法がとられているが，metageneの利用が比較的一般的となっている。

③ **機能アノテーション**：次に予測した遺伝子に対し機能アノテーションを実施している。ここでは主に2通りの手法により機能アノテーションを試みている。一つ目は既知ゲノムから得られた遺伝子情報に対するホモロジー検索であり，一定の閾値以上でヒットしたホモロジー情報に基づきNCBIが提供しているCOGデータベースのIDをメタゲノム由来の遺伝子に振る。COGはオーソログ関係にある遺伝子群をまとめたものであるため，振られたIDにより同じ機能を持った遺伝子の種類がどれくらい各個人腸内由来のゲノムに含まれているかを知ることができる。この際ここでは，予測遺伝子中で断片ゲノムからの部分遺伝子として予測される割合が大きいため，データベース側の遺伝子長に対する予測遺伝子の割合を係数として掛けることにより補正を加えている。

二つ目の手法は，予測遺伝子同士のホモロジー情報に基づいたクラスタリングである。これは遺伝子同士の相同性が高ければ，その機能も類似しているであろうという考えに基づいて実施される解析であり，既知遺伝子情報との相同性がなくとも，腸内特異的な機能を持った遺伝子群の発見が期待される。現にここでの解析でも，少なくとも5遺伝子以上をメンバーとして持つクラスタが647も発見されている。

図1に示したここまでの解析に基づき，13人の腸内細菌叢由来ゲノムから遺伝子情報が抽出された。本論文では，これらの遺伝子情報に基づき様々な解析が実施されている。本節ではその中から2つほど解析の事例を示すこととする。

① **個人間の比較**：まず行われている解析は，各個人から得られたデータ全体同士の比較である。これにより，どの個人と個人由来の腸内細菌叢が似ているか，さらには腸内細菌とどの環境下から得られたデータが似ているかといった解釈が可能となる。このような解析には様々なアプローチがあるが，基本的な考え方は，個人間（環境間）の全遺伝子同士の比較からその「距離」を求めることにある。全遺伝子同士の相同性を総当たりで計算し，正規化することで個人間距離を求める。その距離に応じてクラスタリングを行い，樹状図などで可視化することで結果を分かりやすく評価することが可能となる。この解析では個人間の腸内細菌叢は親子間よりも大人同士，子供同士（中でも離乳前の乳児同士）が機能的には似ていることが示されている。

② **Enrichment解析**：次に，各個人でどのような機能の遺伝子が強化されているかをEnrichmentしている遺伝子を調べることで明らかにしている。この時に問題となるのがはじめ

メタゲノム解析技術の最前線

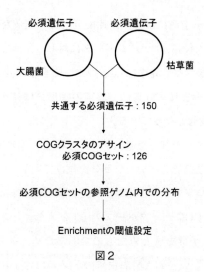

図2

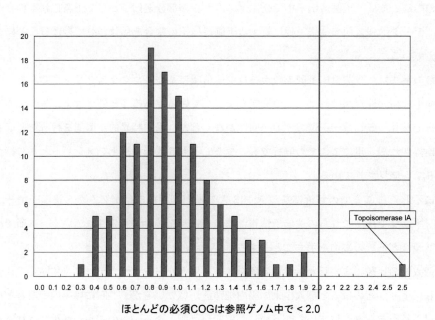

figure 3　必須COGの参照ゲノム中での個数分布

にの所でも述べたが，適切な基準の設定である。ここでは，図2, 3に示すような指標を用いることでEnrichment解析を行っている。まず図2に示すように，遺伝子機能がよく解析されている大腸菌および枯草菌に共通する必須遺伝子150個についてそのCOG番号を調べたところ，126種類のアサインされたCOGが抽出された。基本的にこれら必須遺伝子は1ゲノムあたり1遺伝子と考えられるため，これら126種類のCOGは，各個人腸内由来の遺伝子においても比較

第 2 章　解析技術

的似たような数をとると考えられ，その数を基準として用いれば，Enrichment が相対的に評価できることとなる．

1.3　メタゲノム配列からの遺伝子予測

　続いて，メタゲノムからの遺伝子予測法について詳しく紹介することにする[2]．メタゲノム解析において配列中に存在するすべての遺伝子を同定することは，解析の出発点となる基本的で重要なステップである．しかしながら，網羅的な遺伝子同定に広く用いられている *ab initio* 法の遺伝子予測プログラムを，メタゲノム配列にそのまま適用することは難しい．これは，メタゲノム配列が，ソースとなった生物種が不明な配列であることと，また多くの場合，個々の配列はアセンブルされない短い断片であることに起因する．多くの遺伝子予測プログラムは予測に遺伝子の統計情報（コドン使用頻度など）を利用するが，これらのパラメータは生物種に特異的であるため予測する生物種ごとに用意する必要がある．このため，生物種が不明なメタゲノム配列では予測に必要なパラメータを事前に準備することができず，遺伝子予測が行えない．また，配列が短い断片であるため，パラメータを配列から直接学習することも難しい．このことから，これまでのメタゲノム研究における遺伝子予測は，既知遺伝子との相同性検索か，メタゲノム配列同士の比較解析に基づく方法に限られていた．この問題を解決し，メタゲノム配列中の遺伝子領域を網羅的に予測するため，我々は新しい原核生物遺伝子予測プログラム MetaGene を開発した．

　MetaGene では遺伝子予測のための主要なパラメータとして，コドン・ダイコドンの出現確率を用いている．ここでダイコドンの出現確率とは，コード領域におけるコドンの出現確率を，ひとつ前のコドンが決定した場合の条件付き確率として表したものである．コード領域におけるコドン（ダイコドン）の出現頻度は，非コード領域（異なる読み枠や逆鎖を含む）における頻度とは大きく異なることが知られており，これらの対数オッズ比をスコアとして用いることで遺伝子領域を精度よく予測することができる．コドン頻度は前述のように生物種ごとに値が異なるが，全ゲノムが決定された原核生物のコドン頻度を調べたところ，図 4 のようにコドン頻度がゲノムの GC 含量と強い相関があることが分かった．そこで MetaGene では，コドン頻度と GC 含量の関係をシグモイド関数により表現した回帰モデルを用いて，候補遺伝子配列の GC 含量から推定したコドン頻度をパラメータとして予測を行うことで，生物種が不明な配列からの遺伝子予測を実現している．GC 含量から推定されたコドン頻度は当然のことながら少なからず回帰誤差を含むが，コード領域と非コード領域とを判別するには十分な精度を持っていた．ただし，細菌と古細菌とでは一部のコドン頻度に有意な違いが見られたことから（図 4A），コドン頻度の回帰モデルは細菌と古細菌のそれぞれについて用意し，予測の際は両方のモデルを適用してスコアの高い方を採用している．さらに，MetaGeneAnnotator（MetaGene の最新版）では，細菌・古細菌

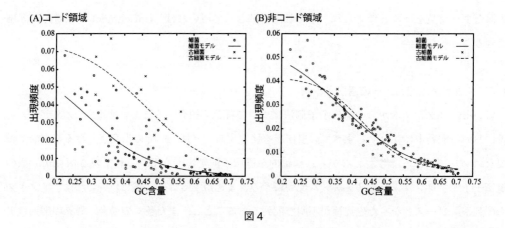

図4

のモデルに加えてファージのモデルも追加している。コドン頻度以外のパラメータとしては，遺伝子の長さの分布や，開始コドンから最左開始コドン（同じ読み枠で最長のコード領域となる開始コドン）までの距離の分布，隣接遺伝子の向きの割合，隣接遺伝子間の距離の分布を用いており，これらのスコア（コード領域・非コード領域における確率の対数オッズ比）をすべて足し合わせたときにスコアが最大となる候補遺伝子の組み合わせを最終的な予測遺伝子としている。

MetaGeneAnnotator ではさらに RBS（Ribosomal Binding Site）の予測モデルを組み込むことで，翻訳開始点（正しい開始コドン）の予測精度向上を図っている。RBS は 16S rRNA が認識する領域であり開始コドンのすぐ上流に存在するが，その配列パターンや位置は生物種により少しずつ異なっている。これらの違いは GC 含量のような他の配列統計情報との関連は見られないため，短い断片配列からその生物種の RBS のパターンを推測することは難しい。しかしながら，全ゲノム配列が決定された原核生物の RBS 配列を調べたところ，RBS の配列は（RBS を持つものであれば）どの生物種でも 16S rRNA の 3'末端のごく限られた領域と相補的な配列であることが示された。またその出現位置も，使われる RBS 配列に依存する（すなわち 16S rRNA の 3'末端のどの部分と相互作用するかに依存する）ことが分かった。そこで MetaGeneAnnotator では，未知生物種の潜在的な RBS 配列を，16S rRNA の 14 塩基対の領域に対応する 9 つのモチーフ（ひとつのモチーフは 6 塩基対から成る）に限定し，それぞれのモチーフの使用頻度および出現位置の確率分布を全生物種のデータから計算して予測に用いている。また，配列断片上に複数の遺伝子（および RBS）が存在する場合は，自己学習により RBS のモデルを更新することで，より精度のよい RBS 予測を試みている。このように RBS のモチーフを限定することで，ギブスサンプリングによるモチーフ抽出を利用した RBS モデルの自己学習法に比べて，短い配列上の RBS を効率よく予測することに成功している。

第2章　解析技術

表1　完成ゲノム配列に対する予測精度

生物種	GC%	RBS%[a]	MetaGeneAnnotator		GeneMarkS		Glimmer3	
			Sn^b($exact^c$)(%)	Sp^d(%)	Sn(exact)(%)	Sp(%)	Sn(exact)(%)	Sp(%)
古細菌								
S. marinus	35.7	85.4	99.4 (87.8)	94.5	99.6 (87.2)	92.5	99.8 (87.6)	90.8
A. fulgidus	48.6	61.7	97.8 (72.6)	93.9	97.9 (72.9)	92.0	97.2 (70.3)	91.7
N. pharaonis	63.4	39.6	98.0 (85.7)	98.3	98.7 (86.3)	97.6	98.5 (83.5)	96.4
細菌								
C. acetobutylicum	30.9	93.7	98.3 (92.1)	96.1	98.5 (74.1)	92.8	98.0 (90.9)	94.5
L. lactis	35.3	81.1	98.5 (88.0)	95.1	98.9 (88.4)	92.7	98.2 (86.2)	93.2
A. caulinodans	67.3	64.8	99.2 (66.2)	95.4	98.8 (61.5)	95.8	98.6 (63.6)	93.6
Average			98.5 (82.1)	95.6	98.7 (78.4)	93.9	98.4 (80.4)	93.4

[a]RBSを持つと推定された遺伝子の割合；[b]予測感度；[c]予測感度（完全一致）；[d]予測特異性

　GC含量による遺伝子パラメータの推定がうまく機能しているかどうかを調べるため，完成ゲノム配列に対してMetaGeneを適用し予測精度の評価を行った（表1）．比較のために，長い未知生物種のゲノム配列から遺伝子パラメータを自己学習して遺伝子予測を行うプログラムであるGeneMarkSおよびGlimmer3の予測結果もあわせて示す．予測の感度（検出できた遺伝子の割合）はどのプログラムも同程度であるが，予測特異性（全予測遺伝子に占める正解の割合）はMetaGeneAnnotatorが他のプログラムより高い結果となった．これらの数値の計算では，たとえ遺伝子の5'端（開始コドン）の予測が不正確であっても同じ読み枠に遺伝子を予測できている場合は正解としている．これに対して，開始コドンも含めて遺伝子領域を正確に予測できている場合のみを正解としたときの感度も，他のプログラムと比べてMetaGeneAnnotatorの精度が高い値となった．他の2つのプログラムはいずれも，はじめに配列中の長いORFを本物の遺伝子と仮定してそれらの配列から遺伝子の統計量を計算し，遺伝子予測に用いている．また，RBS配列の予測にはいずれもギブスサンプリングアルゴリズムにより推定されたRBSの重み行列を用いている．このような手法は，対象となるゲノム配列が十分に長い時には高い精度が期待できるが，MetaGeneAnnotatorはこれらのプログラムと遜色ない，あるいはそれ以上の精度が得られており，GC含量による遺伝子パラメータの推定や独自のRBS学習モデルが十分に機能していることが示されている．

　メタゲノム解析では上記のテストのような長い配列から遺伝子を予測することは少ないため，次に完成ゲノム配列を断片化して作成した人工的な断片ゲノムデータを用いて予測精度の評価を行った．なお，GeneMarkSは短い断片ゲノムには適用できない（プログラムが動かない）ため，ここではGlimmer3の予測結果のみを比較対象として示す（図5）．前述のように，Glimmer3は長いゲノム配列が利用できるときは高精度に遺伝子予測が行えるが，配列が短く，そこから十分

メタゲノム解析技術の最前線

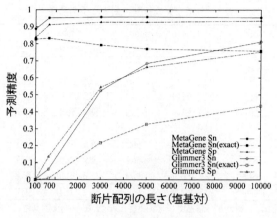

図5

な学習データが得られない場合には予測精度が大きく低下している。一方で，MetaGeneAnnotatorの予測精度は，配列の長さにはそれほど大きく影響を受けていないことが分かる。これは，配列が数百塩基対もあればGC含量の計算には十分であり，そこから必要十分な精度で遺伝子パラメータが推定できていることを示している。断片配列が短いほどMetaGeneAnnotatorのSn（exact）の数値が大きくなっているのは，短い断片中では遺伝子の5'端が欠けていて5'端の予測が簡単になっているためで，RBSの予測精度が向上しているわけではない。しかし，RBSのモデルを組み込むことで，断片配列が短くなった場合の予測特異性の落ち込みを抑えることができており，以前のバージョンのMetaGeneよりも全体的な予測精度が向上していることが手元のデータで確認されている。

以上のように，たとえ生物種の情報が得られないごく短い断片配列であっても，GC含量のような低次の統計量とコドン頻度のようなより高次の統計量との関係や，原核生物に共通に見られる配列上の特徴をうまく利用することで，高精度な遺伝子予測が可能であることが分かる。現在のところMetaGeneで予測できるのは原核生物およびファージの遺伝子だけであるが，同様の考え方を応用して真核生物の遺伝子予測も十分に可能だと考えられる。本手法は，未知の微生物種の配列データの混在する様々なメタゲノム解析に適用可能であり，メタゲノム解析研究を大きく促進するものと期待できる。

第2章 解析技術

文　　献

1) Kurokawa K, Itoh T, Kuwahara T, Oshima K, Toh H, Toyoda A, Takami H, Morita H, Sharma VK, Srivastava TP, Taylor TD, Noguchi H, Mori H, Ogura Y, Ehrlich DS, Itoh K, Takagi T, Sakaki Y, Hayashi T, Hattori M, "Comparative metagenomics revealed commonly enriched gene sets in human gut microbiomes.", *DNA Res.*, 2007 Aug 31, **14**(4), 169-81, Epub 2007 Oct 3.
2) Noguchi H, Taniguchi T, Itoh T, "MetaGeneAnnotator: detecting species-specific patterns of ribosomal binding site for precise gene prediction in anonymous prokaryotic and phage genomes." *DNA Res.* 2008 Dec, **15**(6), 387-96, Epub 2008 Oct 21.

2 メタゲノムデータベース

森　宙史[*1]，丸山史人[*2]，黒川　顕[*3]

2.1 メタゲノム解析とは

　細菌は地球上のあらゆる環境に存在し，多種多様な細菌が群集を形成し棲息する（細菌叢）ことで，環境における物質循環の根幹を形成している。したがって，それら細菌群集が担う機能を理解することは，その環境の生態系を理解し，生物間の相互作用や物質循環のプロセスをモデル化する上で必須となる。しかしながら，環境中に棲息する細菌のほとんどは培養することが困難であるため，培養技術を基盤としたこれまでの細菌学的手法では，細菌群集に関して得られる情報が大きく限定されてしまう。そのため，環境中の細菌叢において，群集を構成する種の組成や，群集が担う生命システムとしての機能，環境との相互作用などについては未解明な部分が多い。

　メタゲノム解析は，細菌群集からDNAを丸ごと抽出して塩基配列を解読することによって，細菌群集の種組成を明らかにするとともに，細菌群集が持つ遺伝子の総体である「遺伝子プール」の組成を明らかにすることを可能にした解析手法である。したがって，メタゲノム解析を行うためには，大量のシークエンシングおよびそこから得られる膨大な配列情報を処理するコンピュータ，バイオインフォマティクス技術が必須となる。このため，メタゲノム解析自体は90年代後半に提唱されていたにもかかわらず[1]，大々的に行われるようになったのは，2004年のJ. C. Venterらによるサルガッソー海の海洋細菌群集を標的としたメタゲノム解析以降である[2]。本研究の成功を受け，2004年以降は細菌群集についての理解や細菌群集が保有する未知なる遺伝子資源の発見を目的として，鉱山排水やヒトおよび動物腸内，土壌，海水，活性汚泥，大気など様々な環境において細菌群集のメタゲノム解析が行われており，さらに，スイスRoche Diagnostics社の454や米国Illumina社のGenome Analyzer（Illumina GA），米国Life Technologies社のSOLiDなどの次世代シークエンサーの利用によるシークエンシングコストの低下によって，メタゲノム解析は広く一般的に行われるようになった。

　メタゲノム解析の結果として，細菌群集由来の塩基配列情報が大量に得られるが，これらの配列情報を基に細菌群集の種組成や遺伝子組成を明らかにするには，既存の遺伝子配列情報を集めた配列データベースをリファレンスとして配列相同性検索を行う解析が有効である。それらのデータベースは，大きく2種類に分けることが出来る。メタゲノム解析専用のデータベースと，

---

*1　Hiroshi Mori　東京工業大学大学院　生命理工学研究科　生命情報専攻
*2　Fumito Maruyama　東京医科歯科大学大学院　歯学総合研究科　細菌感染制御学分野　准教授
*3　Ken Kurokawa　東京工業大学大学院　生命理工学研究科　生命情報専攻　教授

第2章　解析技術

メタゲノム解析に利用可能なデータベースである。本項ではメタゲノム解析の基盤とも言えるそれらのデータベースの特徴およびメタゲノム研究の今後の研究の方向性について述べる。

2.2　メタゲノム解析専用のデータベース

メタゲノム解析専用のデータベースについて，主なものを表1に列挙した（情報は2010年6月17日時点のもの）。米国エネルギー省（Department of Energy；DOE）の付属機関であるJoint Genome Institute（JGI）が提供するIMG/Mデータベースでは，JGIが関係したメタゲノム解析のデータについて，種組成解析の結果や遺伝子の機能組成解析の結果を，閲覧および比較可能な機能を提供している[3]。UC San Diegoが提供するCAMERAデータベースでは，海洋サンプルを中心とした様々なサンプルのメタゲノムデータについて，自分の興味のある配列を各サンプルに対して配列相同性検索できる機能などを提供している[4]。また，未だテスト版ではあるが，CAMERAバージョン2.0では，独自に開発した解析パイプラインであるRapid Analysis of Multiple Metagenomes with a Clustering and Annotation Pipeline（RAMMCAP）を使用して[5]，アップロードしたメタゲノムデータを解析し，CAMERAデータベース中の他のプロジェクトのデータと比較可能な機能などを提供している。シカゴ大学などが提供するMG-RASTデータベースでは，公開済みのメタゲノムデータについて，独自の解析パイプラインを用いて種組成解析や遺伝子機能組成解析などを行った結果を閲覧および比較可能な機能を提供しており，さらに，アップロードしたメタゲノムデータについて同パイプラインを用いてWeb上で解析可能な機能を提供している[6]。MG-RASTデータベースの特筆すべき点として，後述する遺伝子機能データベースの一つである，SEEDデータベースと密接に連携しておりSEEDデータベース中の遺伝子機能情報を利用することによって，細菌群集が持つ生物学的な機能の推定を行うことが出来る点が挙げられる。Max Planck Instituteが提供するMegx.netデータベースは，J. C. Venter Instituteが中心となって世界中の海水のメタゲノム解析を行うプロジェクトである，

表1　主なメタゲノム解析専用のデータベース

データベース名	対象とするメタゲノムプロジェクト	メタゲノムサンプル数	URL	主要な提供元
IMG/M	JGIが関係したプロジェクト	96	3)	JGI（USA）
CAMERA	海洋サンプルを中心としたプロジェクト全般	687	4)	UC San Diego（USA）
MG-RAST	プロジェクト全般	479	6)	University of Chicago（USA）
Megx.net	Global Ocean Samplingプロジェクト	82	7)	Max Planck Institute（German）
GOLD	プロジェクト全般	232	8)	JGI（USA）

Global Ocean Sampling (GOS) プロジェクトのメタゲノムデータに特化しており，各サンプルへの配列相同性検索機能や World Ocean Database などから取得した海水温濃度や塩分濃度などの情報とともにサンプリングポイントを地図上に表示する機能などを提供している[7]。これらの他に，ゲノムおよびメタゲノムプロジェクトについての情報を独自に収集して整理している，Genomes On Line Database (GOLD) も，メタゲノムプロジェクトのデータおよび次に詳しく説明するメタデータについて整理して提供している[8]。これらのデータベースの多くに共通して言える点は，複数のメタゲノムデータを比較・解析する，比較メタゲノム解析を Web ブラウザ経由で行うことが可能な機能を提供している点，および，メタゲノムデータと環境をつなぐ上で必須となる，メタデータの蓄積に大きな力を注いでいるという点である。

2.3　比較メタゲノム解析

　ゲノム解析がそうであるように，メタゲノム解析もまた，複数のサンプルのデータを比較することによってはじめて得られる情報が多い。特に，温度や pH などの環境条件が細菌群集に与える影響などを明らかにするためには，複数のメタゲノムデータを比較・解析する，比較メタゲノム解析が必須となる。比較メタゲノム解析の手法としては，一般的に，後述する既存の遺伝子およびタンパク質機能データベース（COG, KEGG, SEED, Pfam など）をリファレンスとして BLAST などのプログラムを用いて配列相同性検索を行い，同一の基準で種組成や遺伝子機能組成を比較する解析が広く行われている。比較メタゲノム解析は，古くは 2005 年の Tringe らによるサルガッソー海海水と鯨骨，ミネソタ土壌，酸性鉱山排水のメタゲノムデータの比較メタゲノム解析に始まり[9]，その後も 2008 年の海水や淡水などの 9 種類の全く異なった環境サンプル由来のメタゲノムデータの比較メタゲノム解析など[10]，多数の研究が行われている。

　例えば，ヒト腸内という環境に絞っても，親子間，家族間の腸内細菌群集の類似性が他人と比べて高いとは言えないことや，離乳前の乳児の腸内細菌群集が離乳後の幼児および大人と大きく異なっていることを示した，日本の Human Metagenome Consortium, Japan (HMGJ) による 2007 年の 13 人の日本人のヒト腸内メタゲノム解析や[11]，1 卵性双生児と 2 卵性双生児の間で腸内細菌群集の類似性に差があるとは言えず，どちらも他人と比較すると類似していることや，肥満の人の腸内細菌群集は種の多様性が少ないことなどを示した，米国の Human Microbiome Project (HMP) による 2009 年の 18 人の米国人のヒト腸内メタゲノム解析[12]，Illumina GA シークエンサーを用いた 576.7 Gb ものシークエンシングによって，330 万個の遺伝子を発見し，ヒト腸内の細菌群集の遺伝子セットおよび種組成の大枠を示したとともに，クローン病や潰瘍性大腸炎などの病気の人の腸内細菌群集は，健常な人とは大きく異なることを遺伝子レベルで詳細に示した，ヨーロッパおよび中国の Metagenomics of the Human Intestinal Tract (MetaHIT) によ

第2章　解析技術

る2010年の124人のヨーロッパ人のヒト腸内メタゲノム解析など[13]，明確な仮説設定のもとに，多様な比較メタゲノム解析が行われている。これらの比較メタゲノム解析においては，同一の基準で比較することが重要であり，そのため，複数の異なるメタゲノムプロジェクト間でデータを比較する際には，遺伝子予測やアセンブル法，使用するデータベースなどを統一して解析し直す場合が多い。それらの解析のやり直しは労力および膨大な解析時間がかかるため，MG-RASTなどの，既存のメタゲノムデータを同一ワークフローで解析し直して公開するとともに，自らのメタゲノムデータもそのワークフローを使用してWeb上で解析することが可能なデータベースは，非常に画期的である。

2.4　メタデータの重要性

　比較メタゲノム解析を行い環境条件と細菌群集の関係を解明する上で，必須となるのがメタデータである。メタデータとは，「データに関するデータ」であり，メタゲノム解析で得られた配列データに関する情報，すなわち，サンプリング地点の地理情報や温度，pHなどの環境についての情報，さらにはDNA抽出法やシークエンシング法，遺伝子予測法などの実験および解析方法などに関する情報のことである。これらのメタデータが重要な理由として，以下の2つの理由が挙げられる。①メタゲノム解析は事前に仮説をたてて研究を行う仮説検証型の研究よりも，興味深い現象を発見するために研究を行う博物学的な研究の性格が強く，メタゲノムデータとメタデータ間の相関解析や多変量解析などが，生物学的な発見を行う上で非常に重要であるため。②自然界から得られたサンプルは動的であるため，厳密な意味での再現実験を行うことは不可能であり，可能な限り条件を合わせた再現実験をするためには，詳細な環境の記述が不可欠であるため。

　上述したように，一括りにメタデータと言っても，それが表すものは多岐に渡り，複数のメタゲノムプロジェクト間でどのような情報をどのように記述するかが統一されておらず，現在大きな問題となっている。この問題については，海水や土壌，鉱山排水，ヒトや動物由来のサンプルなど，メタゲノム解析の対象となるサンプルが全く異なる様々な環境由来であり，それら全てに適合する統一した基準を作るのが困難であることが，問題解決をより困難なものにしている。最近になって，ゲノム情報の記述を標準化することを目的とした国際コンソーシアムである，Genomic Standards Consortium（GSC）が，メタゲノム解析におけるメタデータの記述の統一，およびデータベースへのメタデータの登録項目として最低限必要な項目リストの作成などを行っている[14]。メタデータの記述の統一としては，生物サンプルが関係する環境についての記述を統一することを目的とした，Environment Ontology（EnvO）を作成し，内容の充実を行っている[15]。メタデータの登録項目として最低限必要な項目リストについては，Minimum Information

About a Metagenome Sequence（MIMS）と名付け，ゲノムデータの登録項目として最低限必要な項目リストである，Minimum Information About a Genome Sequence（MIGS）と同様に，DNA Data Bank of Japan（DDBJ）/European Molecular Biology Laboratory（EMBL）/GenBankの3機関からなるInternational Nucleotide Sequence Database Collaboration（INSDC）の関係者を含めた国際コンソーシアムの会合を何度も行い，取り決めを行っている最中である[16]。現段階の案である，Checklist 2.0には，プロジェクト名，サンプリング場所，標高，サンプリング日時，棲息環境，サンプリング方法，シークエンス方法，アセンブル方法など多数の項目が含まれている[17]。Megx.netやGOLDなどのデータベースについては，完全ではないがMIMSに則したメタデータの項目リストに移行中であり，MIMSがメタデータとして必要な項目の国際標準になる可能性は高いと考えられる。

2.5　メタゲノム解析に利用可能なデータベース

メタゲノム解析では，得られた配列情報から種組成や遺伝子機能組成などの情報を得るために，多数の既存のデータベースを利用して解析を行う。これらのメタゲノム解析に利用可能なデータベースは，配列情報と，種や遺伝子機能などの生物学的な情報とを結びつける上で必須であり，どのようなデータベースを利用してどのような解析を行うかが，メタゲノム解析の正否の鍵を握ると言っても過言ではない。基本的に，それらのデータベースは各遺伝子の塩基またはアミノ酸配列とその遺伝子機能や由来した種などを一定の基準によって整理したデータベースであり，メタゲノムデータと結びつける場合には，BLASTなどの配列相同性検索プログラムを用いて類似した配列をデータベース中から見出すという解析手法になる。

メタゲノム解析で頻繁に利用されるデータベースを表2に挙げた（情報は2010年6月17日時点のもの）。Clusters of Orthologous Groups（COG）は，66株の細菌のゲノム中の遺伝子について配列相同性を用いてクラスタリングし，4,872個のオーソロググループに分類した結果を提供しているデータベースであり，広く一般的に利用されている[18]。しかしながら，近年はデータベースの更新が行われておらず，データ数の少なさから，次に示すeggNOGやKEGGなどの他のデータベースのオーソログ情報が利用されることが多くなってきている。

evolutionary genealogy of genes：Non-supervised Orthologous Groups（eggNOG）は，上記のCOGおよびCOGの真核生物版であるKOG全てに加えて，配列相同性検索の結果を基に独自の基準でクラスタリングしたオーソロググループであるNOGについての情報を提供しているデータベースである[19]。3種類のオーソロググループを含んでいるが，データベースが頻繁に更新されているわけではなく，現在のversion 2.0では，630個のゲノム由来（真核生物を含む）の224,847個のオーソロググループについての情報を提供している。

第2章 解析技術

表2 主なメタゲノム解析に利用可能なデータベース

データベース名	概要	タンパク質遺伝子数	機能単位数	URL	主要な提供元
COG	オーソログデータベース	192,987	4,872 (オーソログ)	18)	NCBI
eggNOG	オーソログデータベース	2,242,035	224,847 (オーソログ)	19)	EMBL
KEGG	ゲノム情報・化学物質情報についての総合的なデータベース	5,634,461	13,600 (オーソログ)	20)	京都大学
SEED	Subsystemを中心とした遺伝子機能データベース	3,471,966	1,058 (Subsystems)	21)	University of Chicago
Pfam	タンパク質ドメインのデータベース	4,887,593 (Pfam-A)	11,912 (Families)	22)	Wellcome Trust Sanger Institute
UniProtKB	タンパク質機能データベース	517,802 (Swiss-Prot)	31,956 (GO)	23)	EBI
INSDC nr/nt	塩基配列およびアミノ酸配列データベース	11,205,216	–	24)	DDBJ, EMBL, GenBank

Kyoto Encyclopedia of Genes and Genomes (KEGG) は，ゲノム情報および化学物質情報を基に，生命をシステムとしてコンピュータ上に表現することを目的としたデータベースであり，多数のデータベースから構成されている[20]。それらのデータベースのうち，メタゲノム解析において頻繁に利用されるデータベースは，KEGG GENES, KEGG ORTHOLOGY, KEGG PATHWAY, KEGG MODULE の4つである。KEGG GENES は，ゲノム解読済みの生物が持つ全遺伝子についての塩基およびアミノ酸配列データベースであり，このデータベースをリファレンスとしてメタゲノムデータを配列相同性検索する。KEGG ORTHOLOGY は，KEGG GENES に存在する遺伝子間で配列相同性検索を行った結果を基に，主に KEGG Automatic Annotation Server (KAAS) プログラムによってオーソログか否かの判定を行い，約13,600個のオーソロググループとしてまとめたデータベースであり，このデータベースを利用して，ヒットした KEGG GENES の遺伝子が属するオーソロググループについての情報を取得可能である。KEGG PATHWAY は，生物が持つ代謝経路やシグナル伝達経路などのパスウェイを約360のパスウェイマップで表したデータベースであり，パスウェイマップ中では化合物は丸，酵素は四角，化合物の変化は矢印で表されている。KEGG ORTHOLOGY の情報を基に，KEGG GENES にヒットしたクエリ配列がどのパスウェイマップのどのパスウェイに関係する遺伝子と類似しているのかという情報を取得可能であり，この情報を基に，細菌群集が保有する生物学的な機能を推定することが可能である。KEGG MODULE は，パスウェイマップよりもより小さなパスウェイに関する機能単位を約530のモジュールとしてまとめて整理したデータベースであり，パスウェ

イマップよりも詳細な生物学的な機能の解析が可能である。

　SEED は，不特定多数の専門家が独自にアノテーションしたサブシステムと呼ばれる，代謝経路やタンパク質複合体などの，生物学的に特定の役割を発揮する機能単位について，遺伝子レベルで整理したデータベースであり，配列相同性検索の結果を基に独自に各ゲノムのオーソログリストを作成し，ゲノム中の各遺伝子が所属するサブシステムについての情報を提供している[21]。メタゲノム解析では，これらの配列データをリファレンスとして配列相同性検索を行い，ヒットした遺伝子が所属するサブシステムについての情報を基に，細菌群集が保有する生物学的な機能を推定することが可能である。

　Pfam は，同一のドメインを持つタンパク質を一つのファミリーとして集め，マルチプルアラインメントを行って隠れマルコフモデル（HMM）を作成し，ファミリーごとに HMM を提供しているデータベースである[22]。メタゲノム解析では，これらの HMM をリファレンスとして，アミノ酸配列データを HMMER3 などのプログラムを用いて配列相同性検索を行い，ヒットしたファミリーの種類を集計することによって，細菌群集が保有する生物学的な機能を推定することが可能である。Pfam には専門家がマニュアルでデータベースの各エントリをチェックしている，後述の UniProtKB/Swiss-Prot データベースから取得した配列を基に各ファミリーの HMM を作成して提供している Pfam-A と，多数のデータベースからオートマチックにドメインを抽出することによって得られた配列を基に HMM を作成して提供している，Pfam-B の 2 種類のデータベースが存在し，Pfam-A は HMM の数は少ないが各 HMM の信頼性が高いため，メタゲノム解析で一般的に利用されている。

　Universal Protein Resource Knowledgebase（UniProtKB）は，後述の INSDC からタンパク質をコードする遺伝子の情報を取得し，マニュアルアノテーションによって文献情報などの裏付けがあるエントリのみを載せた UniProtKB/Swiss-Prot と，オートアノテーションによるエントリを載せた UniProt/TrEMBL の 2 種類のアミノ酸配列データベースを提供している[23]。また UniProtKB には，遺伝子および遺伝子産物の標準化された記述である，Gene Ontology（GO）と UniProtKB のエントリを関連付けるためのデータベースである，UniProtKB-Gene Ontology Annotation Database（UniProtKB-GOA）が存在し，このデータベースを利用することによって，メタゲノム解析データから，細菌群集が保有する生物学的な機能について GO を基に推定することが可能である。

　INSDC は，DDBJ，EMBL，GenBank の 3 大公共配列データベースから構成されており，これらのデータベースが提供する non-redundant な塩基配列データベース（nt）およびアミノ酸配列データベース（nr）をリファレンスとして，メタゲノム解析で得られた配列データを配列相同性検索することにより，その配列が完全に新規な配列であるか否かを検証することが可能であ

第2章 解析技術

るため，広く利用されている[24]。ただし，配列長が短い次世代シークエンサーによる配列データは，ntデータベースには登録されていないため，真に新規な配列か否かを検証するには，それらの短い配列専用のDDBJ Read Archive（DRA）/EBI Sequence Read Archive（ERA）/NCBI Sequence Read Archive（SRA）データベースをリファレンスとして配列相同性検索を行うことが必要になる[25]。

代表的なデータベースとしては以上のようなものが挙げられるが，これらのデータベースの他にも，メタゲノム解析の目的に応じて，糖代謝関連の酵素遺伝子を整理したデータベースであるCarbohydrate-Active enZYmes Database（CAZy）や[26]，工業利用を視野に入れた，微生物が持つ化学物質生産および分解経路に関係する遺伝子および代謝経路のデータベースであるUniversity of Minnesota Biocatalysis/Biodegradation Database（UMBBD）[27]，plasmidやphage, virusなどの可動性遺伝因子を集めて配列を比較し，独自の基準でクラスタリングを行ってホモログとしてまとめたA CLAssification of Mobile genetic Elements（ACLAME）データベース[28]，などを利用して効果的なメタゲノム解析を行うことが必要とされる。

2.6 リファレンスゲノムの重要性

上述のデータベースを利用した解析は，どれも配列相同性検索を基本としているため，メタゲノム解析において断片的にシークエンスされた細菌が，ゲノムが既知の種から系統的に大きく離れていた場合には，その細菌の分類群や保有している遺伝子セットの特徴などを理解することは困難となる。細菌のゲノムプロジェクトにおいては，これまで有用細菌や病原細菌が優先的に解読されてきており，環境中に棲息する細菌のゲノムは大幅に不足していた。そこで，メタゲノム解析においてリファレンスとなるゲノムを充実させることを目的として，アメリカのHMPではヒト常在細菌のゲノム解析を精力的に押し進めており，既に170株以上のゲノムが公開されている[29]。また，JGIなどが進めているGenomic Encycropedia of Bacteria and Archaea（GEBA）プロジェクトでは，ゲノムが既知の細菌と系統的に離れた細菌のゲノムを選択的にゲノム解読し，リファレンスゲノムを全体的に充実させることを目的として，56株のゲノムをシークエンスした結果を第一報として論文にしている[30]。これらのリファレンスゲノムの充実を目的とした大規模なプロジェクトによってメタゲノム解析から得られる情報量は今後ますます豊富になっていくものと考えられる。

2.7 16S rRNA群集構造解析について

シークエンシングコストの減少に伴い，多くのメタゲノム解析プロジェクトでは，細菌群集の種組成を詳細に解析することを目的として，16S ribosomal RNA（16S rRNA）遺伝子を使用し

た群集構造解析が同時に行われている。メタゲノム解析による種組成解析では，進化速度がバラバラな様々な遺伝子の配列を既知の配列データベースをリファレンスとして配列相同性検索を行い，最も類似した配列の分類群情報を，そのメタゲノム配列の分類群情報として採用する手法が一般的に使用されている。しかしながら多くの場合，細菌群集を構成する種の大多数は近縁種のゲノムが未だ解読されていないため，進化速度の遅い一部の遺伝子を除いたゲノムの大多数の遺伝子からは，高精度な分類群情報を得ることが困難となる。

16S rRNA 遺伝子は，全ての細菌が保有しており，さらに配列が高度に保存されている領域と非常に多様な領域がモザイク上に存在しているために，配列の相違度を指標として使用することで優れた系統分解能を持っている。16S rRNA 遺伝子を使用した群集構造解析法（16S rRNA 群集構造解析）は，試料から抽出した全 DNA を対象に，16S rRNA 遺伝子配列を特異的に PCR にて増幅し，シークエンスした後に，既知の 16S rRNA 遺伝子の配列データベースをリファレンスとして配列相同性解析を行うことによって，細菌群集の種組成を詳細に解析する手法である。

16S rRNA 群集構造解析は古くから行われているため，ゲノムが解読された種の数とは比較にならないほど多くの種の 16S rRNA 遺伝子配列が INSDC データベースに登録されており，16S rRNA 群集構造解析に特化したデータベースもいくつか存在する。代表的な 16S rRNA 群集構造解析に利用可能なデータベースとしては，INSDC データベースから収集した 120 万本以上の rRNA 遺伝子配列のデータベースである SILVA[31]や，信頼性の高い rRNA 遺伝子配列のみを集めたデータベースである GreenGenes[32]，rRNA 遺伝子配列を提供するとともに様々な 16S rRNA 群集構造解析を行う上で有用なツールを提供しているデータベースである Ribosomal Database Project（RDP）[33]などが有名である。これらのデータベースは，メタゲノム解析専用データベースと同様に，配列のみならず様々なメタデータを提供しているが，現在のところメタデータの記載項目および内容については解析プロジェクト間で統一されていない。この状況を解決するために，16S rRNA 群集構造解析においても，GSC がメタデータの記載項目として最低限必要な項目のリストとして，Minimum Information about an ENvironmental Sequence（MIENS）を提案しており，今後は記載項目が統一されていくものと考えられる[34]。

16S rRNA 群集構造解析の場合，解析の結果得られた種組成情報を用いて，その細菌群集が持つ生物学的な機能などを推定するためには，群集を構成するそれぞれの種についての生物学的な情報（所有する遺伝子や代謝経路のリスト，主に棲息する環境など）が必須となる。このような生物学的な情報を得るための情報源として最も優れているものは，それぞれの種のゲノム情報である。したがって，ゲノムが解読された株の 16S rRNA 遺伝子配列のみを集めたデータベースを作成し，これをリファレンスとして利用することによって，群集を構成するそれぞれの種につ

第2章 解析技術

いての生物学的な情報の推定が容易になると考えられる。我々は，上記の考えのもと，細菌群集の種組成を高速にかつ視覚的に明快に表現可能な視覚化ツールである，VIsualization tool for Taxonomic COmpositions of MIcrobial Community（VITCOMIC）を開発し，提供している[35]。VITCOMICでは，ゲノムが解読された株の16S rRNA遺伝子配列をリファレンスとして，クエリ配列との配列相同性検索を行って最も近縁な種を推定し，その推定結果と配列の相同性の情報

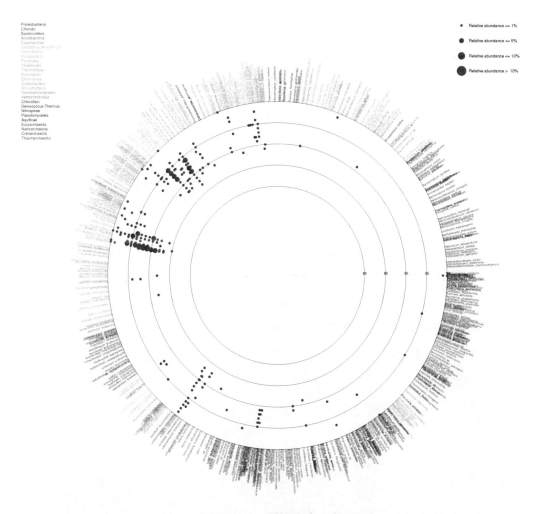

図1 VITCOMICによる細菌群集の種組成の表現

円周の外縁にゲノムが解読された株が進化的な関係を反映して配置され，4つの円がそれらの株との配列相同性を表している（内側から，相同性85％，90％，95％，100％）。円内部に散在する小さな点は群集を構成する各種の，リファレンス株との配列相同性検索の結果を表しており，最も近縁なリファレンス株とその株との配列相同性を基に点が配置されている。点の大きさは群集中の相対的な頻度を表している。この図は，ヒト腸内細菌群集についての16S rRNA群集構造解析によって得られた848,512本の配列を基にした種組成を[36]，VITCOMICを用いて表現した結果である。

メタゲノム解析技術の最前線

を利用して，図1のような図を作成し，その群集の種組成を表現することが可能である．本ツールを利用することによって，16S rRNA 群集構造解析の結果から細菌群集の種組成とともに，それぞれの種が持つ生物学的な機能を近縁のゲノムが解読された株のゲノム情報から推定することが可能であり，これらの情報をメタゲノム解析から得られる遺伝子機能組成などの情報と組み合わせることによって，細菌群集が担う生命システムとしての機能や環境との相互作用について明らかにできると考えられる．

2.8 おわりに

次世代シークエンサーの利用によるシークエンス能力の向上およびシークエンシングコストの減少によって，データベースに蓄積される配列データは，爆発的な勢いで増大している．本節で述べてきたように，既知の配列データベースを利用した配列相同性検索は，配列情報と種や遺伝子機能などの生物学的な情報とを結びつける上で必須であり，既知のメタゲノム解析専用データベースを利用した比較メタゲノム解析は，環境条件が細菌群集に与える影響などを明らかにする上で必須である．これらのデータベースのサイズが増大することは，原理的にはメタゲノム解析によってより多くの情報が得られることを意味している．その反面，データベースのサイズの増大によって配列相同性検索などの解析は日増しに困難なものとなりつつあり，大規模計算機，データを保存するためのストレージやスムースなデータ転送を行うためのネットワーク環境の整備にかかるコストも膨れ上がっている．この問題は，配列データだけでなく多岐にわたるメタデータを同時に記録する必要があるメタゲノム解析データでは，ゲノム解析などのデータと比較してより深刻である．このような状況下で効果的にメタゲノム研究を行っていくために，バイオインフォマティクス研究者はもちろんのこと，ウェットな研究者も，メタゲノム解析に関するデータベースの運用およびそれらを利用した解析方法について，活発に議論していく必要がある．

文　献

1)　Handelsman, J. *et al.*, *Chem. Biol.*, **5**, 245-249 (1998)
2)　Venter, J. C. *et al.*, *Science*, **304**, 66-74 (2004)
3)　http://img.jgi.doe.gov/cgi-bin/m/main.cgi
4)　http://camera.calit2.net/
5)　Li, W., *BMC Bioinformatics*, **10**, 359 (2009)
6)　http://metagenomics.nmpdr.org/metagenomics.cgi?

第2章　解析技術

7) http://blast.mpi-bremen.de/
8) http://www.genomesonline.org/
9) Tringe, S. G. *et al.*, *Science*, **308**, 554-557 (2005)
10) Dinsdale, E. A. *et al.*, *Nature*, **452**, 629-632 (2008)
11) Kurokawa, K. *et al.*, *DNA Res.*, **14**, 169-181 (2007)
12) Turnbaugh, P. J. *et al.*, *Nature*, **457**, 480-484 (2009)
13) Qin, J. *et al.*, *Nature*, **464**, 59-65 (2010)
14) http://gensc.org/gc_wiki/index.php/Main_Page
15) http://www.environmentontology.org/
16) http://gensc.org/gc_wiki/index.php/MIGS/MIMS
17) Field, D. *et al.*, *Nat. Biotechnol.*, **26**, 541-547 (2008)
18) http://www.ncbi.nlm.nih.gov/COG/
19) http://eggnog.embl.de/version_2/
20) http://www.genome.jp/kegg/
21) http://www.theseed.org/wiki/index.php/Home_of_the_SEED
22) http://pfam.sanger.ac.uk/
23) http://www.uniprot.org/help/uniprotkb
24) http://www.insdc.org/
25) http://www.ncbi.nlm.nih.gov/Traces/sra/sra.cgi?
26) http://www.cazy.org/
27) http://umbbd.msi.umn.edu/index.html
28) http://aclame.ulb.ac.be/
29) http://www.hmpdacc.org/
30) Wu, D. *et al.*, *Nature*, **462**, 1056-1060 (2009)
31) http://www.arb-silva.de/
32) http://greengenes.lbl.gov/cgi-bin/nph-index.cgi
33) http://rdp.cme.msu.edu/index.jsp
34) http://gensc.org/gc_wiki/index.php/MIENS#Introduction_.26_proposal_of_MIENS
35) Mori, H. *et al.*, *BMC Bioinformatics*, **11**, 332 (2010)
36) Turnbaugh, P. J. *et al.*, *Proc. Natl. Acad. Sci. USA*, **107**, 7503-7508 (2010)

3 比較ゲノムにおけるインフォマティクス基盤

内山郁夫*

3.1 はじめに

　メタゲノム解析は，自然界の微生物集団を研究する強力な手法であるが，そのデータを解釈するにはホモロジー検索による既知ゲノムとの対応付けが不可欠である。実際，対象となる微生物のゲノム情報がどれだけ蓄積しているかが，この手法の成否の鍵を握っていると言っても過言ではない。蓄積したゲノム情報は，比較解析を通じてより使いやすい形に整理することができ，それによってメタゲノムデータの解釈を促進することが可能になる。本節では，微生物の比較ゲノム解析における情報学的アプローチについて，特にオーソログ解析とコアゲノム解析の話題を中心に，筆者らの取り組みを交えて紹介する。

3.2 微生物ゲノム情報の蓄積

　全配列が公表された微生物ゲノム数は，およそ2年で2倍という指数関数的な増大を続け，最近はそのペースがやや鈍ったものの，2009年に1,000ゲノムを突破した（図1）。その内訳を見

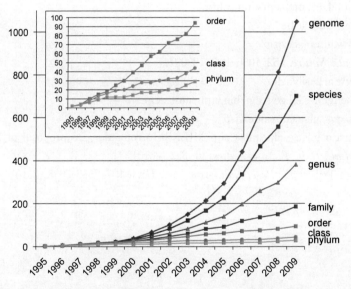

図1　公開された微生物ゲノム数の推移
データはGOLDデータベース[3]に基づく。系統分類のランクごとのユニークな数も表示した。挿入図はorder以上のランクの推移を見やすくするように拡大したもの。

　＊　Ikuo Uchiyama　自然科学研究機構　基礎生物学研究所　ゲノム情報研究室　助教

ると，ユニークな種として700種類程度，ユニークな属として400種類程度あり，その多くが種または属のレベルで類縁性を持っていることになる。それ以上の上位階層でも，相対的にそれほど多くはないが，コンスタントに増加している（図1挿入図）。メタゲノム解析ではなるべく幅広いゲノムが決まっていることが望ましいため，Human Microbiome Project[1]やGenomic Encyclopedia of Bacteria and Archaea[2]など，幅広くゲノムを決定しようというプロジェクトも動いている。ただし，最近では完全ゲノム配列を決定せず，ドラフト状態のままで終わっているプロジェクトも少なくない。GOLDデータベース[3]によれば，完成ゲノムとは別に，ドラフト状態のものも含めて，進行中，計画中のプロジェクトが数千ほど列挙されている。いずれにしても，これらの情報を有効に活用するには，比較ゲノム解析が重要になる。

3.3 オーソログ解析

　ゲノム間で遺伝子の構成を比較する際には，ホモロジー検索によってゲノム間の遺伝子の対応付けを行う必要があるが，その際に重要となる概念がオーソログとパラログである。ホモログの生じ方には，種分化に伴って種間に生じる場合と，遺伝子重複によってゲノム内に生じる場合とがあり，前者をオーソログ，後者をパラログと呼ぶ[4]。ゲノム間で遺伝子の対応付けを行うには，パラログではなくオーソログをとる必要がある。一般にパラログはそれぞれが異なる機能に分化する可能性があるのに対して，オーソログ間では機能が保存されることが多いので，ホモロジーに基づいて機能アノテーションを行う際にも，パラログではなくオーソログに基づいて行うことが重要になる。

　オーソログの定義は進化的な派生プロセスに基づくので，オーソログの同定には進化系統樹を用いるのが正統的な方法となる。しかし，特にバクテリアでは系統推定をきちんと行うことが難しくてあまり現実的でない。そこでよく用いられるのが双方向ベストヒットという基準である。たとえば図2のように2つのゲノムにそれぞれx, yという2つのパラログ系統が存在している場合，通常はオーソログ同士がそれぞれのゲノム中で互いに最もよく似た関係にある。これが双方向ベストヒットと呼ばれる関係である。これに対し，単方向のみのベストヒットはパラログ対でも起こりうる。たとえば，図2でゲノム2の遺伝子y_2が欠失すると（図2B），y_1から見るとx_2がベストヒットとなるが，これらは本来パラログである。双方向ベストヒット基準に基づけば，このような関係を拾わずにすむというわけである。ただし，ここでもう一つ，ゲノム1の遺伝子x_1も欠失すると（図2C），今度はx_2とy_1が双方向ベストヒットとなり，パラログを拾ってしまうことになる。この場合でも，3つ以上のゲノムを同時に見ることによってこのような誤りを回避できる可能性はあるが，いずれにしても双方向ベストヒットがオーソログを同定する正確な方法ではないことには注意する必要がある。

メタゲノム解析技術の最前線

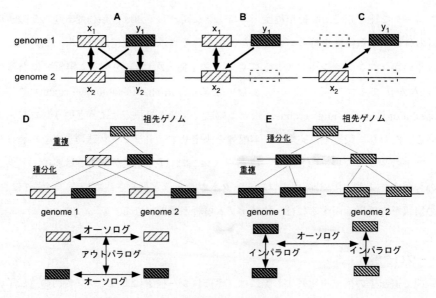

図2　オーソログの定義と双方向ベストヒット

A，B，C：双方向ベストヒットとオーソログの関係。ここでx同士，y同士はオーソログ，xとyはパラログの関係にある。aからbへ向かう矢印は，aをクエリとするとbがベストヒットになるという関係を表す。D：アウトパラログの例。遺伝子重複が起きた後に種分化が起きると，1対1オーソログ関係が2つ生じ，それぞれのゲノム中の2つの遺伝子はアウトパラログになる。E：インパラログの例。種分化後に遺伝子重複が起きると，それぞれのゲノム中の2つの遺伝子はインパラログとなり，多対多のオーソログ関係が生じる。

ベストヒットによるオーソログ同定にはそのほかにもいくつか問題があり，その一つに多対多オーソログの問題がある。遺伝子重複が起こるタイミングにはいろいろあって，種分化前に重複が生じた場合はそれぞれが異なるオーソログの系統を生じ（図2D），この場合は上述の双方向ベストヒットでそれぞれの系統の識別が可能になる。一方，種分化後に重複が起きた場合は多対多のオーソログ関係を生じるが（図2E），双方向ベストヒットでは1対1対応がつかないこのような関係を必ずしもうまく対応づけられない。同じ重複によって派生したパラログでも，前者をアウトパラログ，後者をインパラログといって区別するが[5]，インパラログを含む場合のオーソログの識別が一つの問題となっている[6]。もう一つの問題が，遺伝子融合やドメイン融合によって，複数の遺伝子がつながって1つの遺伝子になってしまっている場合で，この場合も1対1対応がつけられないので双方向ベストヒットのような方法ではうまく対応がつけられない。

双方向ベストヒットは2ゲノム間の比較であるが，これを多数のゲノムにどう拡張するかというのももう一つの問題である。これはクラスタリングの問題であり，どこまでグループを拡張するかが焦点となる。TribeMCL[7]は，マルコフ・クラスタリングという手法で蛋白質配列のグルーピングを行うプログラムで，バランスのとれたクラスタリングを行うプログラムとしてよく用い

られており,双方向ベストヒット関係にこの方法を適用してオーソログ分類を行うプログラムとしてOrthoMCL[8]がある。一方,筆者らの開発したDomClust[9]は古典的な階層的クラスタリングをベースにした方法であるが,オーソログ分類との相性はよく,実行効率も高い。特に,双方向ベストヒットにまつわる上述のインパラログの問題などは自然に解消している。また,クラスタリングの際にドメイン融合を検出して分割する処理を組み込んでおり,ドメイン融合を含むオーソログ分類に対処している数少ないプログラムとなっている。

3.4 微生物の比較ゲノムデータベース

　様々なゲノム配列を,オーソログ関係に基づいて整理することが,比較ゲノム解析の基本となる。オーソログデータベースはアノテーションの際にも有用であり,単純にホモロジー検索のトップヒットをとるような方法と比べると,機能の表記が統一できるとか,全体の類似性を参照して閾値を設定できるなどの利点がある。微生物ゲノムについてはCOGデータベース[10]が長年標準的なオーソログデータベースとして使われてきた。このデータベースでは,上述のようなオーソログ分類上の様々な問題点を,手作業で修正することにより解決して作成されており,各オーソロググループに機能アノテーションがしっかりとつけられていることもあって,アノテーションのリファレンスとして広く使われてきた。また,COGには各オーソロググループを機能カテゴリに分類した結果もついており,多数の遺伝子の集合を機能面から集約したい場合などに有用であることから,メタゲノム解析を含むゲノム規模の解析によく用いられている。ただし更新に手間がかかるという欠点があり,COGは2003年のバージョン[11]を最後に更新が止まっている。最近COGの分類方法を基にして,COGを拡張する形で作成されたEggNOGデータベース[12]がリリースされ,COGの後継として用いられるようになっている。

　一方,筆者らが作成している微生物ゲノムデータベースMBGD[13,14]はCOGとほぼ同時期に公開されたが,当初から自動的なオーソログ分類を行っており,最新のゲノムデータをすべて取り込む方針で運営されてきた。オーソログの対応付けとして上述のDomClustプログラム[9]を採用することにより,ドメイン融合を起こした遺伝子間の対応付けも行えるようになっている。MBGDの大きな特徴の一つは,利用者が生物種セットを選んで,それらの間のオーソログ関係を作成して比較できることである。これは近縁種間の詳細な比較を行う際に特に有用であることからよく利用されている。また,MyMBGD機能[15]により,利用者が持っている新規のゲノム配列をサーバ上にアップロードして,それらと公開済みのデータとの比較解析を行うこともできる。最新のバージョンでは,「メタゲノムモード」として任意のアミノ酸配列セットをMyMBGDに登録して,それらをオーソロググループに分類することができるようになったので,限定的ながらメタゲノムデータの解析に使うこともできる。

MBGDのオーソロググループ情報表示画面を図3に示す。各オーソロググループには，遺伝子名，タイトル，他データベースへのクロスリファレンスなどの情報が付加されている（図3A）。これらはすべて自動的につけられており[14]，COGのように人手でチェックされているわけではないが，オーソロググループ内の各遺伝子のアノテーションのコンセンサスをとるようにつけられているので，個別遺伝子のアノテーションよりはむしろ信頼性が上がっていることが期待できる。このページからは，グループ内の配列のマルチプルアライメントや，オーソログ遺伝子を中心とした周辺のマップ比較が行えるほか，系統パターン（各生物種にオーソログが存在するかどうかのパターン）が類似した他のオーソロググループを検索する機能がある。検索結果は図3Bのようなオーソログテーブルとして表示され，そこでは系統パターンを緑色のバーを使って表現したものが表示される（図3B）。系統パターンがよく似た遺伝子は，ゲノム中でそろって出現することから，互いに関連した機能を持つことが多いことが知られている[16]。実際，図3Bは図3Aで表示されているコバラミン生合成系遺伝子の一つである*cobH*遺伝子をクエリとした結果であるが，コバラミンの生合成に関連する遺伝子がパターンの類似した遺伝子の上位を占めている。

微生物に特化したオーソログデータベースや比較ゲノムデータベースは他にもいくつかあり，主なものを表1にまとめた。オーソログデータベースにはいくつかあるが，分類のポリシーや表現方法などに違いがある（表1A）。たとえばCOGは「同じものはなるべくまとめる」ことを重視した結果，比較的大きなグループを作る傾向があるのに対して，Protein Clusters[17]は「異なるものを同じグループに入れない」ことを重視した結果，グループが細かく分かれている。一方，MBGDは単なるオーソログデータベースというよりは，複合的な機能を持つ比較ゲノム解析システムという位置づけを持つが，そのようなシステムにはJGIのIMG[18]などいくつかあり，それぞれが特徴的な機能を持っている（表1B）。また，KEGGデータベース[19]に代表されるパスウェイデータベースも，ゲノムアノテーションと結びつくことにより，比較ゲノムデータベースとしての機能を持っている（表1C）。一方，比較ゲノムによって関連遺伝子を予測する方法は，上述の系統パターン以外にもいくつかあり，特に複数の予測方法を統合して予測するのが有効である。そのようなシステムとしてSTRING[20]などがある（表1D）。

3.5 コアゲノム解析

オーソログ解析の応用としては，上述のような機能推定の目的以外に，どの程度幅広い生物種に保存されているかを見ることによって，その遺伝子の細胞機能における重要性や普遍性を考察するというアプローチがある。中でも，細胞生物を成立させるための最小遺伝子セットの探索[21,22]は，この方向性の話題として最も興味深いものの一つであろう。こうした遺伝子を探索す

第2章　解析技術

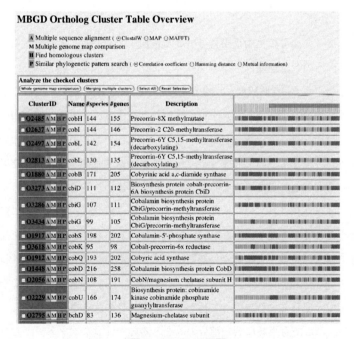

図3　MBGDの画面
A：オーソロググループ情報表示画面，B：類似系統パターン検索の結果を表示したオーソログテーブル画面．

メタゲノム解析技術の最前線

表1 主な微生物の比較ゲノムデータベース

名称	URL	内容
A オーソログデータベース		
COG	http://www.ncbi.nlm.nih.gov/COG/	微生物のオーソログデータベース
EggNOG	http://eggnog.embl.de/	COGを拡張して作られたオーソログデータベース
Protein Clusters	http://www.ncbi.nlm.nih.gov/sites/entrez?db=proteinclusters	RefSeqの微生物蛋白質配列を分類したデータベース
HAMAP	http://au.expasy.org/sprot/hamap/	UniProtを基にした微生物蛋白質配列分類データベース
TIGRFAMS	http://www.jcvi.org/cms/research/projects/tigrfams/	隠れマルコフモデルによる蛋白質分類データベース
B 比較ゲノム解析システム		
MBGD	http://mbgd.genome.ad.jp/	自動オーソログ分類に基づく微生物ゲノム比較システム
IMG	http://img.jgi.doe.gov/	JGIの総合微生物ゲノム解析システム
CMR	http://cmr.jcvi.org/	JCVIの総合微生物ゲノム解析システム
MicrobesOnline	http://www.microbesonline.org/	総合微生物ゲノム比較解析システム
C パスウェイに基づくアノテーション		
KEGG	http://www.genome.jp/kegg/	パスウェイマップとゲノム情報の統合データベース
BioCyc	http://www.biocyc.org/	パスウェイマップとゲノム情報の統合データベース
The SEED	http://www.theseed.org/	サブシステムを単位としたアノテーションシステム
D 比較ゲノムに基づく関連遺伝子予測		
STRING	http://string.embl.de/	比較ゲノムに基づく関連遺伝子予測システム
Phydbac	http://www.igs.cnrs-mrs.fr/phydbac/	比較ゲノムに基づく関連遺伝子予測システム

る方法の一つとして「すべての生物種が持っている遺伝子」をとることが考えられるが，単純に共通部分をとると，その数は極端に少なくなってしまう．実際，現在のMBGDで検索を行うと，そのような遺伝子はわずか10個程度しか存在しない．このように極端に少なくなるのは，細胞内共生細菌のように極端に小さいゲノムを持つ生物が存在するのが大きな原因の一つであるが，それ以外にも同じ機能を異なる（オーソロガスでない）遺伝子が担っている[23]といったことがあると，やはり期待より少なくなってしまう[22]．一般にゲノムごとの事情の違いを考慮せずに機械的に共通部分のみをとると，過度に少なくなる傾向が生じる．

このような「共通に保存されている遺伝子セット」という概念は，全生物種に限らず様々な系統群について考えることが可能である．特に，同一菌種の異なる株間でゲノムを比較するのは，バクテリアの種の概念の見地から興味深い問題であるが，ある種のいずれかの株に存在する遺伝子全体を「汎ゲノム（pan-genome）」，その中ですべてのゲノムに共通に存在する遺伝子群を「コアゲノム」と呼んで，それらの数によって種ゲノムの多様性の大きさを評価することが提唱されている[24]．ただし，ここでも単純に共通部分のみをとるのが「コアゲノム」としてふさわしいのかという疑問が残る．一方，バクテリアの種間の多様性の多くは水平的な遺伝子の獲得によって生じており，ゲノム中でそのような遺伝子は「可塑的領域」としてまとまって存在する傾向にあ

第2章　解析技術

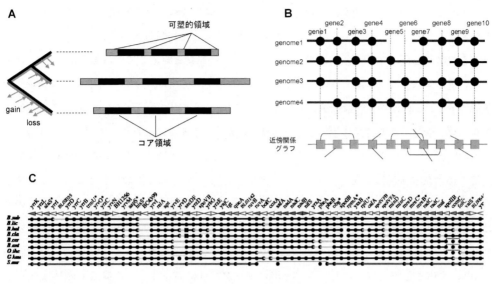

図4　コアゲノム構造
A：コアゲノムの概念。コアゲノムは，対象とする系統群の共通祖先から垂直的に受け継がれたゲノム上の領域。B：コア構造の定義。縦方向にオーソロググループが並んでおり，近傍関係にある遺伝子が実線で結ばれている。下部の近傍関係グラフでは，各オーソロググループが一つのノードに集約されている。C：コア構造アライメントの例。

る。そこでそれらを除いた部分，すなわち共通祖先から垂直伝搬によって受け継がれてきた領域を「コアゲノム」とするという考え方が提唱されている（図4A）[25, 26]。この意味の「コアゲノム」は，定義にやや曖昧さは残るが，バクテリアゲノムの特徴を捉えており，かつ「系統特異的なゲノム情報」という点で一定の意味を持つと考えられる。

筆者は，近縁種間でオーソロガスな遺伝子の並び順が保存された領域を抽出することによって，ゲノムの「コア構造」を構築する手続き（CoreAligner）を作成した[27]。このプログラムは，x%以上の種で遺伝子の近傍関係が成立しているようなオーソログ対を集め，それらを結んで作ったグラフ上で最長となるパスを探すことによって，並び順を決定する（図4B）。この方法によれば，塩基配列でのアライメントが難しいようなある程度離れた類縁ゲノム間でも，遺伝子の並び順が保存された領域を抽出して，アライメント風に並べて表示することができる（図4C）。このプログラムを，保存率 $x=50$% としてバチルス科や腸内細菌科のゲノムに対して適用したところ，それぞれ約 1,400 個，および約 2,100 個の遺伝子からなるコア構造が抽出された。このコア遺伝子数の安定性を見るため，ゲノム数を増やしながらコア構造を計算するという処理を繰り返して変化を見たところ，ゲノム数が変化してもコア遺伝子数はそれほど変化せず安定であった。これとは対照的に，すべての種が共通に持っている遺伝子の数は，ゲノム数が増えると（当

然のことながら）単調に減少し，また単に50％以上で保存されている遺伝子は，我々のコア構造遺伝子よりずっと多く存在するが，ゲノム数が変化するとその数は大きく振動した[27]。

筆者らの構築した「コア構造」は，上述のコアゲノムの概念と対応していると言えるだろうか。外来性の遺伝子は，ゲノム配列中の塩基組成（コドン使用頻度やコドン3文字目のGC含量）や系統樹のトポロジーが内在性遺伝子と大きく異なることから検出できるので，これらの観点から筆者らのコア構造が「内在性」という特徴を持つのかどうかを検証した[27]。まずコドン3番目のGC含量の分散を，コア構造上の遺伝子(A)，コア構造上にないが50％以上の株で保存されている遺伝子(B)，50％未満しか保存されていない遺伝子(C)のそれぞれで比較したところ，A＜B＜Cの関係が調べたゲノムのほぼすべてで成立しており，コア構造上の遺伝子がそうでないものよりは内在的であることを支持する結果となった。また，コア遺伝子の連結配列に基づいて作成した系統樹を参照系統樹として，個々の遺伝子の系統樹が参照系統樹と異なる場合の数を上記の(A)と(B)の遺伝子とで比較したところ，トポロジーが有意に異なっている遺伝子の数はA＜Bであるという傾向が明確に示され，やはりコア遺伝子が内在的であることが裏付けられた。ただし，今回は50％保存していればよいというやや緩い条件を用いたためか，コア構造の中にも明らかに水平伝搬していると思われる遺伝子がいくつか含まれていた。

このようなコア遺伝子解析は，近縁種間の比較ゲノム解析において，各株の特徴付けや系統関係を議論する場合などに，垂直的な進化プロセスと水平的な遺伝子獲得による進化プロセスとを区別するための基礎的な情報を提供する。では，メタゲノム解析の立場からはどのような有用性があるだろうか。メタゲノム解析では，由来菌種が分からない断片配列が大量に決定され，そこからその環境に生息する菌種を推定し，その遺伝子構成から代謝活性などを推測することが必要になるが，コア遺伝子セットは各系統群を特徴付ける遺伝子セットであるため，不完全なメタゲノムデータからそのような推測を行う際に，強力な情報源となることが期待される。そこで，そのようなコア遺伝子を集めたデータベースの構築を現在進めている。現在のところ，多数のゲノムが決まっている系統群には偏りがあるため，コア構造が定義できる系統群には限りがある。しかし，筆者らの定義によるコア構造遺伝子セットは，ゲノム数の変化に対して比較的安定なので，ある程度少ない数のゲノムセットからでも意味のある遺伝子セットが得られることが期待できる。システマティックなゲノム解読が進むことにより，将来的にはコア遺伝子が定義可能な系統群が増えていくことが期待される。

3.6 比較ゲノム解析ワークベンチ

筆者らは，ここまで述べてきたような，オーソログ解析からコアゲノム解析までを総合的に行える比較ゲノム環境として，RECOG（Research Environment for Comparative Genomics）と

第2章 解析技術

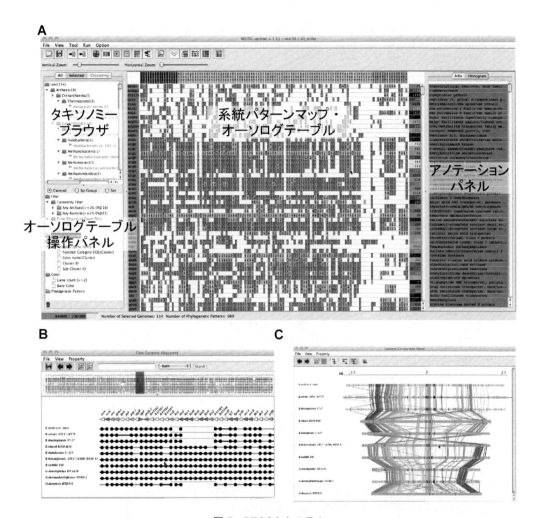

図5 RECOGシステム
A：RECOGのメインウィンドウ，B：コアゲノムアライメントビューア，C：ゲノム比較ビューア。

いうソフトウェアを開発している。RECOGはMBGDのサーバにアクセスして，MBGDと同様に生物種セットを指定したオーソログ解析が行えるが，その後作成したオーソログテーブルを基にして様々な比較解析を行うための機能が強化されている。RECOGでは，オーソログテーブルの全体像を表示でき，そこから条件を指定したフィルタリング，並べかえ，色づけなどの機能を使って，オーソログテーブルに対する様々な操作が行える（図5A）。たとえば，特定の生物種や系統群ごとに遺伝子のあるなしの条件を指定してフィルタリングしたり，系統パターンの類似性に基づいて階層的クラスタリングを実行した結果に従って並べかえたりすることができる。また，興味のある遺伝子のセットや，遺伝子ごとの何らかのプロパティ値を登録しておいて，その

情報をフィルタリングや色づけなどに利用することもできる。さらに，オーソログ解析を行った後で，CoreAligner プログラムを起動することによって，コア構造解析を行うことができ，その結果はコアゲノムアライメントビューア（図5B）やゲノム比較ビューア（図5C）上に表示される。

　RECOG は MBGD に接続してデータをダウンロードして使えるだけでなく，ローカルにサーバを上げて独自のデータを用いて解析することもできるようになっている。さらに現在，メタゲノムのデータを RECOG のオーソログ解析に取り込めるような機能追加も行っており，近い将来メタゲノム対応版もリリースする予定である。

文　　献

1) Turnbaugh, P. J. *et al.*, *Nature*, **449**, 804-810 (2007)
2) Wu, D. *et al.*, *Nature*, **462**, 1056-1060 (2009)
3) Liolios, K. *et al.*, *Nucleic Acids. Res.*, **38**, D346-354 (2010)
4) Fitch, W. M., *Syst. Zool.*, **19**, 99-113 (1970)
5) Sonnhammer, E. L. *et al.*, *Trends Genet*, **18**, 619-620 (2002)
6) Remm, M. *et al.*, *J. Mol. Biol.*, **314**, 1041-1052 (2001)
7) Enright, A. J. *et al.*, *Nucleic. Acids. Res.*, **30**, 1575-1584 (2002)
8) Li, L. *et al.*, *Genome. Res.*, **13**, 2178-2189 (2003)
9) Uchiyama, I., *Nucleic. Acids. Res.*, **34**, 647-658 (2006)
10) Tatusov, R. L. *et al.*, *Science*, **278**, 631-637 (1997)
11) Tatusov, R. L. *et al.*, *BMC Bioinformatics*, **4**, 41 (2003)
12) Muller, J. *et al.*, *Nucleic. Acids. Res.*, **38**, D190-195 (2010)
13) Uchiyama, I., *Nucleic. Acids. Res.*, **31**, 58-62 (2003)
14) Uchiyama, I. *et al.*, *Nucleic. Acids. Res.*, **38**, D361-365 (2010)
15) Uchiyama, I., *Nucleic. Acids. Res.*, **35**, D343-346 (2007)
16) Pellegrini, M., *et al.*, *Proc. Natl. Acad. Sci. USA*, **96**, 4285-4288 (1999)
17) Klimke, W. *et al.*, *Nucleic. Acids. Res.*, **37**, D216-223 (2009)
18) Markowitz, V. M. *et al.*, *Nucleic. Acids. Res.*, **38**, D382-390 (2010)
19) Kanehisa, M. *et al.*, *Nucleic. Acids. Res.*, **38**, D355-360 (2010)
20) Jensen, L. J. *et al.*, *Nucleic. Acids. Res.*, **37**, D412-416 (2009)
21) Mushegian, A. R. *et al.*, *Proc. Natl. Acad. Sci. USA*, **93**, 10268-10273 (1996)
22) Koonin, E. V., *Annu. Rev. Genomics. Hum. Genet.*, **1**, 99-116 (2000)
23) Koonin, E. V. *et al.*, *Trends Genet.*, **12**, 334-336 (1996)
24) Tettelin, H. *et al.*, *Proc. Natl. Acad. Sci. USA*, **102**, 13950-13955 (2005)

25) Hacker, J. *et al.*, *EMBO Rep.*, **2**, 376-381 (2001)
26) Philippe, H. *et al.*, *Curr. Opin. Microbiol.*, **6**, 498-505 (2003)
27) Uchiyama, I., *BMC Genomics*, **9**, 515 (2008)

4 メタゲノムの産業利用

福田雅夫*

4.1 はじめに

　産業利用を目指した有用物質や有用酵素を生産する微生物の探索は，環境中から微生物を分離して行われてきた。例えば抗生物質生産菌の探索では，日本国内はもとより，ヒマラヤやアマゾンの奥地，南極，さらには海底にまで土壌試料を求める努力が続けられた。採取された土壌試料からは培養条件を工夫して出来る限り多くの微生物を分離し，個々の分離菌株を培養して目的の抗菌活性の有無を検定して抗生物質生産菌の探索が実施されて来た。しかし，現在，多くの企業が抗生物質生産菌の探索を止めている。莫大な人力と資金を投入して探索しても得られる抗菌物質はほとんどが既知物質であり，新規物質の開発が望めないためである。一方，近年，薬剤耐性菌の増加と多剤耐性菌の出現が問題となっており，新規の抗生物質の開発が望まれている。メタゲノムの利用は，このような閉塞状況を打開する新たな展開をもたらしてくれると期待される。土壌から分離できる微生物は，土壌中の全微生物の1％に満たないことが示唆されている。分離した微生物に見いだされた機能とは比べものにならない遙かに多彩な機能を備えた未知の微生物～有用物質生産菌や有用酵素生産菌が自然環境中に眠っていると予想される。最近のメタゲノムシーケンスプロジェクトの成果から推定されるメタゲノムシーケンス中における各種酵素の存在比と産業用途の酵素需要との比較[1]を図1に示した。セルラーゼ，アミラーゼ，プロテアーゼを含むヒドロラーゼに産業用途の需要超過傾向が著しいが，ヒドロラーゼ以外ではメタゲノム側の

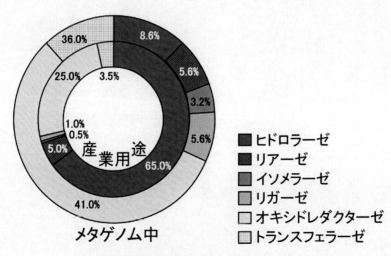

図1　産業用途と環境中の酵素の存在比

---

*　Masao Fukuda　長岡技術科学大学　生物系　教授

第2章 解析技術

余裕をうかがわせる。図1は存在比を示したものに過ぎず，実際には存在量が問題であるが，シーケンサーの進化によるシーケンス能力の飛躍的向上により，量的にも急速に充足されつつあると想像される。したがって，メタゲノムの利用に新たな展開が期待される。

4.2 メタゲノムからの有用遺伝子の探索

メタゲノムから分離された酵素遺伝子や代謝系遺伝子群の例を遺伝子の由来とスクリーニング法とともに表1にリストした。標的遺伝子の多くを占めるのは酵素遺伝子で，特に洗剤用や食品加工用，衣類加工用の酵素として産業上で応用が進んでいるアミラーゼ，セルラーゼ，エステラーゼ，リパーゼなどの探索例が多い。このような酵素では，発色基質を用いた活性検定による遺伝子ライブラリーからのFunctionalなスクリーニングが容易にでき，実施例が多い要因となっている。アミラーゼではデンプンとヨウ素を含んだ寒天培地[2]，セルラーゼではCongo redを含む寒天培地[3]，エステラーゼではα-Naphthyl acetateを含む寒天培地[4]，リパーゼではTributyrinを含む寒天培地[5]などを用い，コロニー周辺の発色や濁りの変化などにより目視にて陽性クローンが検出できる。オキシゲナーゼではステロイドの変換に利用されるモノオキシゲナーゼが知られているものの，一般的に産業上で応用に直結する場面は少ない。しかし，実施例は多い。これは学術的な興味が強いことに由来すると思われる。芳香環開裂酵素では発色基質を用いた活性検定が利用されている[6]。また，標的基質で誘導される遺伝子を選抜する特殊なスクリーニング法も使用されている[7]。

一方，産業上の応用で付加価値が期待される抗菌物質生産にかかわる遺伝子の探索も例が多い。Functionalなスクリーニングでは，試験菌を重層した寒天培地を用いて遺伝子ライブラリーの各コロニー周辺に生じる試験菌の生育阻止円を検定する方法[8]や，有効物質が期待できる色素生産クローンの培養抽出物を分析する[9]など効率の良くない手法しかなく，PCRやハイブリダイゼーションによるSequenceベースのスクリーニング法が多く使用されている。Functionalなスクリーニング法とSequenceベースのスクリーニング法を併用したAlcohol/aldehyde oxidoreductase探索[10]やPolyketide合成系探索[11]のケースで比べると，Sequenceベースのスクリーニング法で取得されたクローンがFunctionalなスクリーニング法で取得されたクローンを上回っている。Sequenceベースのスクリーニング法が，遺伝子の発現や遺伝子産物の酵素活性の有無に依存しないことを考えると当然のことと考えられる。一方，PCRを用いたSequenceベースのスクリーニングでは標的酵素遺伝子内の保存配列をPCRプライマーに使用するため，一次スクリーニングでは遺伝子の内部配列しか取得できない。このためPCR増幅産物をプローブにしたハイブリダイゼーションによる遺伝子ライブラリーからの周辺配列の回収が必要になる[12]。周辺配列の回収のためのGenome-walking法も報告されている[13]。代替策として，PCR増幅産物をあらかじ

メタゲノム解析技術の最前線

表1 メタゲノムの応用例

	Target	DNA source	Method	Reference
糖類分解酵素	Agarase	畑土壌	Functional	5)
	Amylase	土壌	Functional	2)
	Amylase	土壌 および コンポスト	Functional	23)
	Amylase	深海底質および 酸性土壌	Functional	24)
	Amylase	非植生土壌	Functional	5)
	Amylase	汚泥	Functional	25)
	Cellulase	集積微生物群	Functional	26)
	Cellulase	牛消化管	Functional	27)
	Cellulase	湖底質	Functional	28)
	Cellulase	湖水	Functional	29)
	Cellulase	土壌	Functional	5)
	Cellulase	海洋水	PCR	30)
	Cellulase	ウサギ消化管	Functional	31)
	Cellulase	土壌	Functional	3)
	Cellulase	ネズミ消化管	Functional	32)
	Chitinase	海浜海水	Functional	33)
	Chitinase	昆虫消化管（蛾）	Functional	34)
	Chitinase	海洋 および 湖水	PCR	35)
	Cyclodextrinase	牛消化管	Functional	27)
	Cyclodextrinase	土壌および底質	Functional	36)
	Pectinase	熱帯土壌	Functional	37)
	Pectinase	土壌	Functional	5)
	Pullulanase	温泉底泥	PCR	38)
	Xylanase	昆虫消化管 （シロアリ，蛾）	Functional	39)
	Xylanase	ヒト消化管	Functional	40)
	Xylanase	牧場排水	Functional	41)
	Xylanase	土壌	Functional	42)
	Xylanase/glucanase/ mannanase	牛消化管	Functional	43)
その他酵素類	Alcohol/aldehyde oxidoreductase	森林土壌	Functional	44)
	Alcohol/aldehyde oxidoreductase	排水処理施設	Functional	45)
	Alcohol/aldehyde oxidoreductase	土壌および底質	Functional + PCR	22, 10)
	Amidase	土壌および海洋底質	Functional	46)
	Carboxypeptidases	ミミズ消化管	PCR	47)
	Decarboxylase	アルカリ土壌	sequence	48)
	Dehalogenase	河川底質（集積）	PCR	49)
	Dehalogenase	1,2-Dichloroethane 集積微生物群	PCR	50)
	Dioxygenase	コンポスト	Functional	23)
	Dioxygenase	土壌	Functional	51)
	DNA polymerase I	氷河氷	Functional	52)
	DNase	土壌	Functional	2)
	Esterase	海水	Functional	53)

(つづく)

第2章 解析技術

表1 メタゲノムの応用例　　　　　　　　　　　（つづき）

	Target	DNA source	Method	Reference
その他酵素類	Esterase	北極底質	Functional	54)
	Esterase	植生土壌	Functional	55)
	Esterase	土壌	Functional	56)
	Esterase	土壌	Functional	57)
	Esterase	油汚染土壌および水道管生物膜	Functional	18)
	Esterase	深海水	Functional	4)
	Esterase	牛消化管	Functional	27)
	Esterase	土壌および底質（干潟，海浜，森林）	Functional	58)
	Esterase	深海底質	Functional	59)
	Esterase	湖水	Functional	29)
	Esterase	牛消化管	Functional	60)
	Esterase	泥および泥水	Functional	61)
	Esterase	コンポスト	Functional	23)
	Esterase	人為汚染コンポスト	Functional	20)
	Glycerol/diol dehydratase	集積土壌	Functional	10)
	Lipase	土壌	Functional	2)
	Lipase	土壌	Functional	62)
	Lipase	海洋底質	Functional	63)
	Lipase	深海 底質	Functional	64)
	Lipase	土壌 および コンポスト	Functional	23)
	Lipase	畑土壌	Functional	5)
	Lipase	海浜底質	Functional	65)
	Lipase	森林土壌	Functional	66)
	Lipase	池水	Functional	67)
	Lipase	海浜底質	Functional	68)
	Nitrile hydratase	土壌および底質	Functional	69)
	Nitrite reductase Nitrous oxide reductase	草原土壌	Hybridization	70)
	Oxygenase	土壌 および コンポスト	Functional	23)
	Oxygenase	森林土壌	Functional	44)
	Oxygenase	油汚染海洋底質	hybridization	71)
	Oxygenase	深海底質	hybridization	72)
	Oxygenase	河川水	PCR	73)
	Oxygenase	畑土壌	PCR	74)
	Oxygenase	油汚染土壌	Functional	19)
	Oxygenase	活性汚泥	Functional	6)
	Oxygenase	ローム土壌	Functional	75)
	Oxygenase	集積土壌	PCR	76)
	Oxygenase reductase	バイオリアクタースラリー	PCR	77)
	Phosphatase	土壌 および コンポスト	Functional	23)
	Polyphenol oxidase	牛消化管	Functional	78)
	Protease	コンポスト	Functional	23)
	Protease	コンポスト，土壌，水系底質	Functional	79)

（つづく）

メタゲノム解析技術の最前線

表1 メタゲノムの応用例　　　　　　　　　　　　　　　　　　　　　　　（つづき）

	Target	DNA source	Method	Reference
耐性	Bleomycin 耐性	活性汚泥	Functional	80)
	Nickel 耐性	根圏土壌	Functional	81)
	Tetracycline 耐性	ブタ排泄物	Functional	82)
	Tetracycline 耐性	ヒト歯垢および唾液	PCR	83)
	β-Lactamase	深海冷水域底質	PCR	84)
抗菌物質生産酵素系	Acyltyrosine 類生産	土壌	Functional	8)
	glycopeptide 合成系	土壌	PCR + hybridization	12)
	N-acylhomoserine lacton 類生産	蛾消化管	Functional	85)
	Palmitoylputrescine 生産	植物保持水	Functional	86)
	Polyketide synthase	海綿共生微生物群	PCR	87)
	Polyketide synthase	土壌	PCR + TRFLP	88, 89)
	Polyketide 合成系	海綿共生微生物群	PCR	90)
	Polyketide 合成系	土壌	PCR + Functional	11)
	Polyketide 合成系	海綿共生微生物群	PCR	91)
	Polyketide 合成系	土壌	PCR + hybrid gene cassette	14)
	Polyketide 合成系	土壌	PCR + hybridization	92)
	Polyketide 合成系	海綿共生微生物群	PCR + hybridization	93)
	Resorcinol 様物質生産	土壌	Functional	17)
	Turbomycin 生産	土壌 (Rondon et al. 由来)	Functional	9)
	抗真菌物質生産	森林根圏土壌	Functional	94)
	抗菌物質生産	土壌	Functional	15)
	抗菌物質生産	土壌	Functional	16)
	抗菌物質生産	土壌	Functional	2)
	抗菌物質生産	土壌	Functional	95)
その他	Biotin 合成系	土壌・ウマ排泄物由来集積微生物群	Functional	21)
	Integron 遺伝子カセット	深海熱水噴出孔	PCR	96)
	Integron 遺伝子カセット	タール汚泥	PCR	97)
	Methyl halide transferase	Sequence データベース	In silico	98)
	N-acylhomoserine lacton 分解	土壌	Functional	99)
	N-acylhomoserine lacton 分解	土壌	Functional	100)
	Poly-3-hydroxybutyrate 代謝系	活性汚泥 および土壌	Functional	101)
	芳香族化合物分解系	地下水	Functional	7)
	上皮細胞増殖調節因子	ヒト排泄物	Functional	102)

め用意した全長の遺伝子配列の該当部分に置き換えて機能させたケースもある[14]。

　放線菌類が抗菌物質生産に優れていることは良く知られている。抗菌活性の Functional なスクリーニングでは E. coli だけ[15]でなく, Streptomyces lividans[11] や Pseudomonas putida[16] さらには Ralstonia metalliduran[17] が遺伝子ライブラリーの宿主として使用され, E. coli の遺伝子ラ

イブラリーでは見いだせないクローンの獲得に効果を上げている。

　DNA リソースは，土壌，水系底質，海洋水，河川水，コンポストなどの環境リソースに加えて，ヒトや動物（昆虫を含む）の消化管内など多岐にわたっている。また，標的物質で汚染された土壌等を DNA リソースに用いたり[18,19]，標的物質を加えて土壌等を培養（馴養）したり[20]，標的物質を加えて微生物群を集積培養したり[21,22]，ターゲットとなる微生物の濃度を高めて効率的に標的酵素遺伝子を探索できるようにする工夫も取り入れられている。

4.3　メタゲノムの産業利用＝新規有用遺伝子の探索における課題

　Sequence ベースのスクリーニング法では遺伝子探索に使用する PCR プライマーやハイブリダイゼーションプローブの配列を既往の酵素遺伝子配列に基づいて設計するため，既往遺伝子配列と相同性の低い遺伝子や類縁性のない全く新規な遺伝子は取得できない。また設計した PCR プライマー配列や用意したハイブリダイゼーションプローブの配列に依存する偏りも予想される。一方，Functional なスクリーニング法では相同性の低い遺伝子や新規な遺伝子を取得できる可能性があるものの，標的遺伝子の機能発現が不可欠である。標的遺伝子の遺伝子発現は使用する宿主菌株（ホスト）に大きく依存し，遺伝子ライブラリーに含まれる標的遺伝子の一部しか発現しないことが予想される。これらの問題を解決するために，以下の項目の要素技術の開発が望まれる。

① 標的遺伝子を効率的に探索できる PCR プライマー・ハイブリダイゼーションプローブ配列の設計
② E. coli 以外の多様な宿主ベクター系の開発・使用
③ 多数のクローンの活性を高速・高感度に検出する High-throughput なアッセイ系の確立

4.4　おわりに

本稿を作成する際に参考にした総説を以下に紹介する。

① Fernández-Arrojo L, et al., 2010.（文献 1）
② Li LL, et al., 2009.（文献 103）
③ Uchiyama T, et al., 2009.（文献 104）
④ Kennedy J, et al., 2010.（文献 105）
⑤ Ferrer M., 2009.（文献 106）

文　　献

1) Fernández-Arrojo L, Guazzaroni ME, López-Cortés N, Beloqui A, Ferrer M., Metagenomic era for biocatalyst identification. *Curr Opin Biotechnol.* 2010, **21**: 725-733.
2) Rondon MR, August PR, Bettermann AD, Brady SF, Grossman TH, Liles MR, Loiacono KA, Lynch BA, MacNeil IA, Minor C, Tiong CL, Gilman M, Osburne MS, Clardy J, Handelsman J, Goodman RM, Cloning the soil metagenome: A strategy for accessing the genetic and functional diversity of uncultured microorganisms. *Appl. Environ. Microbiol.* 2000, **66**: 2541-2547.
3) Voget S, Steele HL, Streit WR, Characterization of a metagenome-derived halotolerant cellulase. *J Biotechnol* 2006, **126**: 26-36.
4) Ferrer M, Golyshina OV, Chernikova TN, Khachane AN, Martins Dos Santos VA, Yakimov MM, Timmis KN, Golyshin PN, Novel microbial enzymes mined from the Urania deep-sea hypersaline anoxic basin. *Chem Biol* 2005a, **12**: 895-904.
5) Voget S, Leggewie C, Uesbeck A, Raasch C, Jaeger KE, Streit WR, Prospecting for novel biocatalysts in a soil metagenome. *Appl Environ Microbiol* 2003, **69**: 6235-6242.
6) Suenaga H, Ohnuki T, Miyazaki K, Functional screening of a metagenomic library for genes involved in microbial degradation of aromatic compounds. *Environ Microbiol* 2007, **9**: 2289-2297.
7) Uchiyama T, Abe T, Ikemura T, Watanabe K, Substrate-induced gene-expression screening of environmental metagenome libraries for isolation of catabolic genes. *Nat Biotechnol* 2005, **23**: 88-93.
8) Brady SF, Chao C J, Clardy J, Long-chain N-acyltyrosine synthases from environmental DNA. *Appl. Environ. Microbiol.* 2004b, **70**: 6865-6870.
9) Gillespie DE, Brady SF, Bettermann AD, Cianciotto NP, Liles MR, Rondon MR, Clardy J, Goodman RM, Handelsman J, Isolation of antibiotics turbomycin a and B from a metagenomic library of soil microbial DNA. *Appl. Environ. Microbiol.* 2002, **68**: 4301-4306.
10) Knietsch A, Bowien S, Whited G, Gottschalk G, Daniel R, Identification and characterization of coenzyme B 12 -dependent glycerol dehydratase- and diol dehydratase-encoding genes from metagenomic DNA libraries derived from enrichment cultures. *Appl Environ Microbiol* 2003b, **69**: 3048.3060.
11) Courtois S, Cappellano CM, Ball M, Francou FX, Normand P, Helynck G, Martinez A, Kolvek SJ, Hopke J, Osburne MS, August PR, Nalin R, Guérineau M, Jeannin P, Simonet P, Pernodet JL, Recombinant environmental libraries provide access to microbial diversity for drug discovery from natural products. *Appl Environ Microbiol.* 2003, **69**: 49-55.
12) Banik JJ, Brady SF, Cloning and characterization of new glycopeptide gene clusters found in an environmental DNA megalibrary. *Proc. Natl. Acad. Sci. USA.* 2008, **105**: 17273-17277.

13) Kotik M, Novel genes retrieved from environmental DNA by polymerase chain reaction: current genome-walking techniques for future metagenome applications. *J Biotechnol.* 2009, **144**: 75-82.
14) Seow KT, Meurer G, Gerlitz M, Pienkowski EW, Hutchinson CR, Davies J, A study of iterative type II polyketide synthases, using bacterial genes cloned from soil DNA: A means to access and use genes from uncultured microorganisms. *J. Bacteriol.* 1997, **179**: 360-7368.
15) MacNeil IA, Tiong CL, Minor C, August PR, Grossman TH, Loiacono KA, Lynch BA, Phillips T, Narula S, Sundaramoorthi R, Tyler A, Aldredge T, Long H, Gilman M, Holt D, Osburne MS, Expression and isolation of antimicrobial small molecules from soil DNA libraries. *J. Mol. Microbiol. Biotechnol.* 2001, **3**: 301-308.
16) Martinez A, Kolvek SJ, Yip CL, Hopke J, Brown KA, MacNeil IA, Osburne MS, Genetically modified bacterial strains and novel bacterial artificial chromosome shuttle vectors for constructing environmental libraries and detecting heterologous natural products in multiple expression hosts. *Appl Environ Microbiol.* 2004, **70**: 2452-2463.
17) Craig JW, Chang FY, Brady SF, Natural Products from Environmental DNA Hosted in *Ralstonia metallidurans. ACS. Chem. Biol.*, 2009, **16**: 23-28.
18) Elend C, Schmeisser C, Leggewie C, Babiak P, Carballeira JD, Steele HL, Reymond JL, Jaeger KE, Streit WR, Isolation and biochemical characterization of two novel metagenome-derived esterases. *Appl Environ Microbiol* 2006, **72**: 3637-3645.
19) Ono A, Miyazaki R, Sota M, Ohtsubo Y, Nagata Y, Tsuda M, Isolation and characterization of naphthalene-catabolic genes and plasmids from oil-contaminated soil by using two cultivation-independent approaches. *Appl Microbiol Biotechnol* 2007, **74**: 501-510.
20) Mayumi D, Akutsu-Shigeno Y, Uchiyama H, Nomura N, Nakajima- Kambe T, Identification and characterization of novel poly (DLlactic acid) depolymerases from metagenome. *Appl Microbiol Biotechnol* 2008, **79**: 743-750.
21) Entcheva P, Liebl W, Johann A, Hartsch T, Streit WR, Direct cloning from enrichment cultures, a reliable strategy for isolation of complete operons and genes from microbial consortia. *Appl. Environ. Microbiol.* 2001, **67**: 89-99.
22) Knietsch A, Waschkowitz T, Bowien S, Henne A, Daniel R, Construction and screening of metagenomic libraries derived from enrichment cultures: generation of a gene bank for genes conferring alcohol oxidoreductase activity on *Escherichia coli. Appl Environ Microbiol* 2003a, **69**: 1408-1416.
23) Lämmle K, Zipper H, Breuer M, Hauer B, Buta C, Brunner H, Rupp S, Identification of novel enzymes with different hydrolytic activities by metagenome expression cloning. *J Biotechnol* 2007, **127**: 575-592.
24) Richardson TH, Tan X, Frey G, Callen W, Cabell M, Lam D, Macomber J, Short JM, Robertson DE, Miller C, A novel, high performance enzyme for starch liquefaction. Discovery and optimization of a low pH, thermostable alpha-amylase. *J Biol Chem* 2002,

277: 26501-26507.
25) Yun J, Kang S, Park S, Yoon H, Kim MJ, Heu S, Ryu S, Characterization of a novel amylolytic enzyme encoded by a gene from a soil-derived metagenomic library. *Appl Environ Microbiol* 2004, **70**: 7229-7235.
26) Healy FG, Ray RM, Aldrich HC, Wilkie AC, Ingram LO, Shanmugam KT, Direct isolation of functional genes encoding cellulases from the microbial consortia in a thermophilic, anaerobic digester maintained on lignocellulose. *Appl. Microbiol. Biotechnol.* 1995, **43**: 667-674.
27) Ferrer M, Golyshina OV, Chernikova TN, Khachane AN, Reyes-Duarte D, Santos VA, Strompl C, Elborough K, Jarvis G, Neef A, Yakimov MM, Timmis KN, Golyshin PN, Novel hydrolase diversity retrieved from a metagenome library of bovine rumen microflora. *Environ Microbiol* 2005b, **7**: 1996-2010.
28) Grant S, Sorokin DY, Grant WD, Jones BE, Heaphy S, A phylogenetic analysis of Wadi el Natrun soda lake cellulase enrichment cultures and identification of cellulase genes from these cultures. *Extremophiles* 2004, **8**: 421-429.
29) Rees HC, Grant S, Jones B, Grant WD, Heaphy S, Detecting cellulase and esterase enzyme activities encoded by novel genes present in environmental DNA libraries. *Extremophiles* 2003, **7**: 415-421.
30) Cottrell MT, Yu L, Kirchman DL, Sequence and expression analyses of Cytophaga-like hydrolases in a Western Arctic metagenomic library and the Sargasso Sea. *Appl Environ Microbiol* 2005, **71**: 8506-8513.
31) Feng YD, Cheng-Jie , Hao Pang, Xin-Chun Mo, Chun-Feng Wu, Yuan Yu, Ya-Lin Hu, Jie Wei, Ji-Liang Tang, Jia-Xun Feng, Cloning and identification of novel cellulase genes from uncultured microorganisms in rabbit cecum and characterization of the expressed cellulases. *Appl Microbiol Biotechnol* 2007, **75**: 319-328.
32) Walter J, Mangold M, Tannock GW, Construction, analysis, and beta-glucanase screening of a bacterial artificial chromosome library from the large-bowel microbiota of mice. *Appl Environ Microbiol* 2005, **71**: 2347-2354.
33) Cottrell MT, Moore JA, Kirchman DL, Chitinases from uncultured marine microorganisms. *Appl Environ Microbiol* 1999, **65**: 2553-2557.
34) Fitches E, Wilkinson H, Bell H, Bown DP, Gatehouse JA, Edwards JP, Cloning, expression and functional characterisation of chitinase from larvae of tomato moth (*Lacanobia oleracea*): a demonstration of the insecticidal activity of insect chitinase. *Insect Biochem Mol Biol* 2004, **34**: 1037-1050.
35) LeCleir GR, Buchan A, Hollibaugh T, Chitinase gene sequences retrieved from diverse aquatic habitats reveal environment-specific distributions. *Appl Environ Microbiol* 2004, **70**: 6977-6983.
36) Tang K, Utairungsee T, Kanokratana P, Sriprang R, Champreda V, Eurwilaichitr L, Tanapongpipat S, Characterization of a novel cyclomaltodextrinase expressed from environmental DNA isolated from Bor Khleung hot spring in Thailand. *FEMS Microbiol*

Lett 2006, **260**: 91-99.

37) Solbak AI, Richardson TH, McCann RT, Kline KA, Bartnek F, Tomlinson G, Tan X, Parra- Gessert L, Frey GJ, Podar M, Discovery of pectin-degrading enzymes and directed evolution of a novel pectate lyase for processing cotton fabric. *J Biol Chem* 2005, **280**: 9431-9438.

38) Tang K, Kobayashi RS, Champreda V, Eurwilaichitr L, Tanapongpipat S, Isolation and characterization of a novel thermostable neopullulanase-like enzyme from a hot spring in Thailand. *Biosci Biotechnol Biochem* 2008, **72**: 1448-1456.

39) Brennan Y, Callen WN, Christoffersen L, Dupree P, Goubet F, Healey S, Hernádez M, Keller M, Li K, Palackal N, Sittenfeld A, Tamayo G, Wells S, Hazlewood GP, Mathur EJ, Short JM, Robertson DE, Steer BA, Unusual microbial xylanases from insect guts. *Appl. Environ. Microbiol.* 2004, **70**: 3609-3617.

40) Hayashi H, Abe T, Sakarnoto M, Ohara H, Ikernura T, Sakka K, Benno Y, Direct cloning of genes encoding novel xylanases from the human gut. *Can J Microbiol* 2005, **51**: 251-259.

41) Lee CC, Kibblewhite-Accinelli RE, Wagschal K, Robertson GH, Wong DW, Cloning and characterization of a cold-active xylanase enzyme from an environmental DNA library. *Extremophiles* 2006, **10**: 295-300.

42) Hu Y, Zhang G, Li A, Chen J, Ma L, Cloning and enzymatic characterization of a xylanase gene from a soil-metagenomic library with an efficient approach. *Appl Microbiol Biotechnol* 2008, **80**: 823-830.

43) Palackal N, Lyon CS, Zaidi S, Luginbühl P, Dupree P, Goubet F, Macomber JL, Short JM, Hazlewood GP, Robertson DE, Steer BA, A multifunctional hybrid glycosyl hydrolase discovered in an uncultured microbial consortium from ruminant gut. *Appl Microbiol Biotechnol* 2007, **74**: 113-124.

44) Lim KH, Chung EJ, Kim JC, Choi GJ, Jang KS, Chung YR, Cho KY, Lee SW, Characterization of a forest soil metagenome clone that confers indirubin and indigo production on *Escherichia coli*. *Appl Environ Microbiol* 2005, **71**: 7768-7777.

45) Wexler M, Bond PL, Richardson DJ, Johnston AWB, A wide range-host metagenomic library from a waste water treatment plant yields a novel alcohol/aldehyde dehydrogenase. *Environ Microbiol* 2005, **7**: 1917-1926.

46) Gabor EM, de Vieres EJ, Janssen DB, Construction, characterization, and use of small-insert gene banks of DNA isolated from soil and enrichment cultures for the recovery of novel amidases. *Environ Microbiol* 2004, **6**: 948-958.

47) Bown DP, Gatehouse JA, Characterization of a digestive carboxypeptidase from the insect pest corn earworm (*Helicoverpa armigera*) with novel specificity towards C-terminal glutamate residues. *Eur J Biochem* 2004, **271**: 2000-2011.

48) Jiang C, Wu B, Molecular cloning and functional characterization of a novel decarboxylase from uncultured microorganisms. *Biochem. Biophys. Res. Commun.* 2007, **357**, 421-426.

49) Chae JC, Song B, Zylstra GJ, Identification of genes coding for hydrolytic dehalogenation in the metagenome derived from a denitrifying 4-chlorobenzoate degrading consortium. *FEMS Microbiol Lett* 2008, **281**: 203-209.

50) Marzorati M, de Ferra F, Van Raemdonck H, Borin S, Allifranchini E, Carpani G, Serbolisca L, Verstraete W, Boon N, Daffonchio D, A novel reductive dehalogenase, identified in a contaminated groundwater enrichment culture and in *Desulfitobacterium dichloroeliminans* strain DCA1, is linked to dehalogenation of 1,2-dichloroethane. *Appl Environ Microbiol* 2007, **73**: 2990-2999.

51) Lee CM, Yeo YS, Lee JH, Kim SJ, Kim JB, Han NS, Koo BS, Yoon SH, Identification of a novel 4-hydroxyphenylpyruvate dioxygenase from the soil metagenome. *Biochem Biophys Res Commun* 2008, **370**: 322-326.

52) Simon C, Herath J, Rockstroh S, Daniel R, Rapid identification of genes encoding DNA polymerases by function-based screening of metagenomic libraries derived from glacial ice. *Appl Environ Microbiol* 2009, **75**: 2964-2968.

53) Chu X, He H, Guo C, Sun B, Identification of two novel esterases from a marine metagenomic library derived from South China Sea. *Appl. Microbiol. Biotechnol.* 2008, **80**: 615-625.

54) Jeon JH, Kim JT, Kang SG, Lee JH, Kim SJ, Characterization and its potential application of two esterases derived from the arctic sediment metagenome. *Mar. Biotechnol.* (*NY*) 2009b, **11**: 307-316.

55) Li G, Wang K, Liu YH, Molecular cloning and characterization of a novel pyrethroid-hydrolyzing esterase originating from the Metagenome. *Microb. Cell Fact.* 2008, **7**: e38.

56) Sangyoung Y, SeungBum K, Yeonwoo R, Kim TD, Identification and characterization of a novel (S)-ketoprofenspecific esterase. *Int. J. Biol. Macromol.* 2007, **41**: 1-7.

57) Byun JS, Rhee JK, Kim DU, Oh JW, Cho HS, Crystallization and preliminary X-ray crystallographic analysis of EstE1, a new and thermostable esterase cloned from a metagenomic library. *Acta Crystallograph Sect F Struct Biol Cryst Commun* 2006, **62**: 145-147.

58) Kim YJ, Choi GS, Kim SB, Yoon GS, Kim YS, Ryu YW, Screening and characterization of a novel esterase from a metagenomic library. *Protein Expr Purif* 2006, **45**: 315-323.

59) Park HJ, Jeon JH, Kang SG, Lee JH, Lee SA, Kim HK, Functional expression and refolding of a new alkaline esterase, EM2BL8 from deepsea sediment meagenome. *Protein Expr Purif* 2007, **52**: 340-347.

60) Reyes-Duarte D, Polaina J, Lopez-Cortes N, Alcalde M, Plou FJ, Elborough K, Ballesteros A, Timmis KN, Golyshin PN, Ferrer M, Conversion of a carboxylesterase into a triacylglycerol lipase by a random mutation. *Angew Chem Int Ed Engl* 2005, **44**: 7553-7557.

61) Rhee JK, Ahn DG, Kim YG, Oh JW, New thermophilic and thermostable esterase with sequence similarity to the hormone-sensitive lipase family, cloned from a metagenomic library. *Appl Environ Microbiol* 2005, **71**: 817-825.

62) Wei P, Bai L, Song W, Hao G, Characterization of two soil metagenome-derived lipases with high specificity for *p*-nitrophenyl palmitate. *Arch. Microbiol.* 2009, **191**, 233- 240.
63) Hardeman F, Sjoling S, Metagenomic approach for the isolation of a novel low-temperatureactive lipase from uncultured bacteria of marine sediment. *FEMS Microbiol. Ecol.* 2007, **59**, 524-534.
64) Jeon JH, Kim JT, Kim YJ, Kim HK, Lee HS, Kang SG, Kim SJ, Lee JH, Cloning and characterization of a new cold-active lipase from a deep-sea sediment metagenome. *Appl. Microbiol. Biotechnol.* 2009a, **81**: 865-874.
65) Lee MH, Lee CH, Oh TK, Song JK, Yoon JH, Isolation and characterization of a novel lipase from a metagenomic library of tidal flat sediments: evidence for a new family of bacterial lipases. *Appl Environ Microbiol* 2006, **72**: 7406-7409.
66) Lee SW, Won K, Lim HK, Kim JC, Choi GJ, Cho KY, Screening for novel lipolytic enzymes from uncultured soil microorganisms. *App Microbiol Biotechnol* 2004, **65**: 720-726.
67) Ranjan R, Grover A, Kapardar RK, Sharma R, Isolation of novel lipolytic genes from uncultured bacteria of pond water. *Biochem Biophys Res Commun* 2005, **335**: 57-65.
68) Kim EY, Oh KH, Lee MH, Kang CH, Oh TK, Yoon JH, Novel coldadapted alkaline lipase from an intertidal flat metagenome and proposal for a new family of bacterial lipases. *Appl Environ Microbiol* 2009, **75**: 257-260.
69) Liebeton K, Eck J, Identification and expression in *E. coli* of novel nitrile hydratases from the metagenome. *Life Sci* 2004, **4**: 557-562.
70) Demane`che S, Philippot L, David MM, Navarro E, Vogel TM, Simonet P, Characterization of denitrification gene clusters of soil bacteria via a metagenomic approach. *Appl Environ Microbiol* 2009, **75**: 534-537.
71) Wasmund K, Burns KA, Kurtboke DI, Bourne DG, Novel alkane hydroxylase gene (*alkB*) diversity in sediments associated with hydrocarbon seeps in the Timor Sea, Australia. Appl. *Environ. Microbiol.* 2009, **75**: 7391-7398.
72) Xu M, Xiao X, Wang F, Isolation and characterization of alkane hydroxylases from a metagenomic library of Pacific deep-sea sediment. *Extremophiles* 2008, **12**, 255-262.
73) Erwin DP, Erickson IK, Delwiche ME, Colwell FS, Strap JL, Crawford RL, Diversity of oxygenase genes from methane- and ammoniaoxidizing bacteria in the Eastern Snake River Plain aquifer. *Appl Environ Microbiol* 2005, **71**: 2016-2025.
74) Ricke P, Kube M, Nakagawa S, Erkel C, Reinhardt R, Liesack W, First genome data from uncultured upland soil cluster alpha methanotrophs provide further evidence for a close phylogenetic relationship to *Methylocapsa acidiphila* B 2 and for high-affinity methanotrophy involving particulate methane monooxygenase. *Appl Environ Microbiol* 2005, **71**: 7472-7482.
75) van Hellemond EW, Janssen DB, Fraaije MW, Discovery of a novel styrene monooxygenase originating from metagenome. *Appl Environ Microbiol* 2007, **73**: 5832-5839.
76) Morimoto S, Fujii T, A new approach to retrieve full lengths of functional genes from

soil by PCR-DGGE and metagenome walking. *Appl Microbiol Biotechnol* 2009, **83**: 389-396.

77) Chen ZW, Liu YY, Wu JF, She Q, Jiang CY, Liu SJ, Novel bacterial sulfur oxygenase reductases from bioreactors treating gold-bearing concentrates. *Appl Microbiol Biotechnol* 2007, **74**: 688-698.

78) Beloqui A, Pita M, Polaina J, Martinez-Arias A, Golyshina OV, Zumarraga M, Yakimov MM, Garcia-Arellano H, Alcalde M, Fernandez VM, Elborough K, Andreu JM, Ballesteros A, Plou FJ, Timmis KN, Ferrer M, Golyshin PN, Novel polyphenol oxidase mined from a metagenome expression library of bovine rumen: biochemical properties, structural analysis and phylogenetic relationships. *J Biol Chem* 2006, **281**: 22933-22942.

79) Waschkowitz T, Rockstroh S, Daniel R, Isolation and characterization of metalloproteases with a novel domain structure by construction and screening of metagenomic libraries. *Appl Environ Microbiol* 2009, **75**: 2506-2516.

80) Mori T, Mizuta S, Suenaga H, Miyazaki K, Metagenomic screening for bleomycin resistance genes. *Appl Environ Microbiol* 2008, **74**: 6803-6805.

81) Mirete S, de Figueras CG, Gonzá lez-Pastor JE, Novel nickel resistance genes from the rhizosphere metagenome of plants adapted to acid mine drainage. *Appl Environ Microbiol* 2007, **73**: 6001-6011.

82) Kazimierczak KA, Scott KP, Kelly D, Aminov RI, Tetracycline resistome of the organic pig gut. *Appl Environ Microbiol* 2009, **75**: 1717-1722.

83) Diaz-Torres ML, McNab R, Spratt DA, Villedieu A, Hunt N, Wilson M, Mullany P, Novel tetracycline resistance determinant from the oral metagenome. *Antimicrob Agents Chemother* 2003, **47**: 1430-1432.

84) Song JS, Jeon JH, Lee JH, Jeong SH, Jeong BC, Kim SJ, Lee JH, Lee SH, Molecular characterization of TEM-type β-lactamases identified in cold-seep sediments of Edison Seamount (south of Lihir Island, Papua New Guinea). *J Microbiol* 2005, **43**: 172-178.

85) Guan C, Ju J, Borlee BR, Williamson LL, Shen B, Raffa KF, Handelsman J, Signal mimics derived from a metagenomic analysis of the gypsy moth gut microbiota. *Appl Environ Microbiol* 2007, **73**: 3669-3676.

86) Brady SF, Clardy J, Palmitoylputrescine, an antibiotic isolated from the heterologous expression of DNA extracted from Bromeliad Tank water. *J. Nat. Prod.* 2004a, **67**: 1283-1286.

87) Pile J, Hui D, Wen G, Butzke D, Platzer M, Fusetani N, Matsunaga S, Antitumor polyketide biosynthesis by an uncultivated bacterial symbiont of the marine sponge *Theonella swinhoei*. *Proc. Natl. Acad. Sci. USA* 2004, **101**: 16222-16227.

88) Wawrik B, Kerkhof L, Zylstra GJ, Kukor JJ, Identification of unique type II polyketide synthase genes in soil. *Appl. Environ. Microbiol.* 2005, **71**: 2232-2238.

89) Wawrik B, Kutliev D, Abdivasievna UA, Kukor JJ, Zylstra GJ, Kerkhof L, Biogeography of actinomycete communities and type II polyketide synthase genes in soils collected in New Jersey and Central Asia. *Appl. Environ. Microbiol.* 2007, **73**: 2982-2989.

第2章 解析技術

90) Fisch KM, Gurgui C, Heycke N, van der Sar SA, Anderson SA, Webb VL, Taudien S, Platzer M, Rubio BK, Robinson SJ, Crews P, Piel J, Polyketide assembly lines of uncultivated sponge symbionts from structure-based gene targeting. *Nat Chem Biol* 2009, **5**: 494-501.

91) Fieseler L, Hentschel U, Grozdanov L, Schirmer A, Wen G, Platzer M, Hrvatin S, Butzke D, Zimmermann K, Piel J, Widespread occurrence and genomic context of unusually small polyketide synthase genes in microbial consortia associated with marine sponges. *Appl Environ Microbiol* 2007, **73**: 2144-2155.

92) Ginolhac A, Jarrin C, Gillet B, Robe P, Pujic P, Tuphile K, Bertrand H, Vogel TM, Perrière G, Simonet P, Nalin R, Phylogenetic analysis of polyketide synthase I domains from soil metagenomic libraries allows selection of promising clones. *Appl. Environ. Microbiol.* 2004, **70**, 5522-5527.

93) Schirmer A, Gadkari R, Reeves CD, Ibrahim F, DeLong EF, Hutchinson CR, Metagenomic analysis reveals diverse polyketide synthase gene clusters in microorganisms associated with the marine sponge *Discodermia dissolute. Appl. Environ. Microbiol.* 2005, **71**: 4840-4849.

94) Chung EJ, Lim HK, Kim JC, Choi GJ, Park EJ, Lee MH, Chung YR, Lee SW, Forest soil metagenome gene cluster involved in antifungal activity expression in *E. coli. Appl Environ Microbiol* 2008, **74**: 723-730.

95) Wang GY, Graziani E, Waters B, Pan W, Li X, McDermott J, Meurer G, Saxena G, Andersen RJ, Davies J, Novel natural products from soil DNA libraries in a Streptomycete host. *Org. Lett.* 2000, **2**: 2401-2404.

96) Elsied H, Stokes HW, Nakamura T, Kitamura K, Fuse H, Maruyama A, Novel and diverse integron integrase genes and integron-like gene cassettes are prevalent in deep-sea hydrothermal vents. *Environ Microbiol* 2007, **9**: 2298-2312.

97) Koenig JE, Sharp C, Dlutek M, Curtis B, Joss M, Boucher Y, Doolittle WF, Integron gene cassettes and degradation of compounds associated with industrial waste: the case of the Sydney tar ponds. *PLoS ONE* 2009, **4**: e5276.

98) Bayer TS, Widmaier DM, Temme K, Mirsky EA, Santi DV, Voigt CA, Synthesis of methyl halides from biomass using engineered microbes. *J Am Chem Soc* 2009, **131**: 6508-6515.

99) Riaz K, Elmerich C, Moreira D, Raffoux A, Dessaux Y, Faure D, A metagenomic analysis of soil bacteria extends the diversity of quorum-quenching lactonases. *Environ Microbiol* 2008, **10**: 560-570.

100) Schipper C, Hornung C, Bijtenhoorn P, Quitschau M, Grond S, Streit WR, Metagenome-derived clones encoding two novel lactonase family proteins involved in biofilm inhibition in *Pseudomonas aeruginosa. Appl Environ Microbiol* 2009, **75**: 224-233.

101) Wang C, Meek DJ, Panchal P, Boruvska N, Archibald FS, Driscoll BT, Charles TC, Isolation of poly-3-hydroxybutyrate metabolism genes from complex microbial communities by phenotypic complementation of bacterial mutants. *Appl Environ*

Microbiol 2006, **72**: 384-391.

102) Gloux K, Leclerc M, Iliozer H, L'Haridon R, Manichanh C, Corthier G, Nalin R, Blottie`re HM, Doré J, Development of high-throughput phenotyping of metagenomic clones from the human gut microbiome for modulation of eukaryotic cell growth. *Appl Environ Microbiol* 2007, **73**: 3734-3737.

103) Li LL, McCorkle SR, Monchy S, Taghavi S, van der Lelie D, Bioprospecting metagenomes: glycosyl hydrolases for converting biomass. *Biotechnol Biofuels*. 2009, **18**: e2-10.

104) Uchiyama T, Miyazaki K., Functional metagenomics for enzyme discovery: challenges to efficient screening. *Curr Opin Biotechnol*. 2009, **20**: 616-622.

105) Kennedy J, Flemer B, Jackson SA, Lejon DP, Morrissey JP, O'Gara F, Dobson AD, Marine metagenomics: new tools for the study and exploitation of marine microbial metabolism. *Mar Drugs*. 2010, **8**: 608-628.

106) Ferrer M, Beloqui A, Timmis KN, Golyshin PN, Metagenomics for mining new genetic resources of microbial communities. *J Mol Microbiol Biotechnol*. 2009, **16**: 109-123.

5 腸内細菌叢ゲノム DNA の調製法

森田英利[*1], 菊池真美[*2], 上野真理子[*3]

5.1 はじめに

ヒト腸内細菌叢（ヒト腸内フローラ）は，ヒトの健康や免疫のバランス維持など幅広い現象に影響を及ぼす複雑な微生物コミュニティを形成している。多数の微生物がヒトの消化管に棲息しているが，その多くは培養できない細菌群である。個別の細菌を培養しないメタゲノム解析は，包括的にヒト腸内細菌叢の構成，ダイナミクスと機能を把握するために強力な手法であると認められている[1,2]。しかし，溶菌し難いグラム陽性菌，グラム陰性菌や古細菌（アーキア）を含めて，それらすべてのゲノム DNA を獲得していないと正確な微生物コミュニティを把握できない。例えば，図1のとおり，糞便の保存方法によっては，本来の細菌叢の構成比を反映しない結果になった。上のグラフは新鮮な未凍結のヒト糞便からゲノム DNA を精製したサンプルで，下のグラフはその糞便を−80℃で緩慢凍結してゲノム DNA を精製したサンプルであり，その両者でメタゲノム解析により属レベルの構成比を求めた。その結果，−80℃で緩慢凍結したサンプルでは，主要な構成細菌の *Bacteroides* 属がほとんど検出できなかった。

これまで，標準化された DNA 精製法がなく，各研究グループは異なった方法を使用していた。たとえば，ヒト腸内細菌叢からのゲノム DNA 精製は，Kurokawa ら[3]が酵素による溶菌法，Gill

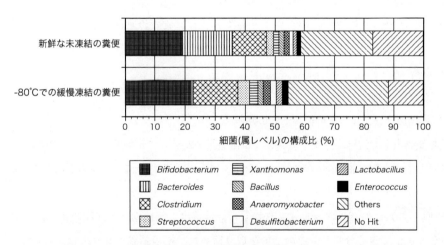

図1 新鮮なヒト糞便を−80℃で緩慢凍結した場合の属レベルでの構成比
構成比はメタゲノム解析法により求めた。

[*1] Hidetoshi Morita　麻布大学　獣医学部　食品科学研究室　教授
[*2] Mami Kikuchi　㈱クレハ　生物医学研究所　主任研究員
[*3] Mariko Ueno　㈱クレハ　生物医学研究所　研究員

ら[4)]が物理的な菌体破砕法によって実施している。また，口腔内細菌叢からのゲノムDNA精製には市販のキットが用いられ[5,6)]，そして，ヒト皮膚細菌叢からのゲノムDNA精製には酵素による溶菌法と物理的な菌体破砕法の両者を組み合わせて行っている[7)]。このように，研究グループによって異なるDNA精製法から提供されるメタゲノム解析データまたは16S rRNA遺伝子（16S）配列解析データを比較することは，非常に難しいと述べられている[8,9)]。また，ゲノムDNA精製法の違いがメタゲノム解析と16S配列解析において微生物構成の理解に影響を及ぼしたことが示唆されている[10~19)]。したがって，細菌叢からの信頼できるサンプルの保存法とゲノムDNA精製法の確立は，メタゲノム解析において重要な課題であり，その解決が望まれていた。そこで，我々は，ラットとヒトの糞便を用い，細菌ゲノムDNA精製法の異なる条件について，市販のキットも含めてDNA量とクオリティについて比較した。

5.2 糞便サンプル

6頭のラットと3人の健康な日本人の糞便をサンプルとして用いた。ラット糞便サンプルは，日本チャールス・リバー株式会社から購入したSPFのSprague-Dawley（Crl：CD）ラット（♂）の生後7~16週齢から採取した。ヒト糞便サンプルは，麻布大学ヒトゲノム・遺伝子解析研究に関する倫理審査委員会の承認後に匿名化し，ボランティアには研究目的と解析内容の承諾を得た上で実施した。それぞれ採取した糞便サンプル1 gを，20％グリセロール（Wako）／リン酸緩衝液（PBS，pH 7.2）（GIBCO）で懸濁し，液体窒素で急速凍結し，使用時まで−80℃で保存した。この保存方法は，新鮮な糞便とほとんど細菌の構成比が変化しないことを確認した（データ省略）。

5.3 凍結糞便サンプルからの細菌細胞の回収

凍結糞便は氷上で溶解し，ラット糞便では湿重量0.25 g，ヒト糞便では湿重量0.5 gを用いた。細菌細胞と真核生物細胞や他のデブリ（debris）を分離するために，糞便の懸濁液を100 μm孔径のメッシュナイロンフィルター（Falcon）で濾過した。フィルター上のデブリは，プラスチック棒を使い，10 mlのPBSで2回よく洗浄した。濾液は，細菌細胞の回収のために4℃で10分間，5,000 r.p.m.で遠心分離し，その上清を取り除いた。細菌細胞ペレットは35 mlのPBSで2回洗浄し，その後，35 mlのTE10溶液（10 mM Tris-HCl，10 mM EDTA，pH 8.0）でリンスした。得られた細菌細胞ペレットを用いて，以下の方法によりゲノムDNAを精製した。

第 2 章　解析技術

5.4　細菌細胞の溶菌・破砕とゲノム DNA 精製のためのプロトコール
5.4.1　酵素による溶菌法

　Morita ら[20]の方法に基づき，一部，改変を加えて下記のとおりに実施した。細菌細胞ペレットは，10 ml の TE10 溶液に懸濁し，リゾチーム（Sigma, 最終濃度 15 mg/ml）を加え 37℃で 1 時間，緩やかに振とうさせた。精製アクロモペプチダーゼ（Wako, 最終濃度 2,000 units/ml）を加え，37℃で 30 分間インキュベートした。さらに，10％（wt/vol）のドデシル硫酸ナトリウム（SDS）（Nacalai Tesque, 最終濃度 1％），プロティナーゼ K（Merk, 最終濃度 1 mg/ml）を加え，55℃で 1 時間インキュベートした。その後，上記溶液と等量のフェノール／クロロホルム／イソアミルアルコール（Invitrogen）を加えて混和し，5,000 r.p.m. で 10 分間の遠心分離を行った。DNA は，上記溶液の 1/10 量の 3 M 酢酸ナトリウム溶液（Wako, pH 4.5）とその 2 倍量の 99.5％エタノール（Nacalai Tesque）を加えることによって沈殿させた。その DNA は，4℃にて 5,000 r.p.m. で 15 分間の遠心分離によってペレットとして得た。DNA ペレットは 75％エタノールでリンスし乾燥させて，TE 溶液に溶解した。リゾチームのみを使用する場合には，精製アクロモペプチダーゼを加えず，リゾチームでの反応時間を 1.5 時間とした。

5.4.2　ガラスビーズによる菌体破砕法

　Matsuki ら[21]および Morita ら[22]の方法に基づき，塩化ベンジルを用いない改変を加えて下記のとおりに実施した。細菌細胞ペレットは，1.5 ml の変性剤濃度勾配ゲル電気泳動（DGGE）法に用いる抽出溶液（100 mM Tris-HCl, 40 mM EDTA, pH 9.0）に懸濁した。250 μl ずつに分注し，50 μl の 10％SDS 溶液，150 μl の DGGE 抽出溶液と予め PBS に懸濁しておいた 150 μl のガラスビーズ（Tohshinriko, BZ-01）を添加した。各サンプルは，6.0 m/s で 3 分間，FastPrep（FP100A, MP Biomedicals）にかけた。その後，150 μl の 3 M 酢酸ナトリウム溶液を添加し，氷上に 30 分間インキュベートした後，4℃にて 12,000 r.p.m. で 15 分間の遠心分離を行った。溶液全量の 2 倍量のイソプロパノール（Nacalai Tesque）を添加し，4℃にて 12,000 r.p.m. で 15 分間の遠心分離によって DNA ペレットを得た。この DNA ペレットは 75％エタノールでリンスし乾燥させて，TE 溶液に溶解した。SDS 溶液を用いない場合は，DGGE 抽出溶液 50 μl に置き換えた。

5.4.3　ジルコニアビーズによる菌体破砕法

　Zoetendal ら[11]の方法に基づき，一部，改変を加えて下記のとおりに実施した。細菌細胞ペレットは 400 μl の TE 溶液に懸濁し，50 μl の飽和フェノール（Invtrogen）と予め PBS に懸濁しておいた 150 μl のジルコニアビーズ（Biospec Products, 11079101Z）を添加した。各サンプルは，6.0 m/s で 3 分間，FastPrep にかけた。その後，150 μl のクロロホルム：イソアミルアルコール（24：1）を加えて混合し，4℃にて 12,000 r.p.m. で 10 分間，遠心分離した。DNA は，上記溶液

の1/10量の3M酢酸ナトリウム溶液（Wako, pH 4.5）を加えた後，溶液全量の2倍量の99.5%エタノール（Nacalai Tesque）を加えることによって沈殿させた。そのDNAは，4℃にて5,000 r.p.m.で15分間の遠心分離によってペレット化し，75%エタノールでリンスし乾燥させて，TE溶液に溶解した。

5.4.4 酵素による溶菌とガラスビーズによる菌体破砕の組合せ法

塩化ベンジルなしで，SDS溶液を加えたガラスビーズ法およびリゾチームとアクロモペプチダーゼによる溶菌法を組み合わせた方法で評価した。細菌細胞ペレットは，1.5 mlのDGGE抽出溶液に懸濁し，250 μlずつに分注した。それに，50 μlの10% SDS溶液，150 μlのDGGE抽出溶液と予めPBSに懸濁しておいた150 μlのガラスビーズ（BZ-01, Tohshinriko）を添加した。各サンプルは，6.0 m/sで3分間，FastPrepにかけた。その後，TE溶液で全量を10 mlにメスアップし，その後，リゾチームとアクロモペプチダーゼを用いた5.4.1の方法でDNA精製を進めた。

5.4.5 市販のDNA抽出キット

市販の2種類のDNA抽出キットを用いてゲノムDNAを得た。QIAamp DNA Stool Mini Kit（QIAGEN）は説明書どおりに実施し，UltraClean Soil DNA Isolation Kit（MO BIO Laboratories）は，一部，改変して実施した[23]。UltraClean Soil DNA Isolation Kitでは，細菌細胞は10 mg/mlまたは40 mg/mlのリゾチームを含んでいる溶液に懸濁し，37℃で30分間インキュベートした。その後は，説明書どおりの手順で実施した。

5.5 細菌ゲノムDNAの精製

上述の5.4.1～5.4.5の手法によって得られた各ゲノムDNAは，RNase A（Wako, 最終濃度1 mg/ml）を添加し37℃で30分間インキュベートした。その後，2.5 M NaCl含有の20%ポリエチレングリコール（PEG）（PEG6000, Nacalai Tesque）溶液を等量加え，氷上に10分間置いてDNAを沈殿させた。そして，4℃，15,000 r.p.m.で10分間の遠心分離によってDNAペレットを得て，75%エタノールで2回リンスした。乾燥させたDNAペレットはTE溶液に溶解させた。

5.6 16S rRNA遺伝子配列解析

ほぼ全長の16S rRNA遺伝子は，糞便中の細菌ゲノムDNAをテンプレートに，T1 Thermo Cycler（Biometra）を用いて，プライマーセットBact-27F（5'-AGRGTTTGATYMTGGCTCAG-3'）とBact-1492R（5'-GGYTACCTTGTTACGACTT-3'）によってPCR増幅した。PCR条件は，最初に96℃で30秒，続けて①96℃で30秒，②56℃で20秒，③68℃で90秒（①～③を20サ

イクル），そして72℃で10分間とした。PCR産物の塩基長は，0.8％アガロースゲル電気泳動によって約1.5 kbであることを確認した。16S rRNA遺伝子ライブラリを作るために，PCR産物はpCR-4-TOPOベクター（Invitrogen）にライゲーションし，TOPO-TA Cloning Kit（Invitrogen）を用いて *E. coli* DH12Sを形質転換した。形質転換体に挿入されている16S rRNA遺伝子を増幅するために，プライマーセットM13F（5'-GTAAAACGACGGCCAG-3'）とM13R（5'-CAGGAAACAGCTATGAC-3'）を用いてコロニーPCRした。得られたPCR産物はExonuclease IとShrimp Alkaline Phosphatase（GE Healthcare）で処理した後，BigDye Terminator v3.1 Kit（Applied Biosystems）により，プライマーセットT7（5'-TAATACGACTCACTATAGGG-3'）とT3（5'-AATTAACCCTCACTAAAGGG-3'）を用いて16S rRNA遺伝子の両端をシークエンスし，さらにプライマーBact-357F（5'-CCTACGGGAGGCAGCAG-3'）を用いて中央部分の塩基配列を決定した。上記の塩基配列決定は，ABI 3730×1キャピラリーシーケンサー（Applied Biosystems）により行った。得られた3カ所の16S rRNA遺伝子は，Phred-Phrap program[24]でアセンブルした。1,350 bp以上の塩基配列が得られた16S rRNA遺伝子配列について，Clustalwを用いて配列間類似度を算出し，DOTUR[25]を用いて分類学ユニット（OTU）を得た。OTU塩基配列は，Clustalwを用いてNJ系統樹を計算し，Unifrac[26]を用いて各々のサンプル間距離を算出した。

5.7 メタゲノム解析方法

リゾチームと精製アクロモペプチダーゼを用いた溶菌法により精製された細菌ゲノムDNAは，454FLX Titanium（Roche）によりshotgun pyrosequencing法にて塩基配列を決定した。得られた塩基配列は，既知ゲノム配列へのBlastn検索により100 bp以上一致し，90％以上の相同性を有する配列について由来生物種を推定した。

5.8 各手法により精製された細菌ゲノムDNA量とそのクオリティの比較

精製されたゲノムDNA量とクオリティを評価することにより，各々の方法（5.4.1～5.4.5）の有用性を比較した。図2は，5.4.1～5.4.5の方法により得られたDNAのアガロースゲル電気泳動図である。その結果，リゾチームのみ（レーン1）およびリゾチームと精製アクロモペプチダーゼの2種類の酵素を使った場合（レーン2）に高分子量のDNAを獲得でき，以前の我々の報告[20]と一致した。なお，本実験ではアクロモペプチダーゼは，「crude」グレードではなく「purified（精製）」グレードを用い，後者の方がDNAの収量を増やすことができた（データ省略）。また，本酵素は *Lysobacter enzymogenes* 由来であるが，精製アクロモペプチダーゼの使用によって *L. enzymogenes* ゲノムDNAの混入を防止できた。ガラスビーズまたはジルコニア

ビーズを用いた細胞破砕に基づく方法（レーン3～5）ではバンドがスメアーになっており，ゲノムDNAが断片化していた。酵素による溶菌とガラスビーズによる菌体破砕の組合せ（レーン6）ではDNAが断片化していた。市販キットのQIAamp DNA Stool Mini Kit（レーン7）では，高分子量DNAが得られたが，酵素による溶解法と比較して収量は少なかった。

次に，分光光度計により5.4.1～5.4.5の方法で得られたDNAを定量した。すべてのDNAサンプルは，RNAを完全に除去するためにRNase処理とPEG沈殿を行った。図3(A)は，ラット糞便を用い，異なるDNA精製法による相対的なDNA収量を示した。その結果，酵素法，酵素による溶菌とガラスビーズによる菌体破砕の組合せは，比較的にDNA収量が高かったのに対し，ジルコニアビーズ法，QIAamp DNA Stool Mini KitとUltraClean Soil DNA Isolation KitではDNA量が少なかった。ヒト糞便の結果を図3(B)に示したが，ラット糞便と同じ傾向を示し，リゾチームのみより，リゾチームと精製アクロモペプチダーゼの両者を用いる方が有効であった。

塩化ベンジルは，細胞壁と膜を破壊し，DNaseの不活化作用が知られるが，塩化ベンジルの有無は，ガラスビーズ法においてDNA収量に対しほとんど影響がなかった。また，ガラスビーズ法とジルコニアビーズ法による菌体破砕は，図2のとおりDNAの断片化を引き起こすので，DNAの切断を防御するために各ビーズの使用量を半分にしたが，DNA断片化は改善されず，逆にDNAの収量が減少する結果となった。FastPrepの条件をいろいろ検討したが，DNA量とクオリティを向上させるには至らなかった。SDSは細胞溶解のために用いるので，ヒト糞便を用いSDSの影響を検討した結果，図3(B)のとおりSDSを添加することによりDNAの収量を若干，増加させる傾向があった。

細菌細胞の溶菌・破砕に，より効果的ではないかと考え，酵素による溶菌法とガラスビーズによる菌体破砕法を組み合せてDNAを精製した。塩化ベンジルは添加せずガラスビーズで物理的に菌体破砕した後，リゾチームと精製アクロモペプチダーゼで処理した。しかし，DNAの収量とクオリティ（図2と図3(A)）において改善効果はみられなかった。

5.9　DNAのクオリティに関する各手法間の比較

5.4.1～5.4.5の方法により得られたDNAのクオリティを評価するために，16S rRNA遺伝子配列解析とメタゲノム解析によって，各々のDNAサンプルの属レベルの細菌構成を分析した。すべての手法によって，4頭のラットと3名のヒト糞便からほぼ全長の16S rRNA遺伝子配列が得られた。それらの16S rRNA遺伝子配列を用いて，Unifrac解析によりサンプル間の類似度評価を行った。図4と図5の結果から，QIAamp DNA Stool Mini Kit以外の他の手法によって得られたDNAは，ほとんど同様の結果を示し，予想されたとおり細菌の構成が，ラットとヒト間

第 2 章　解析技術

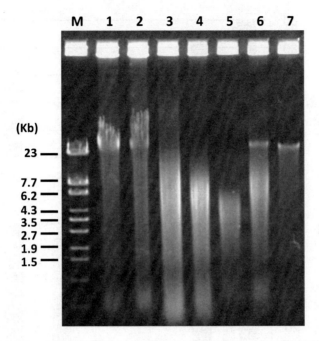

図 2　ラット糞便から得られた細菌叢 DNA のアガロースゲル電気泳動図
1：酵素法（リゾチームのみ），2：酵素法（リゾチームと精製アクロモペプチダーゼ），3：ガラスビーズ法（SDS あり），4：ガラスビーズ法（SDS なし），5：ジルコニアビーズ法，6：組合せ法（酵素法とガラスビーズ法），7：QIAamp DNA Stool Mini Kit，M：分子量マーカー（λ-Hind Ⅲ digest）

では異なっていた（データ省略）．図2と図3から各手法（QIAamp DNA Stool Mini Kit は除く）により精製された DNA 量とクオリティは異なっていたが，断片化した DNA においても細菌構成は類似した良い結果が得られており，これはゲノム DNA 上に複数コピー存在する 16S rRNA 遺伝子配列を分析対象としたことと PCR 増幅によると思われる．

　次に，メタゲノム解析により，リゾチームと精製アクロモペプチダーゼを用いた酵素法によって得られた精製 DNA への宿主由来 DNA の混入状況を検討した．454 FLX Titanium による shotgun pyrosequencing 法で得た塩基配列について，公共データベースを用いラットおよびヒトのゲノム配列と相同検索を行った．その結果，ラットでは約 0.5％，ヒトではわずか 0.001～0.002％の混入が認められた程度であった（表1）．本研究では，糞便サンプルを 100μm 孔径のメッシュナイロンフィルターで濾過したが，真核生物細胞とデブリの除去に有効であり，この濾過は宿主細胞の混入を最小限にしていた．しかし，この濾過はヒトゲノム DNA と比べてラットゲノム DNA の除去には効率的でなく，現時点でこの違いの理由は明確ではない．濾過しなかった糞便サンプルでの比較も行った結果，ラットとヒト（宿主）由来ゲノム配列の混入は，糞便を濾過したサンプルと比べて約 10 倍に増加した（データ省略）．

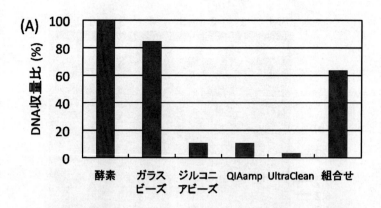

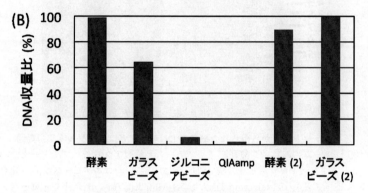

図3 ラットおよびヒト糞便から得られた細菌ゲノム DNA の収量比
(A) ラット糞便, (B) ヒト糞便

酵素：酵素法（リゾチームと精製アクロモペプチダーゼ），ガラスビーズ：ガラスビーズ法（SDS あり），ジルコニアビーズ：ジルコニアビーズ法，QIAamp：QIAamp DNA Stool Mini Kit, UltraClean：UltraClean Soil DNA Isolation Kit, 組合せ法：酵素法とガラスビーズ法, 酵素(2)：酵素法（リゾチームのみ），ガラスビーズ(2)：ガラスビーズ（SDS なし）

リゾチームと精製アクロモペプチダーゼを用いた溶解法によって，ラット糞便 0.25 g およびヒト糞便 0.5 g の細菌叢から約 100 μg の DNA が得られ，これは比較的に高い収量であり高分子量の DNA であった。ヒト腸内細菌の平均ゲノムサイズを 3 Mb と仮定すると，酵素法によって糞便 1 g の 10^{11}～10^{12} の細胞数から得られた DNA 量は，Kurokawa ら[3]の見積もった DNA 量と一致していた。

5.10 結論

細菌を培養しないメタゲノム解析によるアプローチは，包括的にヒト腸内細菌叢の構成，ダイナミクスと機能を解明するために有効な取り組みである。信頼できる細菌ゲノム DNA 精製法の確立は，メタゲノム解析による細菌叢研究において重要な事項であった。我々は，ラットとヒトの糞便サンプルから細菌ゲノム DNA 精製のために，酵素による溶菌法，菌体破砕法，市販の

第2章 解析技術

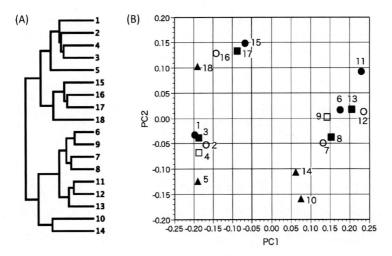

図4 ラット糞便細菌叢の16S rRNA遺伝子配列解析に基づくサンプル間系統樹
および2次元距離マップ

プロットは主座標分析の第1，第2主座標を示す．
●：酵素法（リゾチームと精製アクロモペプチダーゼ），○：ガラスビーズ法（SDSあり），
■：ジルコニアビーズ法，□：組合せ法（酵素法とガラスビーズ法），▲：QIAamp DNA Stool Mini Kit
1〜5，6〜10，11〜14，15〜18は，それぞれ同一個体から得られたDNAサンプルを示す．

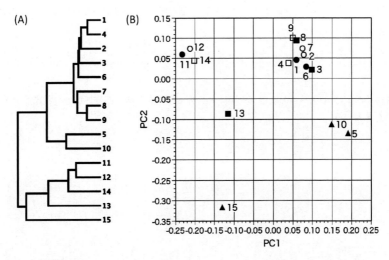

図5 ヒト糞便細菌叢の16S解析に基づくサンプル間系統樹および2次元距離マップ

プロットは主座標分析の第1，第2主座標を示す．
●：酵素法（リゾチームのみ），○：酵素法（リゾチームと精製アクロモペプチダーゼ），
■：ガラスビーズ法（SDSあり），□：ガラスビーズ法（SDSなし），▲：QIAamp DNA Stool Mini Kit
1〜5，6〜10，11〜15は，それぞれ同一個体から得られたDNAサンプルを示す．

メタゲノム解析技術の最前線

表1 ラットおよびヒト腸内細菌叢DNAのメタゲノム解析結果[a]

	ラット1	ラット2	ヒト1	ヒト2
全リード数	54,618	90,873	523,109	506,246
宿主ゲノムへ帰属された数[b]	250	489	4	9
宿主遺伝子の混入率（％）	0.458	0.538	0.001	0.002

a）454 pyrosequence により解析を行った。
b）BLAST Search により100 bp 以上の長さで90％以上相同性でヒットした配列を宿主（ラットとヒト）遺伝子として帰属した。

キットを含むいくつかの異なる方法で得られたDNA量とクオリティを比較した。DNA量，クオリティおよび16S rRNA遺伝子配列解析に基づく結果が，リゾチームと精製アクロモペプチダーゼを用いた酵素法が糞便サンプルから細菌ゲノムDNAを精製する方法として最も有用であることを支持した。また，$Bacillus$ 属の芽胞の大きさは0.2〜0.3μmであり，腸内細菌の芽胞であれば，一般に100μmの孔径のフィルターは通過すると思われる。「芽胞形成細菌芽胞からのゲノムDNAの抽出方法」（特開2009-284853）の特許には，リゾチームを用いれば溶解することが述べられている。濾過された芽胞は位相差顕微鏡で確認でき[20]，本実験での酵素による溶菌法では，位相差顕微鏡観察により細菌細胞や芽胞がほぼ100％の割合で溶解することを確認しており，芽胞を形成した細胞からでも，ゲノムDNAは回収されると考えている。この方法は再現性があり，長鎖DNAをクローニングしたfosmidやBACライブラリ作成にも利用でき，次世代シークエンサーのテンプレートにも対応可能で，他の哺乳動物由来の細菌叢DNAの精製にも適用されると考えられる。

謝辞

腸内細菌叢の16S rRNA遺伝子およびメタゲノム解析には，大島健志朗特任助教の技術協力を戴いた。ここに記して敬意を表する。

文　　献

1) J. Handelsman, *Microbiol. Mol. Biol. Rev.*, **68**, 669 (2004)
2) B. V. Jones and J.R. Marchesi, *Mol. Biosyst.*, **3**, 749 (2007)
3) K. Kurokawa, *et al.*, *DNA Res.*, **14**, 169 (2007)
4) S. R. Gill, *et al.*, *Science*, **312**, 1355 (2006)
5) M. L. Diaz-Torres, *et al.*, *FEMS Microbiol. Lett.*, **258**, 257 (2006)

第 2 章　解析技術

6) P. Mullany, *et al.*, *Adv. Appl. Microbiol.*, **64**, 125 (2008)
7) E. A. Grice, *et al.*, *Genome Res.*, **18**, 1043 (2008)
8) V. Mai & P. V. Draganov, *World J. Gastroenterol.*, **15**, 81 (2009)
9) M. Hattori & T. D. Taylor, *DNA Res.*, **16**, 1 (2009)
10) E. G. Zoetendal, *et al.*, *Syst. Appl. Microbiol.*, **24**, 405 (2001)
11) E. G. Zoetendal, *et al.*, *Nat. Protoc.*, **1**, 870 (2006)
12) Z. Yu & M. Morrison, *Biotechniques*, **36**, 808 (2004)
13) A. L. McOrist, *et al.*, *J. Microbiol. Methods*, **50**, 131 (2002)
14) J. N. Tang, *et al.*, *J. Microbiol. Methods*, **75**, 432 (2008)
15) A. Salonen, *et al.*, *J. Microbiol. Methods*, **81**, 127 (2010)
16) C. Roh, *et al.*, *Appl. Biochem. Biotechnol.*, **134**, 97 (2006)
17) A. Aguilera, *et al.*, *Syst. Appl. Microbiol.*, **29**, 593 (2006)
18) C. Carrigg, *et al.*, *Appl. Microbiol. Biotechnol.*, **77**, 955 (2007)
19) J. Rajendhran & P. Gunasekaran, *Biotechnol. Adv.*, **26**, 576 (2008)
20) H. Morita, *et al.*, *Microbes Environ.*, **22**, 214 (2007)
21) T. Matsuki, *et al.*, *Appl. Environ. Microbiol.*, **68**, 5445 (2002)
22) H. Morita, *et al.*, *J. Equine Vet. Sci.*, **27**, 14 (2007)
23) K. Kataoka, *et al.*, *Anaerobe*, **13**, 220 (2007)
24) B. Ewing, *et al.*, *Genome Res.*, **8**, 175 (1998)
25) P. D. Schloss & J. Handelsman, *Appl. Environ. Microbiol.*, **71**, 1501 (2005)
26) C. Lozupone, *et al.*, *BMC Bioinformatics*, **7**, 371 (2006)

応用編

第3章 環境・海洋

1 メタゲノム解析から地下深部環境を探る

髙見英人[*1], 高木善弘[*2]

1.1 はじめに

　近年の目覚ましい次世代シーケンサーの技術革新により，これまで困難と思われていた大規模シーケンシングプロジェクトも比較的安価にスピーディーに行われるようになってきた。これにより，個別微生物から大型生物に至る生物種のゲノムのみならず，様々な環境に形成された複雑な微生物コミュニティーが有するゲノムをまるごと解析することも現実のものとなってきた。個別生物のゲノムではなく，様々な微生物や生物からなるコミュニティーから培養などの手法を経ずに集められた雑多なゲノムDNA集団のことを一般にメタゲノムとよんでいるが，これらを網羅的に解析することがいわゆるメタゲノム解析である[1]。メタゲノムという言葉は1980年代中頃には用いられていたが[2]，当時は，有用遺伝子の探索源を分離培養された個別微生物だけでなく，広く自然界に存在する多くの難培養性微生物を含む微生物集団にも広げようとする試みとしてメタゲノムが用いられた。1980年代中頃は数キロベースの遺伝子のシーケンシングにも数ヶ月を要した時代であったが，現在では，次世代シーケンサーの登場によるシーケンシング技術の飛躍的な向上によりメタゲノム解析の目的も1980年代とは大きく様変わりし，その主な目的は以下の2点である。

① 環境中に生息する難培養性優先種のゲノムをメタゲノムから再構築し，ゲノム情報から微生物の生態，代謝系などを解明する。

② 環境中に形成された微生物コミュニティーを構成する微生物多様性や微生物コミュニティーが有する代謝機能ポテンシャルを網羅的に明らかにし，その動態変化や環境間における違いなどをゲノム情報から解明する。

　上記の目的は研究対象における微生物コミュニティーの複雑さや優先種の度合い，また，硫酸還元，メタン酸化，メタン生成など，環境中でのイベントが明確か，不明確かなどによっても異なり，目的に応じて解析手法も大きく変わってくる。筆者らの研究グループでは，現在地下生命圏を対象とした2つのメタゲノム解析研究プロジェクトを同時進行で行っているが，地下鉱山か

[*1] Hideto Takami　㈱海洋研究開発機構　深海・極限環境生物圏領域　上席研究員
[*2] Yoshihiro Takaki　㈱海洋研究開発機構　深海・極限環境生物圏領域　技術研究主任

メタゲノム解析技術の最前線

ら湧き出す熱水の流れに沿って繁茂する微生物マットの解析については上記の①を目的として，下北半島東方沖掘削コアサンプルの解析については②を目的として研究を進めている。本節ではそれぞれの研究プロジェクトについて，方法論とそれにより解析された現在までの結果および今後の展望について紹介する。

1.2 地下鉱山の熱水流路に繁茂する微生物マットのメタゲノム解析
1.2.1 背景

鹿児島県にある地表から約 330 m の地下鉱山の坑道付近には雨水がマグマの熱によって暖められた熱水が湧き出る熱水流路があり，それに沿って繁茂する微生物マットが観察されている。この帯水層から湧き出る 70℃ の熱水には水素，二酸化炭素，メタン，アンモニアなどが豊富に含まれることから，熱水流路の周辺にはこれらの無機化学成分を炭素源，エネルギー源とし，太陽光に依存しない微生物生態系が発達しているものと考えられる。この地下鉱山の熱水流路に繁茂するバイオマットについては，平山らにより 16S rRNA 遺伝子のクローン解析がなされており，好熱性のメタン酸化細菌（*Gammaproteobacteria*）や *Hydrogenobacter* や *Sulfurihydrogenibium* などの *Aquificales* 目に属する好熱性細菌，*Chloroflexi* 門に属する細菌，また *Hydrogenophilus* 属（*Betaproteobacteria*）に分類される好熱性細菌などに由来するクローンが優先種として検出されている[3]。また，安全のため地下熱水を定期的に抜き出す抜湯システムから無菌的に採取された熱水より，高井らによって *Aquificales* 目に属する好熱性細菌が分離されている[4]。一方これとは別に，バイオマットの優先種の一つとしてこれまでに分離・培養された例がなく Pace らの研究グループが新しいバクテリアの division として提唱した OP1 にグルーピングされる 16S rRNA 遺伝子も検出された[5]。OP1 は米国の Yellowstone 国立公園の温泉から検出された 16S rRNA 遺伝子の phylotype の一つでその GC 含量の高さから好熱性菌と考えられているが，これまで OP1 が優先種の一つとして存在する環境はほとんど知られていない。したがって，この熱水流路に繁茂する微生物マットのメタゲノムから，これまでその実態が全く知られていない OP1 のゲノムがある程度再構築できれば，OP1 の代謝機能や熱水環境における生態が把握できると期待される。

そこで筆者らの研究グループでは，OP1 のゲノム再構築を目指すとともに，この微生物マットが先のクローン解析の結果を反映した微生物種によって本当に構成されているのか，実際にどのような代謝系によってエネルギー，有機物を獲得しているのか，また，微生物マットを構成する微生物種間にどのような関係性があるのかなどについての解明を目指して，メタゲノム解析からのアプローチを開始した。

第 3 章　環境・海洋

1.2.2　メタゲノム解析の流れ

　熱水流路に形成されたバイオマットを掻き取り，アルミナを入れすり潰してDNAを抽出，精製した後，フォスミドライブラリーを作製した。まず，作製された5280フォスミドクローンに含まれる16S rRNA遺伝子を検出するため，各クローンからフォスミドDNAを抽出し，既知のバクテリアとアーキア由来の16S rDNAをプローブとしてドットブロットハイブリダイゼーションを行った。また，5280フォスミドからランダムに136クローンを選択し，16S rRNA遺伝子を含む15クローンと合わせて151クローンのシーケンシングを行った。シーケンシングされたフォスミドは常法に従って遺伝子予測，アノテーションを行った。次に，これらのフォスミドクローンをグルーピングするため，各クローン中に見出された遺伝子のcodon usageに基づいたクラスタリング解析を行った。その結果，OP1の16S rRNA遺伝子を含むクローンが他のクローンとともに大きなクラスターを形成したので，このクラスターを構成するフォスミドクローンは，OP1ゲノム由来と考えられた。そこで，残りのフォスミドクローンからさらにOP1由来と思われるフォスミドクローンを集めるため，全フォスミドの両端配列をシーケンシングし，そこに含まれる遺伝子のcodon usageのパターンが先に解析したOP1由来と思われるフォスミドクローンと類似する176クローンを選択した。これまでのステップで行ったシーケンシングは全てサンガー法でABI社製の3730およびGEヘルスケア社製のMegaBase1000を用いて行った。選択された176クローンはRoche Diagnostics社製の454 DNAシーケンサーを用いて行い，アセンブルは付属のNewblerを用いて行った。完成されたフォスミド配列およびコンティグ配列を先のクラスタリング解析でOP1ゲノム由来と判断されたフォスミド配列とともにアセンブルを行い，形成されたコンティグ配列についてその遺伝子情報解析を行った。本研究の流れは図1に要約した。

1.2.3　解析結果から見えるもの

(1)　フォスミド中に見出された16S rRNA遺伝子

　5280フォスミドクローンから16S rRNA遺伝子を有する46のポジティブクローンが検出され，これらクローンのシーケンシングの結果，16S rRNA遺伝子はその配列の類似性から15グループに分類された。各グループからの代表配列を用いてNJ法による系統樹を作成したところ（図2），9グループからの代表完全長配列は，*Planctomyces*, *Chloroflexi*, candidate division OP1, *Chlorobi*, *Deltaproteobacteria*, *Alphaproteobacteria*や未分類のバクテリアグループに属する未培養クローンと系統的に近縁であることがわかった。631ベースの不完全長配列は系統樹には示されていないが，*Firmicutes*に属する未培養クローンと相同性を示した。その他の3グループからの代表配列は*Thermus* sp. TH92, *Methylohalobius crimeensis*, *Hydrogenophilus thermoluteolus*と高い相同性を示した。この結果は，平山らのクローン解析の結果とほぼ一致し

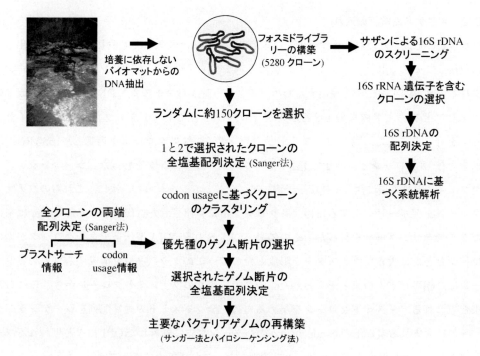

図1　地下鉱山の熱水流路に繁茂する微生物マットのメタゲノム解析の流れ

ていたが，優先種の一つであると報告された *Aquificales* に属する16S rRNA遺伝子のphylotypeは今回の結果では検出されていなかった。アーキアについては2グループに分類され，Hot Water Crenarchaotic Group (HWCG) I とHWCGIIIに属する未培養クローンと系統的に近いことがわかった。今回の結果から，熱水流路に形成されたバイオマットは少なくとも15の微生物種から構成されていることが明らかとなった。

一方，16S rRNA遺伝子のGC含量はそれを有する微生物種の生育温度と相関関係を示すことが知られている。そこで，これまでゲノムが解読され生育上限温度が知られている微生物種をリファレンスとして回帰直線を作成し，それに基づいて今回完全長の配列が得られた14種の16S rRNA遺伝子のGC含量から生育上限温度の推測を試みた。その結果，14種全ての生育上限温度が70℃以上であると推測されたことから，70℃の熱水環境に適応した微生物がバイオマットを形成していることが本結果からも支持された。

(2) OP1ゲノム断片の再構築

図3に示したように，ランダムに選択された136クローンのうち33クローンがcodon usageに基づくクラスタリングによってOP1の16S rRNA遺伝子を有するクローンとともにクラスターを形成した。そこで，さらにOP1由来のゲノム断片をフォスミド両端配列のcodon usage

第3章 環境・海洋

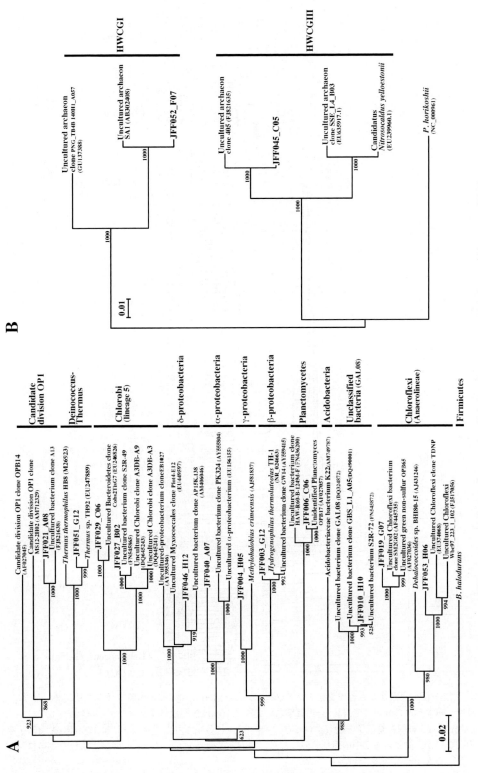

図2 フォスミドライブラリー中に見出された16S rRNA遺伝子のNJ法による系統樹
(A) バクテリア (B) アーキア，phylotype の次に示された ( ) 内は accession No., 各クレードに書かれた数値は bootstrap 値, ― は木村の値

メタゲノム解析技術の最前線

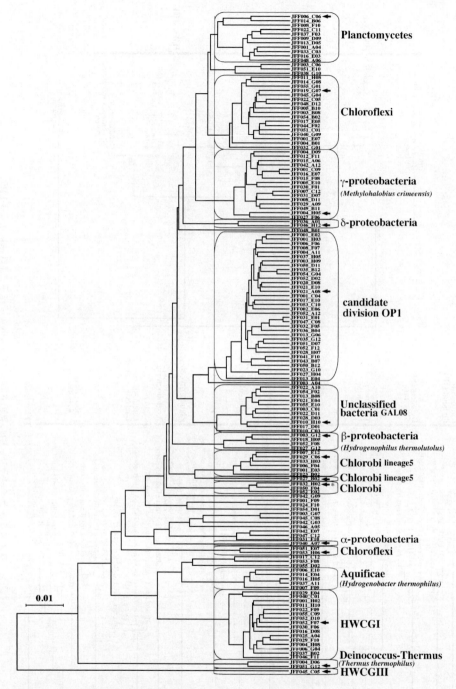

図3 配列決定がなされたフォスミドクローンのcodon usageに基づくクラスタリング
太字は門，綱レベルの分類群名，（ ）内は種名。矢印は16S rRNA遺伝子を含むクローン。
*は不完全長の16S rRNA遺伝子を含むクローン。Aquificaeに分類されたクローンには16S rRNA遺伝子を含むものがないが，フォスミド中の遺伝子のほとんどが*Hydrogenobacter thermophilus*と優位なホモロジーを示すことからグルーピングされた。

第3章　環境・海洋

のパターンから推測し，176クローンが選択された。454 DNA シーケンサーによってシーケンシングされた塩基配列と OP1 クラスターを構成する 34 クローンの塩基配列を用いてアセンブルしたところ，4つのコンティグが形成された。コンティグの大きさはそれぞれ，コンティグ 1，143 kb（GC%：57.8），コンティグ 2，391 kb（GC%：57.7%），コンティグ 3，518 kb（GC%：58.0%），コンティグ 4，917 kb（GC%：58.0%）で，全コンティグ長は 1970 kb（GC%：57.9%）であった。コンティグ形成に寄与したフォスミド断片の重複度は少ないところで 2，多いところでは 8 を超え，平均的には 3〜4 の重複度が見られるので，まだクローンギャップはあるもののおおよそ全体のゲノム情報が得られたのではないかと思われる。

全コンティグ中に見出されたタンパクコード領域は 1974，そのうち機能が割り振られたものは 1161（58.8%），機能は不明だが他の生物種に保存されているものが 361（18.3%），OP1 ユニークと思われる遺伝子が 452（22.9%）で，通常の個別菌ゲノムの場合と大きな違いはなかった。

(3) OP1 ゲノム断片から見える代謝系

OP1 由来のゲノム断片がほぼ再構築されたので，これらの断片中に見出された遺伝子情報をもとに OP1 が有する中央代謝系の構築を試みた。その結果，OP1 には一般にホモ酢酸生成菌が持つ還元型アセチル CoA 経路（Wood-Ljungdahl 経路）が存在することがわかった。この経路は炭酸ガスを固定してアセチル CoA を生成する経路で，アセチル CoA から解糖系の逆反応である糖新生や TCA サイクルを経て細胞形成に必要な様々な物質が合成されているものと考えられる。また，炭酸ガスを固定しアセチル CoA を経由して酢酸が生成されるが，このタイプのホモ酢酸生成菌はエネルギー獲得のために酢酸を放出している。炭酸を固定しアセチル CoA を生成するステップは嫌気的反応であるが，OP1 は過酸化物を解毒する 2 つの superoxide dismutase（SOD）遺伝子を有していることから酸素に対する十分な耐性を有していると思われる。また，OP1 には数種類のヒドロゲナーゼ（Hydrogenase）があるので，実際の環境中に豊富にある水素を電子供与体として利用しエネルギーを獲得しているものと考えられる。硝酸は還元型アセチル CoA 経路に関与する酵素の活性を阻害することが知られているが，OP1 は硝酸を電子受容体として利用できる可能性を示唆する硝酸還元酵素（nitrate reductase）を有している。これらのことから OP1 は嫌気条件下において炭酸ガスを固定する Chemolithoautotroph としてだけでなく，何らかの有機物を利用し硝酸呼吸によっても生育することが可能な Mixotrophic な代謝系も有している可能性が示唆された。

1.2.4　全体のまとめと今後の展望

OP1 ゲノム断片から見える代謝系についてはまだまだ詳細な解析が必要であるが，今回の解析で OP1 が少なくともホモ酢酸生成菌であること，環境中の水素をエネルギー源としている可

能性が高いこと，また Mixotrophic な代謝系を有している可能性があることなどが初めて示唆された。このように，比較的多様性の低い微生物コミュニティーの解析においては，これまで未培養でその実態が全く知られていないバクテリアのゲノム再構築が十分可能であり，今後このアプローチが様々な環境にもうまく適応できればメタゲノム情報をもとに難培養性微生物の分離・培養への道も自ずと開けてゆくものと思われる。

今回のメタゲノムの解析で最も有効な解析手法は，codon usage のパターンに基づくフォスミドクローンのクラスタリングであり，結果的にではあるが，OP1 ゲノム断片を効率よく集めることができただけでなく，他の優先種由来のゲノム情報も少なからず集めることができた。したがって，本研究において用いたこの方法は，環境中から直接分離された DNA からフォスミドライブラリーさえ作ることができれば，DNA 断片の差別化と収集に大きな威力を発揮するものと期待される。今後は今回解析されたメタゲノム情報からバイオマットを構成する微生物種間の栄養源に基づくつながりについても注目していきたいと考えている。

1.3 下北半島東方沖海洋掘削コアサンプルのメタゲノム解析
1.3.1 背景

筆者が所属する海洋研究開発機構では，統合国際深海掘削計画（IODP）を推進するための主力船として世界初のライザー式科学掘削船"ちきゅう"を建造し，2005 年 7 月に竣工した。これをうけて今後マントルや巨大地震の発生地域への大深度掘削が可能となると同時に地球最大の生命圏と考えられている地下生命圏へのアプローチが可能となってきた。その最初の試みとして，2006 年の 8 月中旬から下旬にかけて下北半島東方沖にて試験掘削を行った。下北半島沖は，千島列島に沿って日本の東まで南下する寒流の親潮と暖流の対馬海流が津軽海峡から太平洋へと流出した津軽暖流がぶつかり合う海域である。今回の掘削サイトは，本州の北東地域の下に太平洋プレートが沈み込むことによって形成された日本海溝最北端の前弧海盆（forearc basin）に位置しており，有望な量の天然ガス生産が海底下 3,000 m 以深の暁新世（6,550～5,580 万年前）から始新世（5,500～3,800 万年前）の地層で確認されている。また，通常 370 m までの深度で観察されるガスハイドレートの存在が海底擬似反射（BSR：bottom-simulating reflector）によって実証されている。さらに，三陸沖堆積海盆から北方へ続く石狩・日高堆積海盆には数多くの油田／ガス田があり，この地域の高い潜在的炭化水素資源の存在が示唆されている。このように下北半島東方沖は，地質学的な興味から過去に何度も掘削が行われたある意味良く調べられた場所ではあるが，生物学的な知見には乏しい。そこで，筆者らの研究グループでは，これらの地質学的な特徴を有する下北半島東方沖堆積層の微生物生態系に興味を持ち，深度 107 m までの掘削コア 5 サンプルの微生物生態学的特徴の解明を目的としてメタゲノム解析を行った。

第3章　環境・海洋

1.3.2　メタゲノム解析の流れ

　地下生命圏に存在する微生物群集構造は，地下深部環境に存在する有機物量やメタンなどのガスハイドレート分布などに応じてその組成が大きく変化していると考えられる。したがって，群集構造を知る手段として用いられる 16S rRNA 遺伝子のクローン解析は，地下生命圏のメタゲノム解析を進めていくにあたっての重要な指針の一つである。実際，海洋堆積物の掘削サンプルについては，ODP（Ocean drilling Program）の Leg201, 204 によってペルー沖や北米大陸西岸沖から採取されたコアサンプルの 16S rRNA 遺伝子のクローン解析が行われており，メタンハイドレートの存在の有無によって微生物群集構造が大きく異なることなどが報告されている[6]。

　そこで，下北半島東方沖掘削コアのメタゲノム解析にあたってまず，深度別における微生物群集構造の違いを 16S rRNA 遺伝子のクローン解析によって調べることとした。サンプルは，海底下 107 m までの 5 サンプル（1H1：0.7 m, 1H4：5 m, 3H2：18 m, 6H3：48 m, 12H4：107 m）を用いた。コアサンプルからの DNA 抽出は，ジルコニウムビーズを使用した菌体破砕と Lysozyme/Protease K などの溶菌酵素処理によって行い，一般的なバクテリアおよびアーキアのコンセンサスプライマーを用いて PCR により 16S rRNA 遺伝子を増幅した。クローン化された PCR 産物はバクテリア，アーキアそれぞれに 1,000 クローンずつシーケンシングし，各掘削深度における系統解析ならびに多様性解析を行った。

　次に，16S rRNA の解析に用いた DNA からショットガンライブラリーを作製した。DNA 量が十分なサンプルについてはオリジナルの DNA を，少ないものについては一部 GenomiPhi などを用いて増幅した DNA を用いた。筆者らが研究を始めた当時はちょうど次世代シーケンサーの出始めで 454 DNA シーケンサーから得られる配列情報は，1 リード 100 塩基長であったため，本研究においてはサンガー法を採用し，各サンプルから得られた 4 万クローンの両端配列をシーケンシングした。シーケンシングされた配列の平均長は 600〜800 塩基であるが，これまで解読された遺伝子の平均長が 1,000 塩基であることからすると，1 リードの塩基配列に完全長（開始コドンから終止コドンまでの領域）の遺伝子情報が含まれる確率は低い。そこで，筆者らは遺伝子領域予測プログラムとして不完全な遺伝子領域にも対応する Metagene2[7]を用いた。遺伝子領域のアノテーションは，基本的には既知遺伝子の配列長に対するホモロジー検索結果から判断するが，メタゲノム解析の場合，その配列が不完全であるためホモロジーベースのみでのアノテーションが困難となる。特に，異なる機能を持つ遺伝子が部分的に共通ドメインを保持する場合は，一概にホモロジーだけからはどちらの機能を有するか判断できない。本解析においては，この問題点を解決する一つの手段として既知の遺伝子をリファレンスとして加えたグルーピングを行った。具体的には，現在公開されている微生物ゲノムから 1 属 1 ゲノムを選択し，メタゲノム由来の遺伝子群と合わせた遺伝子セットを作成後，All-to-All blast search により得られた各遺伝子

間のホモロジー値をベースにクラスタリングを行い，各遺伝子をグルーピングした．各遺伝子のアノテーションは，ともにグルーピングされた既知遺伝子の機能を割り振った．例外的に，複数種類の既知遺伝子が同一グループに含まれるケースが見られたが，その場合はクラスタリングする際のThreshold値を段階的に高く（厳しく）していくことによりグループを順次細分化し，最小サイズのグループ（既知遺伝子を含んだ）となったところでそこに含まれる既知遺伝子の機能を割り振った．

1.3.3 解析結果から見えるもの

（1） 16S rRNA遺伝子のクローン解析に基づく深度別菌叢の特徴

下北半島東方沖掘削コアにおける微生物バイオマスの大きさ（DNA抽出量より推定）は，指数関数的に減少していた．しかしながら，これらDNAから得られた16S rRNA遺伝子のクローン解析をもとに示された種（本研究では相同性98%を持つものを一つのOTUと定義）の多様性パターンは，バイオマスの減少パターンとは必ずしも一致しなかった．実際，掘削深度5 mでは，158であった種が，中層準（18 m, 48 m）では340〜375種にまで増加していた．さらに，この多様性の変動パターンは系統分類群によって異なっていた（図4）．例えば，メタンハイドレート層が存在する地下深部環境に優先するCandidate division JS1に属するクローンは全層準にお

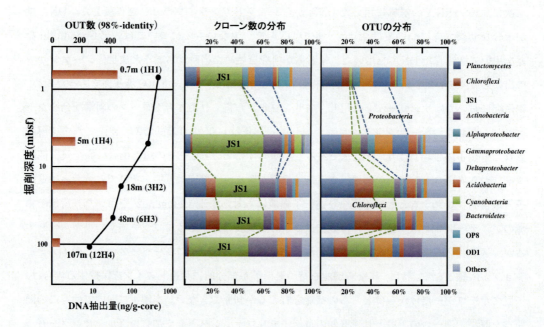

図4　16S rRNA遺伝子のクローン解析から見える下北半島沖地下微生物圏の群集構造
左からDNA抽出量と16S rRNA遺伝子クローンのOTU数，各層準由来のクローン数の分布，各層準由来のOTU数の分布．

第3章 環境・海洋

いて優先種として存在するが，その多様性は浅い層準（0.7 m, 5 m）とそれより深い層準（18 m, 48 m, 107 m）では大きく異なり，掘削深度が深い層準においてより多様化が進んでいた。一方，深海底泥サンプルにおいてよく検出される *Gammaproteobacteria* や *Deltaproteobacteria* に属するクローンは最も浅い層準（0.7 m）に数多く見られたが，掘削深度5 mではクローン数が極端に減少した。しかしながら，その多様性に変化は見られなかった。また，非優先種の一つである *Chloroflexi* については，中層準（18 m, 48 m）においてその多様性が非常に高いことが観察された。

(2) 各コアサンプルから見出された遺伝子の全体像

先に述べたように，本研究では，各サンプルから得られた約4万クローンの両端シーケンス（総塩基長約50 Mb）の配列情報をもとにメタゲノム解析をスタートしたが，実際の冗長度は非常に低く，アセンブル後の圧縮率は70～87％であった（表1）。一方，各層準からの配列から6～8万遺伝子が同定され，全配列長に占める遺伝子領域は75～82％であった（表1）。この割合は，一般的な微生物ゲノムと同程度であることから，遺伝子領域を十分に検知した結果と思われる。しかし，平均600塩基と短い配列から見出された遺伝子の約80％は不完全長であった。

既知ゲノム由来の遺伝子を加えたクラスタリング解析の結果，全層準由来の約36万遺伝子は122,219グループに分けられ，そのうち16,594グループ（13.6％）は既知ゲノム由来の遺伝子を含むグループであった。また，これらグループには全層準由来の遺伝子の半数が含まれていた。一方，層準間で比較してみると，3,150（2.6％）グループが全層準に共通であり，全層準由来遺伝子の約40％の遺伝子が含まれていた（図5 B）。これらグループに含まれる遺伝子を層準毎に調べた結果，遺伝子数に大きな偏りが見られたと同時に各層準には特徴的なグループが存在し，それら遺伝子機能は多岐にわたっていることがわかった（図5 C）。

(3) 各コアサンプルから見出された遺伝子情報に基づく深度別菌叢の特徴

下北半島東方沖掘削コアから得られた遺伝子の半数は，主に *Clostridia*, *Deltaproteobacteria*, *Chloroflexi*, *Euryarchaeota* 由来の遺伝子にトップヒットし，層準間には大差はなかった。また，各層準由来の遺伝子の内訳は，炭水化物，アミノ酸，エネルギー代謝を含む代謝関連機能遺伝子

表1 深度別に採取された各コアサンプルから見出された遺伝子の内訳

サンプル ID	深度 mbsf	リード	総塩基長 Mb	アセンブル Mb	CDS 数	コード領域 %	16S rRNA %
1H1	0.7	77,439	54.9	48.8 (87%)	86,363	82.5	0.045
1H4	5	76,953	51.3	37.6 (73%)	67,494	77.5	0.023
3H2	18.5	76,004	48.9	39.9 (81%)	73,184	77.8	0.034
6H3	48	76,651	49.1	37.1 (75%)	67,202	73.0	0.040
12H4	107	76,301	48.9	35.2 (72%)	63,711	73.5	0.067

メタゲノム解析技術の最前線

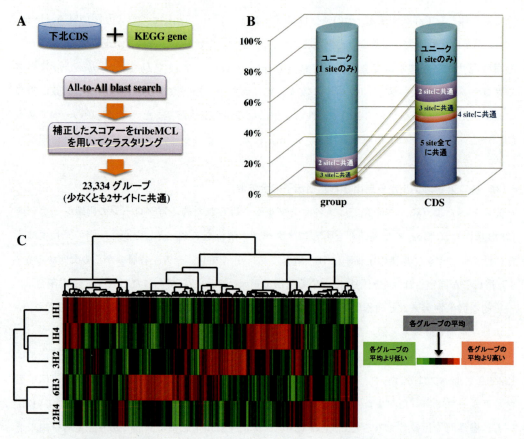

図5 下北半島沖掘削コアサンプル中のメタゲノムに由来する遺伝子群のクラスタリング解析
(A)クラスタリング解析法の流れ (B)各掘削コアサンプル間における遺伝子グループの比較 (C)全掘削コアサンプルに共通なグループにおける遺伝子の出現頻度に基づくクラスタリング解析

の割合が最も高く，特に，浅い層準（0.7 m）では *Deltaproteobacteria* 由来と考えられる硫酸呼吸関連遺伝子，中層準（5 m，18 m）ではメタン生合成関連遺伝子が特徴的であった．さらに，各層準における共通な特徴として，酢酸，プロピオン酸，酪酸等の低分子有機酸や単環芳香族を利用したエネルギー生成や生体物質の生合成に関する代謝経路や炭酸固定能に関与する還元型アセチルCoA経路などが見出された．これらの代謝系経路には，嫌気的微生物ゲノムによく見られるFerredoxin依存性酵素，Formate-pyruvate lyase，抗酸化システム関連酵素等の嫌気的代謝に特徴的な遺伝子が多く含まれていた．本結果から，下北半島東方沖堆積物中には主に嫌気的従属栄養および独立栄養的な代謝系を有する生態系の存在が強く示唆された．

1.3.4 全体のまとめと今後の展望

地下深部環境に棲息する微生物の大半は未培養菌から構成されているため，これらの微生物機

第3章 環境・海洋

能を培養を介して直接的に知ることは極めて困難である．したがって，メタゲノム解析は未培養菌を含む微生物生態系の潜在能力を知る上で有効な手段であると考えられるが，実際，本研究における地下深部環境の微生物の一つの特徴として，低分子有機物あるいは無機炭素を栄養源とした代謝能や嫌気環境に順応したと思われるメカニズムをメタゲノム情報から見出すことができた．しかしながら，メタゲノムから得られる遺伝子情報のみでは下北半島東方沖掘削コアにおいて観察された微生物群集構造の変化をうまく説明することは困難であった．なぜなら，微生物群集構造は当然のことながら物理・化学的な環境要因に大きく影響されると考えられるからである．したがって，今後はこの難問を解き明かすべく，サンプルから得られた環境の物理・化学的なデータを取り入れた新たなメタゲノム解析技術を確立していきたいと考えている．

謝辞

本研究を行うにあたり，東京工業大学大学院，伊藤武彦教授，野口英樹特任准教授，黒川顕教授，国立遺伝学研究所，豊田敦特任准教授，基礎生物学研究所，内山郁夫助教，東京大学大学院，服部正平教授，ドラゴンジェノミクス㈱の北川正成氏，海洋研究開発機構の環境メタゲノム解析研究チームの方々，同機構布浦拓郎博士，高井研博士，稲垣史生博士，青池寛博士からの多大なるご助言，ご協力を戴きましたことに深謝いたします．

文　献

1) 髙見英人，化学と生物，**45**(5)，298-307（2007）
2) G. J. Olsen, D. J. Lane, S. J, Giovannoni, N. R. Pace & D. A. Stahl, *Annu. Rev. Microbiol.*, **40**, 337-65（1986）
3) H. Hirayama *et al.*, *Extremophiles*, **9**, 169-184（2005）
4) K. Takai *et al.*, *Appl. Environ. Microbiol.*, **68**, 3046-3054（2002）
5) P. Hugenholtz, C. Pitulle, K. L. Hershberger & N. R. Pace, *J. Bacteriol.* **180**, 366-376（1998）
6) Inagaki *et al.*, *Proc. Natl. Acad. Sci. USA*, **103**, 2815-2820（2006）
7) Noguchi *et al.*, *Nucleic Acids Res.*, **34**, 5623-5630（2006）

2 マリンメタゲノム：海洋性難培養微生物からの有用遺伝子・物質の探索

竹山春子[*1]，岡村好子[*2]

2.1 はじめに

　生命科学の進歩は，解析技術の進歩に支えられてきた。ゲノム科学も自動シークエンサの開発と普及とともに大きく飛躍し，現在は様々な次世代の高速シークエンサの登場によってその進展スピードが加速している。ゲノムを読む，ということが非常に手軽になったことから全ゲノム配列決定，そして逆遺伝学（reverse genetics）による解析という研究手法が可能となり，ますます生命科学の謎解きが進んでいる。2010年8月時点でのGold Genome Online Database（http://www.genomesonline.org/cgi-bin/GOLD/bin/gold.cgi）によると，1,351件の全ゲノム配列が終了しており，進行中のものは，アーキアが188，バクテリアが4,804，真核生物が1,547件となっている。メタゲノム解析は終了，進行中のものを含めて240件の登録がされている。その中で，海洋微生物を対象としたメタゲノム解析も多い。

　生物が海で誕生して以来，生物は環境に作用し，環境の変化に対応を余儀なくされた生物は進化適応を繰り返し，生物の種の多様性が作られていった。例えば酸素発生型光合成細菌（ラン藻）の出現によって分子状酸素が初めて生じ，嫌気性細菌は生活の場を追いやられる一方，適応を遂げた好気性細菌は海底の熱水噴出口を出て生活の場を広げた。当初，宇宙から降り注ぐ紫外線は生物の生息圏を深海にとどめたが，大気中の酸素濃度の高まりとともにオゾン層が形成されると，最も殺傷性の高いUV-Cが地表に届かなくなった。こうして生物は過酷な環境である深海を離れ，浅い海へ，そして陸上へ生活の場を広げていった。このように海は多種多様な環境を提供し，そこでは多くの生物種の進化が繰り返されてきた。海洋には，陸上には無い特殊環境が多く存在し，生物，環境ともに非常に多様性に富むことが期待されている。さらに海洋には深度があり，深海（一般には200 mより深い海とされている）は海面面積の80％を占め，平均水深は3,700 m程，最も深いマリアナ海溝のチャレンジャー海淵は10,920 mであるが，ここにも微生物の生息が確認されている[1]。水深10,898 mの堆積物中からは，500気圧以下では生育できず，1,100気圧まで生育可能という極限微生物の *Moritella yayanosii* が単離されている[2]。このように圧倒的に陸上よりも生息圏が大きいことからも，海洋バイオマス（生物量）が地球上で最も大きく，生物多様性も高いと期待されている。

　しかしながら，海洋の豊富な生物資源の中で，これまでに分離培養に成功している微生物はわずか0.1％にも満たず[3,4]，そのほとんどが「難培養微生物」である。これまでの微生物学におい

---

*1　Haruko Takeyama　早稲田大学　先進理工学部　生命医科学科　教授
*2　Yoshiko Okamura　早稲田大学大学院　先進理工学研究科　生命医科学専攻　准教授

第 3 章　環境・海洋

ては，分離源に存在する生物資源の中から，ある特定の培養条件に合った微生物のみが分離・培養され，系統保存が行われてきた。そのため，自ずと生物の機能解析や有用物質スクリーニングは，主として純粋に分離され単独で培養可能な生物の機能に限られており，また利用可能な機能もそれらの生物の機能に限られていた。

　近年，ヒューマンゲノム解析に伴う大規模ライブラリー構築技術，大量サンプル処理技術，大量シークエンス解析のためのコンピューターパワーの発展を背景に，生きているが培養ができない細菌（viable, but nonculturable（VBNC）bacteria）[5]のゲノムリソースにアクセスする「メタゲノムアプローチ」が盛んに行われるようになってきた[6]。

　海洋微生物のメタゲノム解析は，2000年のDeLongらのグループによる海洋微生物のメタゲノム解析の報告[7]に始まり，C. Venterらによる「whole environment shotgun genomics」として Sargasso Sea の細菌ゲノムの大規模シークエンス[8]，同様にC. Venterグループによる海洋の微生物・ウイルスの地球規模でのゲノム解析（Global Ocean Sampling（GOS）Expedition）[9]（http://www.jcvi.org/cms/research/projects/gos/overview/）など様々な大規模プロジェクトが行われている。また，2006年から The Gordon and Betty Moore Foundation より7年間で $24.5-million の研究資金を得て，CAMERA プロジェクト（Community Cyberinfrastructure for Advanced Marine Microbial Ecology Research and Analysis：http://camera.calit2.net/）がスタートした。ここでは，メタゲノム情報と解析に必要なツールを提供しながらメタゲノムネットワークの構築を積極的に行っている。特に，設立に尽力したC. VenterのGOSデータにもアクセスできるようになっている。今や，ゲノムデータベースに登録されている遺伝子の多くが海洋由来と言える。

　ここでは，メタゲノム研究の実際の研究事例を筆者らの研究成果も含めて紹介する。

2.2　カイメン共生・共在バクテリアのメタゲノムライブラリー構築

　共生微生物は，ホストとの協調関係のもとで，多種多様な物質の生産，相互関係を有している。また，ホスト生物が生産する生理活性物質が共生微生物によって生産されているケースが報告されている。筆者らは，無脊椎動物であるカイメンを用いて，生理活性物質・有用酵素へのアクセスを意図し，これらの微生物のメタゲノム解析を行いその応用研究を進めている。

2.2.1　カイメン共在バクテリアの多様性解析

　これまで，カイメンから抗菌・抗カビ，抗がん，抗アレルギー活性等の様々な生理活性物質が見いだされているが，それらの半数は共在微生物由来であろうと推測されている[10]。しかし，このような共在する微生物の大半は，難培養性であることが知られており，それらの解析や有効活用の方法としてメタゲノム手法がとられつつある。特に，生理活性物質のポリケチド生合成遺伝

メタゲノム解析技術の最前線

子群に関する解析と生産物の推定がメタゲノム解析によって進展している[11]。カイメン共在バクテリアは，その生理活性物質生産者としての注目だけでなく，濃縮された状態で細胞の取得が容易であり，特殊環境に適応した各種機能遺伝子も期待できる。カイメンは，重量1kgあたり1日に数十トンもの海水を取り込み摂取する濾過食性の動物で，その生態として，体内の溝系に水流を起こし，海水とともに運ばれてくる微小有機物や粒子を摂取することで生活している。カイメン体の表面は小孔のある皮膜で覆われており，海水は小孔から直接体内の溝系に入っていく。その後，鞭毛室に入っていく過程で次第に濾過され微生物や有機物を体内に取り込んで消化している。この一過性の細菌以外にも，非常に多くの細菌が体内に存在しており，種類によっては，細胞体積の40%をこれら細菌が占めていると言われている。そこで，カイメン中に存在するバクテリアはここでは共在バクテリアと表現することとした。

筆者らは，沖縄（石垣島）を中心としてカイメンのサンプリングを行ってきた。採集したカイメンのうち2種類のカイメン *Stylissa massa*, *Hyrtios erecta* の共在バクテリアからメタゲノムライブラリーを構築した。

カイメン *S. massa* バクテリアのメタゲノムの16S rDNAを解析した結果，γ-Proteobacteria, α-Proteobacteria, cyanobacteria, bacteroides に属する未培養微生物と相同性を示す配列が認められた。次にカイメン *H. erecta* の共在バクテリアからも同様にDNAを抽出し，同様に16S rDNAの多様性解析を行ったところ，84シークエンス中に53種類のバクテリア16S rDNAと相同性を示す配列が得られ，α, γ, δ-Proteobacteria, Actinobacteria, Acidobacteria, Nitrospira, Verrucomicrobia に属する多様な配列が検出された。また，すべての配列がデータベース上の配列とは97%以下の相同性であったことから，これらのバクテリアは未知微生物であることが示唆された。

2.2.2 メタゲノムライブラリー構築

S. massa バクテリア由来のメタゲノムライブラリーは，オペロンのような遺伝子クラスターで有用物質生産が行われている場合を想定し，40kbp程度までの長鎖を保持することができるフォスミドベクターを使用して構築した。しかしながら，デメリットとして，メタゲノム由来の転写系が大腸菌ホスト内で機能しない場合は，遺伝子発現が起こらないことからスクリーニング効率の低下が考えられた。そこで，スクリーニング効率（転写の可能性）を高めるために，*H. erecta* バクテリアメタゲノムからは，3～5kbpのゲノム断片を調製し，*lac* プロモーターの下流に挿入したメタゲノムライブラリーを構築した。表1に構築した4つのライブラリーのクローン数，挿入配列総長を示す。

第 3 章　環境・海洋

表 1　構築したメタゲノムライブラリーのまとめ

ライブラリー	対象	クローン数	平均挿入鎖長	挿入配列総長
MGSB1	*Stylissa massa* 共在バクテリア	4,000	41 kb	162 Mb
MGSB2	*Stylissa massa* 共在バクテリア	65,000	35 kb	2.3 Gb
MGSB3	*Hyrtios erecta* 共在バクテリア	26,000	3.1 kb	80 Mb
MGCB1	*Porites cylindrica* 共在バクテリア	30,000	4.7 kb	141 Mb

2.3　メタゲノムライブラリーからの有用遺伝子スクリーニング

2.3.1　既知配列に基づくスクリーニング

　ライブラリーの規模は通常，数万～数十万にのぼり，単クローンずつの評価は莫大な時間，コスト，マンパワーを要する。PCR は全く未知配列の新規遺伝子を取得するには不向きであるが，既知配列を手がかりにクローンを絞り込む手法としては有効である。PCR とシークエンスを組み合わせたユニークなスクリーニングにより，新規な創薬リード物質を取得した方法を紹介する。Piel らは，抗腫瘍活性，抗真菌活性など高機能な薬理効果を示すポリケチドをターゲットとしている。ポリケチドは 40～80 kb の巨大遺伝子クラスターにコードされているリボソーム非依存性合成で作られる。カイメンに共生しているバクテリアから分離されることが多いため，それらの遺伝子を取得・解析することを目的としてカイメン共在バクテリアのメタゲノムライブラリーを構築した[12]。II 型ポリケチド遺伝子スクリーニングとしてポリケチド合成酵素のモジュールを構成するケトシンターゼ（KS）遺伝子の高度に保存された領域にプライマーをデザインし，KS 遺伝子の PCR 増幅の有無でクローンの選抜を行った。フォスミドライブラリーから効率的に手軽にスクリーニングする方法として，ライブラリークローンを，寒天平板に展開することはせず，軟寒天のチューブの中で「3 次元培養」して保持する。40 万クローンを 400 本のチューブとして保持し，この中の 0.5 μL を鋳型に KS の PCR 増幅を行った。PCR 産物が得られたチューブを 30 本に希釈して再び PCR を行い，これを繰り返して 3 回の PCR 増幅を行った。その後ポジティブチューブを寒天平板に展開し単コロニーに対して，KS 遺伝子を有するかどうかを PCR 増幅によって選別した。こうしてポジティブクローンを得た後にシークエンスを決定し，モジュールの並び方からポリケチド産物を予測し，化学合成して数々のリード化合物を取得している[13]。

2.3.2　メタゲノムデータベースを用いた *in silico* スクリーニング

　全クローンの挿入配列の両端をワンパスシークエンスし，ORF 予測，アノテーションを行った情報をクローン情報としてデータベース化することで，遺伝子名，COG ID，ホモロジーなどで検索することが可能である。筆者らは，㈱新エネルギー・産業技術総合開発機構の委託事業「ゲノム情報に基づいた未知微生物遺伝資源ライブラリーの構築」の一環でカイメン共在バクテ

表2 ライブラリー配列解析のまとめ

ライブラリー	配列決定総長	ORF 総数	機能予測可能遺伝子総数	有用酵素遺伝子総数
MGSB1 + MGSB2	48 Mbp	124,702	7,889	518
MGSB3	32 Mbp	455,130	31,560	2,930
MGCB1	32 Mbp	433,170	16,988	1,077

表3 メタゲノムデータベース検索による産業有用酵素のヒット数

ENZYME	MGSB 1+2	MGSB3	MGCB1	Total	ENZYME	MGSB 1+2	MGSB3	MGCB1	Total
Acylase	1	25	6	32	Lipase	2	16	3	21
Alcohol dehydrogenase	9	74	17	100	Lyase	19	110	14	143
Aldolase	8	48	8	64	Lysozyme	0	1	0	1
Alkaline phosphatase	0	0	0	0	Methylase	63	91	34	188
Alpha-amylase	0	2	3	5	Monooxygenase	2	44	2	48
Amidase	4	51	10	65	Nitrile hydratase	0	6	0	6
Amylase	0	4	7	11	Oxidase	31	159	284	474
Carboxylase	0	0	0	0	Peroxidase	1	16	2	19
Catalase	0	1	0	1	P450	0	11	0	11
Dehydrogenase	160	1085	239	1484	Phosphatase	14	57	10	81
Dioxygenase	9	130	15	154	Phosphorylase	1	9	12	22
DNA polymerase	17	33	16	66	Polymerase	27	62	9	98
DNA repair enzyme	0	2	0	2	Polynucleotide kinase	0	1	0	1
DNase	2	5	6	13	Protease	11	62	29	102
Esterase	9	54	23	86	Recombinase	0	5	116	121
Galactosidase	2	3	0	5	Restriction enzyme	18	65	28	111
Glycosyltransferase	8	17	5	30	RNase	1	6	2	9
Hydratase	10	208	20	238	SSulfotransferase	0	0	0	0
Hydrolase	80	365	60	505	Superoxide dismutase	1	11	7	19
Invertase	1	0	0	1	Thermolysin	0	4	0	4
Isomerase	26	205	19	250	Transketolase	15	49	14	78
Kinase	53	276	136	465	Urease	6	3	0	9
Ligase	24	157	31	212	Total	635	3533	1187	5355

pfam domain search, E value : ≤ 1e-1　1 ORF に pfam ドメインが複数存在する場合，重複してカウントした。

リアやサンゴ共在バクテリアのメタゲノムデータベースを構築した[14]。

　筆者らのメタゲノムライブラリーから取得された塩基数の概要を表2に示す。また，このデータベースから産業有用酵素を検索した結果を表3に示す。それらの遺伝子配列も既知のものとは異なるものも多く含まれている。その中で，東北大学・津田先生グループがこのライブラリーを用いて行った芳香族化合物等の環境汚染物質の分解酵素群の活性評価では，基質特異性のプロファイルが異なる酵素があること，既知の遺伝子配列とは必ずしもホモロジーが高くないことが見いだされている[15]。このようなことからも，これらメタゲノムの遺伝子資源は非常に有用であ

第3章　環境・海洋

表4　カイメン共在バクテリアメタゲノムデータベースでの糖類資化酵素の検索結果

	ヒット数
Cellulase（Endo-1,4-β-glucanase）（E.C. 3.2.1.4）	50
β-Glucosidase（E.C. 3.2.1.21）	7
Cellulose 1,4-β-cellobiosidase（E.C. 3.2.1.91）	26
α-Fucosidase（E.C. 3.2.1.51）	4
endo-1,4-beta-xylanase（EC 3.2.1.8）	7
xylan 1,4-beta-xylosidae（EC 3.2.1.37）	2
D-xylose isomerase（EC 5.3.1.5）	4
xylulose kinase（EC 2.7.1.17）	7

ると期待される。

　このデータベースはドメインで調べたいときにはPfam ID, 酵素分類で調べたいときにはE.C.（Enzyme Comission）numberを入力することも, リストから選択することも可能で, 分野のエキスパートでなくとも簡単に検索でき, クローン情報を取得できる設計になっている。例として, 依頼されて糖類を資化する酵素を検索した際の結果を表4に示す。例えばセルラーゼを検索する場合, キーワード検索で「cellulase」と入力すると, アノテーションにcellulaseの文字列があるものは必ずヒットする。一方, 一般にセルロースはE.C. 3.2.1.4のEndo-1,4-β-glucanaseを指すことが多い。セルロースは結晶性セルロースと非結晶性セルロースからなり, 一般には分解が容易な非結晶性セルロースが最初に分解をうけるため, この反応を担うEndo-1,4-β-glucanaseを「セルラーゼ」と呼ぶことが多い。従ってセルラーゼとは, 結晶性セルロースを分解するCellulose 1,4-β-cellobiosidase（exo-cellobiohydrolase）も, β-グルコシド結合を切断して単糖にするβ-Glucosidaseも該当する。このような広義の酵素を検索する場合は, E.C. listを表示させ, 該当するE.C. numberをクリックしていけば, ヒットするクローン情報が得られる。現在セルロース系バイオマスからのバイオエタノールに変換する際, 非結晶性セルロースの糖化が問題となっており, CBH（cellobiohydrolase）の高活性化, 耐熱化, 耐酸性化等の高機能化が求められている。未知微生物の未知なる酵素に期待が寄せられ, 世界レベルで精力的に新規遺伝子のスクリーニングが活発に行われている。

　また, 今後の課題として, ヘミセルロース系バイオマスのバイオエタノール変換があげられている。酵母 *Saccharomyces cerevisiae* は五炭糖を代謝できない。現在は酵母の仲間の *Pichia* の代謝系を導入して, キシロースリダクターゼ, キシリトールデヒドロゲナーゼでエタノール発酵を行わせているが, 酸化還元バランスの崩れからエタノール変換効率があまりよくなく, 代謝工学的に改変した酵母の作出が試みられている。一方, バクテリアはキシロースリダクターゼ, キシリトールデヒドロゲナーゼの過程をキシロースイソメラーゼの1ステップで代謝する。これを

酵母に導入できれば酸化還元バランス問題は解決するのだが，これまでキシロースイソメラーゼが酵母内で活性を示した報告は3報にすぎず[16~18]，数々の酵母内では不活性のキシロースイソメラーゼが報告されてきた．表4に示すように筆者らが構築したメタゲノムデータベースの検索では4件のキシロースイソメラーゼがヒットし，配列を解析した結果，3件は遺伝子の途中で切断されており，上流あるいは下流域のシークエンスを得ることができなかったが，1件は全長配列が取れ，大腸菌の中で酵素活性を発揮することを確認した．最も相同性が高いキシロースイソメラーゼは，*Thermus thermophilus* のものであるが，偶然にも *Thermus thermophilus* のキシロースイソメラーゼとは，酵母内で活性を示した3報のうちの1報[16]である．現在酵母内試験を行っており，活性を示すことが期待されている．

2.3.3 活性に基づくスクリーニングによる有用遺伝子スクリーニング

活性スクリーニングは，これまでの他の様々なスクリーニングの報告から，20,000～30,000クローンに1陽性という頻度で取得できる確率が予想されていた．何千枚もの寒天平板にライブラリーを展開して地道にスクリーニングすることは，かなり抵抗感がある．しかし，筆者らは幾度となく，PCRやアノテーションでは絶対取得できなかった未知遺伝子，ユニークな機能・性質を示すタンパク質に遭遇し，その都度，活性スクリーニングでなければ取得できなかったことを痛感してきた．その例をいくつか紹介する．

(1) エステラーゼ

表1に示したMGSB3の26,000クローンから得られたエステラーゼ陽性クローンの全挿入塩基配列を解析したところ，一般的なエステラーゼに見られるモチーフを持たず，GDSL配列を持つGDSLファミリーに属するユニークな分類の酵素であった．GDSL配列はこのファミリーの加水分解酵素に見られるが，報告例は多くない．特にGDSLファミリーに属するエステラーゼはほとんど無く，新規エステラーゼであることが示された．また，耐塩性についても非常にユニークで，通常，酵素活性は回復することなく高塩濃度で失活するところ，NaCl存在下0～1.9 Mまでは，塩濃度上昇に伴い活性が45%まで減少したが，1.9～3.8 Mでは活性が68%まで回復した[19]．

(2) 耐塩性関連遺伝子

東京農工大学・山田先生のグループとの共同研究成果であるが，MGSB2ライブラリーから得られた耐塩性向上クローンは，ATP-dependent proteaseの一種であるFtsHと61%の相同性を持つタンパク質をコードしている遺伝子が原遺伝子として特定された．FtsH遺伝子はホストの大腸菌にも存在する遺伝子であるが，ホスト大腸菌のFtsH遺伝子をプラスミドに組み込み，ホスト内で高発現させても同様な塩耐性が見られなかったことから，海洋バクテリア由来のFtsH遺伝子の新規特徴と考えられた．*in silico* スクリーニングでは発見できなかった例である．

第3章　環境・海洋

(3) カドミウム濃縮遺伝子と耐性遺伝子

筑波大学・白岩先生のグループとの共同研究で，MGSB2 ライブラリーからカドミウム濃縮クローンを選抜[20]し，原遺伝子を特定したところ，未知遺伝子であった。しかし，ライブラリークローンはカドミウム耐性を示すにもかかわらず，この未知遺伝子単独のクローンはカドミウム濃縮を行い，カドミウム感受性となり生育できなかった。既知のカドミウム濃縮タンパク質は耐性も付与することから，耐性メカニズムが異なることが示唆され，改めて耐性に関与する遺伝子を同定した。その結果，隣接のアセチル-CoA 合成酵素と相同性を示す遺伝子の関与が明らかになった。(2)と同様にこの遺伝子もホスト大腸菌に存在するが，メタゲノム由来のこの遺伝子に特有の機能であり，活性スクリーニングの重要性を認識する事例の一つである。

2.4　シングルセルバイオロジーからメタゲノミックス

分子レベルでの生命の理解や細胞を基本とした生体物質の解析，そして細胞間情報伝達機構の解明とそれぞれの階層における理解が進みつつある。その中で，細胞集団から個別の細胞を対象とし細胞内の個々の分子の働きを動的に理解することによって生命活動を理解しようとする研究が精力的に進められている[21]。細胞個々の中で何が起こっているのかを解析することがいかに重要であるかは，ここ数年で生命科学分野の研究者の共通の認識になりつつある。細胞個々の個性を把握しながら細胞間，組織，器官，生体の理解に広げることがこれからの生命科学の発展につながると期待されている。このようなシングルセルバイオロジーは微生物の世界にも浸透しつつある。目的は必ずしも同じではないが，難培養性の微生物の分子生物学では，細胞1個の全ゲノム解析がその技術開発とともに進んでいる。ゲノム増幅技術は重要な一つの技術と言える。筆者らもすでにサンゴ共在バクテリアの微量ゲノムを用いて，ライブラリー作成のための十分なゲノム量を確保するためにゲノム増幅とその評価を行ってきた[22]。ゲノム増幅に伴うキメラ生成，増幅バイアス等の詳細な検討も行われている[23]が，バクテリア1個からのゲノム増幅，全ゲノム解析の例も報告されはじめている[24]。また，動物細胞と比較して非常に小さな細胞サイズの微生物の分離操作技術は，必要不可欠である。動物細胞と比べて遙かに少ない生体分子量を扱うオミックス解析を可能にする技術も必要である。現在，様々なマイクロデバイスが開発されているが，これらは有用な技術となり得るであろう。

環境メタゲノムは，今まで様々な微生物を含む対象を一括の解析でその系の機能を推測してきたが，多様性に富む系になればなるほど，個々の難培養微生物のシングルセル解析はより深い理解をもたらすことは明白であり，シングルセル解析は今後この分野でも波及することが予想される。

2.5 おわりに

　海洋の多様な環境，多様な進化から生じた遺伝子の多様性が，様々な有用物質・ユニーク酵素・機能遺伝子を提供する。まだまだ未知の機能を有する生物・遺伝子資源が豊富に存在するであろう。海洋に限らず，陸水，土壌，共生生物のメタゲノムも同様である。筆者らは，メタゲノムの潜在性と有用性を明らかにすることを目的に様々な方向から解析を進めてきた。現在は，より効率的なスクリーニングシステムを考案することで，よりメタゲノムの利用を促進する研究を行っている。この分野をより発展するためには，バイオインフォマティクス，デバイスの開発や蛍光基質の開発など，様々な分野の専門家の知恵と協力が必要である。

文　　献

1) Kato C. *et al.*, *Appl. Environ. Microbiol.*, **64**, 1510-1513 (1998)
2) Nagi Y. & Kato C., *Extremophiles*, **3**, 71-77 (1999)
3) Ferguson, R. L. *et al.*, *Appl. Environ. Microbiol.*, **47**, 49-55 (1984)
4) Eilers, H. *et al.*, *Appl. Environ. Microbiol.*, **66**, 3044-3051 (2000)
5) Xu, H. *et al.*, *Microb. Ecol.*, **8**, 313-323 (1982)
6) 松永是，竹山春子編『マリンメタゲノムの有効利用』第7章 海洋無脊椎動物バクテリアのメタゲノム解析とその応用 シーエムシー出版 (2009)
7) Béjà, O. *et al.*, *Science*, **289**, 1902-1906 (2000)
8) Venter, C. *et al.*, *Science*, **304**, 66-74 (2004)
9) Williamson S. J. *et al.*, *PLoS One*, **23**, e1456 (2008)
10) Taylor M. W. *et al.*, *Microbiol Mol Biol Rev.*, **71**, 295-347 (2007)
11) Hochmuth T. *et al.*, *Phytochemistry*, Epub ahead of print (2009)
12) Hrvatin, S. & Piel, J., *J. Microbiol. Methods*, **68**, 434-436 (2007)
13) Nguyen T. *et al.*, *Nature Biotech.*, **26**, 225-233 (2008)
14) 松永是，竹山春子編『マリンメタゲノムの有効利用』第16章 メタゲノムデータベースの構築 シーエムシー出版 (2009)
15) 松永是，竹山春子編『マリンメタゲノムの有効利用』第13章 カイメン共在細菌メタゲノム中の環境汚染物質分解酵素遺伝子相同配列の解析 シーエムシー出版 (2009)
16) Walfridsson, M. *et al.*, *Appl. Environ. Microbiol.*, **62**, 4648-4651 (1996)
17) Kuyper M. *et al.*, *FEMS Yeast Res.*, **5**, 399-409 (2005)
18) Brat D. *et al.*, *Appl. Environ. Microbiol.*, **75**, 2304-2311 (2009)
19) Okamura Y. *et al.*, *Mar. Biotechnolol.*, **12**, 395-402 (2010)
20) 松永是，竹山春子編『マリンメタゲノムの有効利用』第11章 マリンメタゲノムライブラリーからの微量元素濃縮関連遺伝子のスクリーニングとその応用 シーエムシー出版

(2009)
21) 神原秀記,松永是,植田充美編『シングルセル解析の最前線』,シーエムシー出版 (2010)
22) Yokouchi H. *et al.*, *Environ. Microbiol.*, **8**, 1155-1163 (2006)
23) Rodrigue S *et al.*, *PLos One*, **4**, e6864 (2009)
24) Woyke T. *et al.*, *PLos One*, **5**, e10314 (2010)

3 難培養性微生物種のゲノム解析技術とシロアリ腸内共生機構

本郷裕一*

3.1 はじめに

シロアリは温帯から熱帯にかけて生息する社会性昆虫で,植物枯死体のみを摂食する分解者である。生物量も大きく,地球の炭素循環において重要な役割を担っている。人間にとっては木造建築物の大害虫でもあることから,長年にわたって詳細な生態学的・生理学的研究がなされてきた。また近年では,木質由来バイオ燃料開発への応用という観点からも,大きな注目を集めている。ところが,シロアリに高効率な木質分解能力をもたらしている腸内共生微生物群の大部分は難培養性であり,個々の腸内微生物種の生理・生態と種間相互作用はほとんど未知のままである[1]。

このような,難培養性微生物種で構成される群集の機能解明には,メタゲノム解析は欠かせないツールとなっている。しかしながら通常のメタゲノム解析は,環境中の全ての微生物のゲノムDNAを断片化して網羅的に解析するため,群集全体としての機能の解明と群集間比較解析には威力を発揮する一方,個々の構成種の機能解明にはあまり役立たない。種間相互作用解明など,より詳細な研究をおこなうには,個々の微生物種の機能解明が必要である。本稿では,環境中の個々の難培養性微生物種のゲノム配列取得法を,シロアリ腸内共生微生物群集を例として解説し,またその究極の形であるシングルセル・ゲノム解析の現状について紹介する。

3.2 難培養性細菌種の少数細胞からのゲノム完全長配列取得

培養不能細菌種のゲノム完全長配列取得に初めて成功したのは,Shigenobuら(2000)である[2]。アブラムシの細胞内共生細菌 *Buchnera* sp. は単離培養成功例が無く,機能の詳細は不明であった。アブラムシは単為生殖によっても繁殖できることから,多数の宿主クローン個体からの *Buchnera* 細胞回収が可能で,かつ *Buchnera* ゲノムが数十倍以上に多倍数化していたため,ゲノム配列解析に十分な量のDNAを調製することができた。同様にして,同一系統に近い培養不能細菌種の細胞が十分量回収できた場合には,ゲノム完全長配列取得に成功している。

しかしながら,細菌の大多数は環境中で複雑な構造の群集を形成しており,ある1系統のみを,ゲノム解析に必要な量(細菌の場合,1億から10億細胞以上)回収するのは,通常は不可能である。そこでHongohら(2008)は,全ゲノム増幅によって培養不能細菌種から十分量のゲノムDNAを調製することで,完全長ゲノム配列の取得を試みた[3]。

標的とした細菌種は,ヤマトシロアリ(*Reticulitermes speratus*)腸内で木質分解を担う共生

---

* Yuichi Hongoh　東京工業大学大学院　生命理工学研究科　生体システム専攻　准教授

原生生物（単細胞真核生物）トリコニンファ（*Trichonympha agilis*）の，さらにその細胞内にのみ生息する Rs-D17 である。Rs-D17 は，当時未培養真正細菌門として知られていた Termite Group 1（TG1）門の1種であり，16S rRNA 配列と，FISH（fluorescent *in situ* hybridization）解析で明らかになった局在以外については，全く未知であった[4]（図1）。

　宿主原生生物のトリコニンファも難培養性で，かつ単一のシロアリ腸内に複数系統が混在している。異なる宿主系統間では Rs-D17 細菌の系統も異なると仮定すると，宿主細胞を複数個使用すれば，異なるゲノム配列をもつ Rs-D17 細菌を混合してしまう可能性が高くなる。その場合，得られたゲノム断片配列を結合（アッセンブル）してゲノム全長を再構築するのは，極めて困難である。培養不能細菌種の場合，生理実験による機能の裏付けが困難なだけに，高精度かつ可能な限り完全長に近いゲノム配列の取得が求められる。そこで，マイクロマニピュレーションによって単一の宿主細胞を分離し，そこに含まれる Rs-D17 細菌細胞のみをサンプルとして使用することにした。

　しかし，トリコニンファの細胞内と表面には Rs-D17 以外にも複数種の細菌が共生しており，それらの混入を最小にする工夫が必要であった。1つの原生生物細胞に複数の細菌種の細胞が共生するのは，シロアリ腸内生態系の特徴の一つである[5]。Rs-D17 細菌は，宿主細胞の主に後半の細胞質中に偏在しているため，宿主細胞の後端の膜を破壊し，そこから漏出した数十から数百個の細菌細胞を，15μm 径のガラスキャピラリーを装着したマイクロマニピュレーター（Transferman NK2, Eppendorf）で回収した。

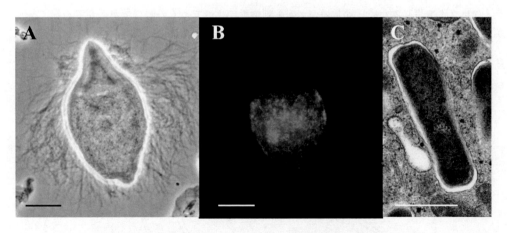

図1　腸内原生生物 *Trichonympha agilis* と細胞内共生細菌 Rs-D17
（A）ヤマトシロアリ腸内共生原生生物 *Trichonympha agilis* の位相差顕微鏡像。バーは 20μm。（B）蛍光 *in situ* ハイブリダイゼーションによる同原生生物細胞内に共生する Rs-D17 細菌の検出。バーは 20μm。（C）Rs-D17 細菌の透過型電顕像。バーは 0.5μm。*T. agilis* も Rs-D17 細菌も培養不能である。文献3）より改変。

メタゲノム解析技術の最前線

　マイクロマニピュレーションによる細菌細胞回収の際には，プラスチックシャーレのふたにのせたサンプル溶液に 0.1% 程度の非イオン性界面活性剤（NP-40 や Tween-20）を加えておいた（チップの先につけて溶液に触れるだけでもよい）。それによって，カバーグラスが無くてもクリアな位相差顕微鏡像を得ることができる。また，ガラスキャピラリーもあらかじめ 0.1% 程度の非イオン性界面活性剤を出し入れしておくと，サンプル回収の際の微妙なコントロールが容易となり，細胞もガラス面に付着しにくい。ただし，スピロヘータなどは非イオン性界面活性剤でも溶解してしまう場合があるので，注意を要する。

　キャピラリーで回収した細菌細胞は，Repli-g Midi kit（Qiagen）を用いた等温全ゲノム増幅（isothermal whole genome amplification）の鋳型とした。Repli-g や GenomiPhi（GE Healthcare）といった全ゲノム増幅キットは，ファージ由来の Phi29 DNA polymerase による多重置換増幅（multiple displacement amplification; MDA）をベースに，最適化されたものである（図2）。少数細胞から全ゲノム増幅を行う場合は，GenomiPhi を使用する場合でも，製品マニュアルの 95℃ での変性ではなく，200 mM KOH，50 mM DTT，5 mM EDTA になるように溶液を加えてアルカリ変性する方が良い[6,7]。増幅 DNA はエタノール沈殿によって精製し，塩基配列解析を行った。全ゲノム増幅反応における注意点は，後述する。

　増幅 DNA サンプルを鋳型として，16S rRNA 遺伝子を PCR 増幅してクローン解析したところ，9割は Rs-D17 由来で，残りはトリコニンファに共生するスピロヘータや硫酸還元菌の配列であった。ゲノム全体の塩基配列解析は，従来のサンガー法と 454 GS-20 パイロシーケンサーの両方を行い，結果を統合した。全ゲノム増幅サンプルは，増幅バイアスやキメラ形成などのアーティファクトを生じるため，通常のゲノム配列解析に比べて多くの解析量が必要である。本研究では，結果として 40-50 倍の重複度になるように配列解析し，さらにコンティグ（断片同士を結合したもの）の間を PCR で増幅して，ギャップを埋めていった。その結果，ほとんどバリエーションの無い，1.1 Mb の単一の環状染色体と3つの環状プラスミド配列再構築に成功した。

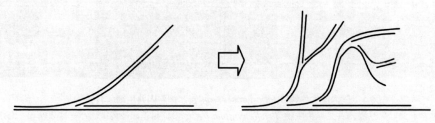

図2　Phi29 DNA polymerase による多重置換増幅（MDA）
ランダムプライマーとの組み合わせにより，ゲノム全領域を多重に複製し，30℃，数時間で数千万倍以上に増幅可能。シングルセル・ゲノミクスの中核技術でもある。

第3章　環境・海洋

3.3　培養不能細菌種のゲノム解析が明らかにしたシロアリ腸内共生機構

　培養不能なため機能未知であったRs-D17細菌のゲノム配列解析の結果，染色体は761個のタンパク遺伝子をコードしていたが，それに加えて121個もの偽遺伝子が発見された．偽遺伝子の多くはフレームシフト変異によるもので，単一系統に近いRs-D17細胞のみを用いたからこそ，認識できたものである．多系統が混在したRs-D17細菌細胞を使用した場合，変異を許容する条件で断片同士を結合できたとしても，フレームシフトやナンセンス変異を識別するのは困難であっただろう．

　BLASTなどの相同性検索で，遺伝子がコードするタンパク質の機能を予測し，Rs-D17の全代謝系の推定を試みた（図3）．その結果，Rs-D17細菌は，グルコース-6リン酸を主な炭素・エネルギー源とする，絶対嫌気性の発酵性細菌であることが初めて明らかとなった．宿主原生生物はセルロースを細胞内で分解するため，グルコースは細胞質に豊富に存在するはずである．また，リン酸化物を取込むことで，細菌自身のATPを節約できる．

　一方，窒素源については，アンモニア輸送体AmtBとグルタミン合成酵素GlnAの遺伝子が偽遺伝子化しており，宿主からのグルタミン供給が必須である．しかし，15種類のアミノ酸と数種のビタミン類の合成系は保持していた．これは，細胞壁成分のリポ多糖（LPS）合成系や多数の制限酵素ユニットなどの防御系，さらに各種輸送体などの遺伝子の多くが偽遺伝子化してい

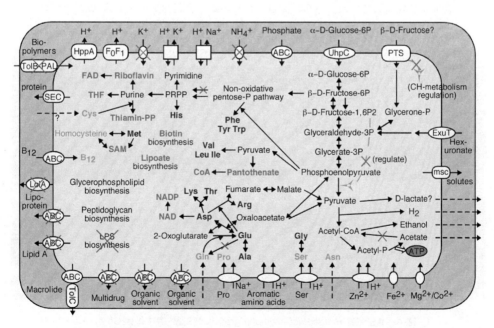

図3　原生生物 *Trichonympha agilis* の細胞内共生細菌Rs-D17の予想代謝図
細胞壁合成系，制限酵素，膜間輸送体など多くの遺伝子群が存在しないか偽遺伝子化（×で表示）している一方，アミノ酸とビタミン合成系は豊富に残されていた．文献3）より改変．

たことと対照的である。

　シロアリは窒素分をほとんど含まない枯死材のみを餌としているため，シロアリも腸内原生生物も，餌の木材・木片から必須窒素化合物を補給できない。それらを合成し，供給するのがRs-D17細菌ではないかと考えられる。Rs-D17細菌は，ヤマトシロアリ腸内の全てのトリコニンファ細胞に共生する一方，染色体複製開始因子DnaAの遺伝子まで偽遺伝子化しており，宿主細胞外での増殖能を既に失っている可能性が高い。つまり，Rs-D17細菌は窒素化合物合成に特化した，原生生物のオルガネラのような進化を遂げてきたと考えられる。

　このように，培養を介さずに少数の細菌細胞からゲノム完全長配列を取得する系が確立できたため，異なる原生生物種の細胞内共生細菌についても同様の実験を行った。対象は，イエシロアリ（*Coptotermes formosanus*）の腸内共生原生生物である*Pseudotrichonympha grassii*の細胞内共生細菌CfPt1-2である（図4）。

　CfPt1-2細菌は，分子系統学的にBacteroidetes門Bacteroidales目のシロアリ腸内由来未培養細菌クラスターに属し[8]，水素を消費することが示唆されていた以外は，全く機能未知であった。上記手法によるゲノム解読の結果，単一の1.1 Mbの環状染色体と4個の環状プラスミドの再構築に成功した[9]。染色体は758個のタンパク遺伝子をコードしており，Rs-D17同様に，細胞壁合成系や防御系，膜間輸送系の多くの遺伝子を欠く一方で，19種類のアミノ酸合成系と数種のビタミン合成系を保持していた。さらに注目されるのは，窒素固定遺伝子群（*nif*オペロンなど）

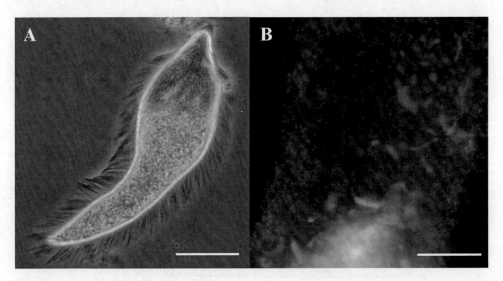

図4　原生生物 *Pseudotrichonympha grassii* と細胞内共生細菌 CfPt1-2
(A) イエシロアリ腸内共生原生生物 *Pseudotrichonympha grassii* の位相差観察像。バーは50μm。(B) 蛍光 *in situ* ハイブリダイゼーションによる同原生生物細胞内に共生するCfPt1-2細菌の検出（小粒）。バーは10μm。*P. grassii* もCfPt1-2細菌も培養不能である。文献9）より改変。

第3章　環境・海洋

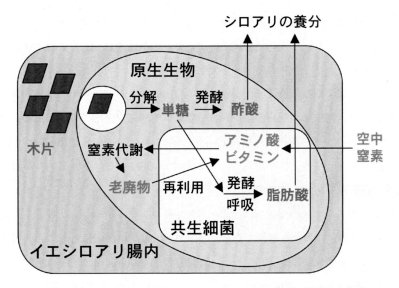

図5　イエシロアリにおけるシロアリ，原生生物，細菌の多重共生機構

を保有していたことである．これは Bacteroidetes 門からは初めての発見であった．nitrogenase をコードする *nif* H 遺伝子の発現は RT-PCR により確認した．また，原生生物の窒素老廃物と予想されている尿素とアンモニアを取込んで再利用する系も存在した．

　イエシロアリは *P. grassii* を失うと，他種の原生生物が健在でも木片分解能を失うことが知られており[10]，必須の共生体である．CfPt1-2 細菌は，その *P. grassii* の1細胞あたりに数万細胞も共生しており，合計で，腸内細菌細胞総数の 6-7 割をも占めている[8]．それが空中からの窒素補給能力を持っていたのである．CfPt1-2 細菌の炭素源は，原生生物によるリグノセルロース分解産物のグルコース，キシロース，ウロン酸であり，解糖系によるこれらの発酵と，水素を電子供与体とするフマル酸呼吸によって ATP を生成していると予想された．これら単糖と水素は原生生物細胞内に豊富に存在するはずである．つまり，シロアリと原生生物が窒素分に乏しい枯死材を貪食するのに連動する形で，原生生物細胞内共生細菌が空中から窒素を補給し，アミノ酸などを合成・供給するという，極めて高度に進化した多重共生系の存在が初めて明らかとなったのである（図5）．

3.4　シングルセル・ゲノミクスと今後の展望

　以上のように，培養できない微生物種からのゲノム解析が，全ゲノム増幅法を用いることで可能となってきた．それによって重要な生理・生態学的情報が初めて入手できた実例として，シロアリ腸内共生系研究を紹介してきた．これらは通常のメタゲノム解析では得られない成果であ

123

る．しかし，単一系統に近い培養不能細菌種の細胞を数十個以上回収できることは，一般には稀である．本手法を多様なサンプルに適用するには，単一の微生物細胞からの全ゲノム解析法，すなわちシングルセル・ゲノミクスの確立が必要となる[11]．

これまでに，海洋細菌やヒト口腔細菌などについてシングルセル・ゲノミクスが試みられているが，完全長の5～8割以下の配列が数十～数千個のコンティグとして取得されるにとどまっている[12～14]．オオヨコバイの細胞内共生細菌 *Candidatus* Sulcia muelleri の単一細胞からゲノム完全長配列が取得されているが[15]，ゲノムサイズがわずか240 kb で，かつゲノムが数百倍に多倍数化した特殊な細菌種であり，例外である．

シングルセル・ゲノミクスの問題点は，まずDNAのコンタミネーションに非常に弱いことがあげられる．1分子からのゲノム増幅であるため，外来DNAの混入はもちろん，購入した酵素や緩衝液中に残存するDNAも無視できない．Phi29 DNA polymerase やそれを使用したキットは，Qiagen, GE Healthcare, Epicenter, New England Biolabs などから発売されているが，いずれの場合も購入したロットごとに予備実験を行い，DNAコンタミネーションのレベルを把握しておく必要がある．*Ralstonia* spp. のように0.2 μm フィルターをすり抜けてしまう微小細菌由来のDNAが，新品のキットから検出されることも珍しくない．各メーカーが推奨する用途には全く支障がないレベルのコンタミネーションでも，シングルセル・ゲノミクスには大きな障害となりうる．

酵素やプライマーを除き，使用する試薬やチューブ・チップ類は，可能な限りUV処理をして，混入DNAが増幅反応の鋳型となるのを防ぐ．これを怠ると，*Propionibacterium acnes*（アクネ菌）や *Acinetobacter* spp. など，ヒト常在菌などの配列が検出される確率が高くなる．作業はクリーンルームで行うのが理想だが，少なくともクリーンベンチを使用せねばならない．

細菌細胞の単離には，マイクロマニピュレーターか蛍光セルソーター（FACS）を使う．マイクロマニピュレーターは，倒立顕微鏡（位相差か微分干渉）に取り付けて使用する．繊細な操作には，ある程度の経験が必要である．集中力を要するので，多サンプルの処理は無理である．しかし原生生物の共生細菌や，セルソーターでは単離できない形態の細菌（繊維状など）の場合には，この方法を使うしかない．マイクロマニピュレーターは，Eppendorfのものならば1台250万円くらいで購入できる．

蛍光セルソーターを使用するならば，ランダムだがハイスループットな細菌細胞単離が可能である．96穴プレートや384穴プレートに回収できる．これらを全ゲノム増幅して16S rRNA クローン解析を行い，必要なサンプルのゲノム配列解析を行えばよい．ただし，蛍光セルソーターは高額（5千万円くらい）で入手しにくい．また，サンプルの混用が嫌われるため，借りるのも困難である．

第3章 環境・海洋

　前述のように，細胞溶解とDNA変性には，加熱よりもアルカリ溶液を使用する方が成功率は高い。ただし，グラム陽性細菌や古細菌の場合，アルカリでも熱でも細胞が壊れないことがある。その場合，lysozymeやachromopeptidaseなどの酵素処理や凍結融解処理などを組み合わせる必要がある。標的が決まっている場合は，十分予備実験をしておく。

　シングル〜少数細胞からの全ゲノム増幅反応では，ゲノム部位間での増幅バイアスやキメラ形成，プライマーダイマーからの非特異的増幅などが伴うため，これらの影響を低減するための実験時と解析時の工夫が必要である。DNAコンタミネーションと非特異的増幅および増幅バイアスの低減には，反応ボリュームの縮小が効果的だという報告がある[16, 17]。また，キメラ形成の材料になるDNAの1本鎖部分を分解するために，増幅反応後にS1 nuclease処理をすると良いとされている[18, 19]。

　塩基配列解析には，Rocheの454-FLX TitaniumやIllumina GAIIなどのハイスループット・シーケンサーを使用するのが普通である。コストとキメラの可能性を考慮すると，ABI 3730などの装置でサンガー法によって長く（〜800 bp）読むメリットはやや低い。ただしサンプルによっては，サンガー法のデータを加えることで劇的にコンティグを長くできる場合がある。また，数kbの断片の両端配列を読んで相対的な位置情報を取得するペアエンド解析は，キメラ率が高い場合には情報の混乱を招くので，データの扱いには注意を要する。

　現在のシングルセル・ゲノミクスの技術では，完全長のゲノム配列を得ることは困難であり，数多くの断片配列の集合体としてデータが得られる。この場合，それらの断片が標的生物種由来であることを支持するデータを付加することが望まれる。それにはまず，増幅産物のsmall subunit rRNAクローン解析によって，産物が標的細菌種のみを含むことを確認する。また，得られたゲノム配列断片をBLASTなどの相同性検索にかけ，近縁生物種をリストアップして矛盾がないかを確かめる。さらに，断片のGC含量や隣接塩基パターンなどに基づく主成分分析などで，仕分け（binning）をしてみる。

　シングルセル・ゲノミクスは現時点では未成熟な技術であり，細胞単離，酵素反応，配列解析などの各段階での技術革新が望まれている。メタゲノミクスで群集全体の機能を俯瞰し，シングルセル・ゲノミクスによって優占種ごとのゲノム解析が可能となれば，環境微生物群集の生理・生態の解明は飛躍的に進み，生物資源としての開発にも大きく道が開かれていくものと期待される。

文　献

1) Y. Hongoh, *Biosci. Biotechnol. Biochem.*, **74**, 1145 (2010)
2) S. Shigenobu *et al.*, *Nature*, **407**, 81 (2000)
3) Y. Hongoh *et al.*, *Proc. Natl. Acad. Sci. U.S.A.*, **105**, 5555 (2008)
4) M. Ohkuma *et al.*, *FEMS Microbiol. Ecol.*, **60**, 467 (2007)
5) M. Ohkuma, *Trends Microbiol.*, **16**, 345 (2008)
6) F. B. Dean *et al.*, *Proc. Natl. Acad. Sci. U.S.A.*, **99**, 5261 (2002)
7) R. Stepanauskas and Sieracki, M. E., *Proc. Natl. Acad. Sci. U.S.A.*, **104**, 9052 (2007)
8) S. Noda *et al.*, *Appl. Environ. Microbiol.*, **71**, 8811 (2005)
9) Y. Hongoh *et al.*, *Science*, **322**, 1108 (2008)
10) T. Yoshimura, *Wood Res.*, **82**, 68 (1995)
11) 本郷裕一，大熊盛也，難培養微生物研究の最新技術 II，大熊盛也，工藤俊章編，シーエムシー出版，p. 136 (2010)
12) S. Rodrigue *et al.*, *PLoS One*, **4**, e6864 (2009)
13) Y. Marcy *et al.*, *Proc. Natl. Acad. Sci. U.S.A.*, **104**, 11889 (2007)
14) T. Woyke *et al.*, *PLoS One*, **4**, e5299 (2009)
15) T. Woyke *et al.*, *PLoS One*, **5**, e10314 (2010)
16) C. A. Hutchison III *et al.*, *Proc. Natl. Acad. Sci. U.S.A.*, **102**, 17332 (2005)
17) Y. Marcy *et al.*, *PLoS Genet.*, **3**, 1702 (2007)
18) K. Zhang *et al.*, *Nat. Biotechnol.*, **24**, 680 (2006)
19) R. S. Lasken and Stockwell, T. B., *BMC Biotechnol.*, **7**, 19 (2007)

4 微生物群集のメタトランスクリプトーム解析

野田悟子[*1]，大熊盛也[*2]

4.1 はじめに

トランスクリプトーム解析は，ある条件下で必要な遺伝子のセットや転写量を知ることができるという点で，生物の持つ全遺伝情報を網羅することを目的に行うゲノム解析とは，異なる情報が得られる有用な手法と言える。例えば，高等動植物では組織の種類（肝臓や心臓，花弁や葉等）が違っても基本的には細胞は同じ遺伝子セットを持っているが，使う遺伝子の種類や量を変えることで必要な機能が発揮され組織を形作っている。言い換えれば，ゲノム解析では「なにができるか（可能性）」を，トランスクリプトーム解析は「今なにをしているのか」を調べることができる方法である。

自然環境中には，膨大な種類の新規未培養微生物が生息していることが，rRNA 遺伝子の多様性解析により明らかにされている[1]。また本書で解説されているように，近年のメタゲノム解析から，新しい機能を有する微生物や，新規機能遺伝子の存在等も明らかにされてきている。ここでは，筆者らが進めているシロアリ共生原生生物のメタトランスクリプトーム解析と合わせ，環境中の微生物群集の発現遺伝子解析について紹介する。

4.2 トランスクリプトーム解析の意義

一般に自然環境中の微生物は，様々な環境要因や生物間の相互作用を受けながら生存していると考えられるため，ゲノム解析で明らかにされた遺伝子の全てが，その環境で実際に機能しているとは限らない。自然環境は常に一定ではなく，温度・酸化還元電位等の物理・化学条件や栄養源の供給状態にはある程度の振り幅があるものと推定される。このような環境変動に対して適応できるように，生物はいくつかの代替え代謝経路を有していることが一般的で，全ゲノムの中にある遺伝子のスイッチ（転写）を ON／OFF することで環境応答している。自然環境中の微生物群のメタゲノム解析に対しても，検出された遺伝子の発現を解析することは，現場環境の微生物群集の動態を理解する上で重要であると考えられる。

真核生物の場合には，機能している遺伝子を検出するという目的以外にも mRNA を解析する利点が挙げられる。真核生物の遺伝子構造は原核生物よりも複雑で，遺伝子がイントロンで分断されていたり，遺伝子をコードしていない非翻訳領域が多い（図1A）。そのため，DNA 配列から遺伝子を推定することが難しく，EST(Expressed Sequence Tag) 解析は遺伝子予測という面

[*1] Satoko Noda　山梨大学大学院　医学工学総合研究部　准教授
[*2] Moriya Ohkuma　㈱理化学研究所　バイオリソースセンター　微生物材料開発室　室長

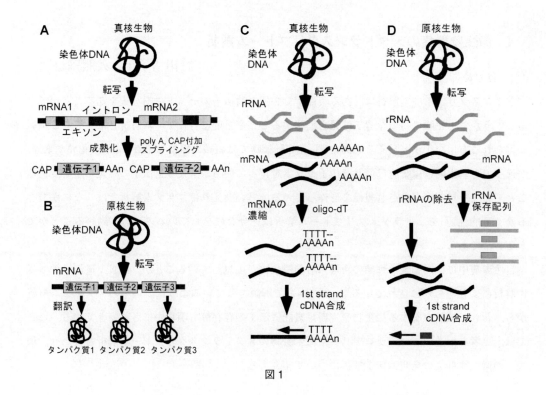

図1

で重要な意味を持っている[2,3]。また，真核生物では非コード領域が多いために，同じ塩基配列長を決定しても得られる情報は原核生物よりもはるかに少なくなってしまう。これらのことから，真核生物において発現遺伝子解析は，ゲノム解析よりも効率的に遺伝情報を収集する有効な手法と言える。

4.3 環境微生物のトランスクリプトーム解析

環境微生物の発現遺伝子を解析する場合，これまではRT-PCR等で特定の遺伝子を検出・定量するという方法が取られていた[4,5]。しかし，一つの遺伝子の発現を調べる従来の手法では，代謝系全体を網羅するには膨大な数の遺伝子を個別に調べなければならず，未知の微生物由来の遺伝子発現産物を見逃す恐れもある。ハイスループットに多くの遺伝子の解析を行うことができるマイクロアレイも取り入れられ始めているが[6]，基盤となるゲノム情報が必要なため，適用できる環境は限られている。特異的なプライマーの設計等が必要ないメタEST解析では，環境全体の発現遺伝子を一度に調べることが可能である。

4.3.1 真核生物のメタトランスクリプトーム

真核生物では3'末端にあるpoly(A)構造を指標として，全RNA分子の80%以上を占める

第3章　環境・海洋

rRNAと数％しか存在しないmRNAを分離・濃縮することが比較的容易にできる。また，一つの遺伝子がそれぞれ一本のmRNAとして転写されるため（図1A），EST解析を行うことで発現遺伝子の構成や出現頻度を大まかに把握することも可能である。

　真核生物では，単一の生物を対象としたEST解析は頻繁に行われており，その手法も確立されている。cDNAライブラリーを構築する一般的な実験の手順としては，oligo-dTカラム等を用いてmRNAを精製し（図1C），mRNAに相補的なcDNAを逆転写酵素で合成後，DNAポリメラーゼにより2本鎖目のDNAを合成して，ベクターに連結・クローニングするという流れになる。2本鎖cDNAを合成する方法はいくつかあり，真核生物のmRNAの転写時に5'末端に付加される5'-Cap構造（7-methylguanosine 5'リン酸）を化学反応によりビオチン化して，アビジンを用いて回収するCap-Trapper法[7]や，Tabacco acid pyrophosphatase（TAP）を用いてCap構造を持つmRNAに合成オリゴDNAを導入するOligo-Capping法[8]，リンカーを付加する方法等が使われている。Cap-Trapper法やOligo-Capping法は，完全長のcDNAを効率的にクローニングすることができるため，タンパク質のN末端を知りたい場合には有効な方法である。

　16S rRNA遺伝子を用いた多様性解析[1,9]から，土壌には多様な細菌が存在していることが明らかにされている。土壌には真核生物も数多く存在し，細菌等とともに複雑な生態系を構築していることが予想されるため，真核生物の多様性や機能を明らかにすることは，生態系全体としての機能を理解する上でも重要と考えられる。これまでに，フランスの海岸松林の土壌サンプルから119クローンの小規模なメタEST解析が報告されている[10]。この環境では，真菌類の遺伝子が多く発現しており，中でも担子菌が最優先種であると推定された。cDNAライブラリーからの出現頻度は，生物間で保存されている機能未知遺伝子が2割，新規な機能未知遺伝子が3割程度，注釈付け可能なタンパク質遺伝子が5割程度であった。注釈付け可能な遺伝子は，タンパク質合成や翻訳後修飾等のハウスキーピング遺伝子が最も多く発現しており，土壌の栄養源を利用するために必要なリン酸トランスポーターやグルタミン合成酵素，P450モノオキシゲナーゼ等も発現が確認され，単一生物のEST解析同様に，環境サンプルからメタEST解析が可能であることが示された。

4.3.2　原核生物のメタトランスクリプトーム

　原核生物では，poly(A)やCap等の末端の特徴的な構造を利用することができないため，mRNAのみを精製するには工夫が必要で，全長をクローニングすることも難しい。また，遺伝子がオペロン構造を取っていることも多く，同一の転写単位に複数の遺伝子が含まれるため（図1B），真核生物のEST解析のように出現頻度と転写量の関係を単純に比べることができない。そのため，pyrosequencer（第2章参照）で断片化したcDNAをクローニングせずに配列解析するという手法が用いられるが，検出された配列を得たい場合，クローニングやスクリーニングが

別途必要となる。

原核生物のmRNAのみを得る方法はいくつか報告されているが，rRNAの保存領域から作成したプローブとハイブリダイズさせることでrRNAのみをtotal RNAから取り除く方法（図1D）や，5'-monophosphateを持つRNA（原核生物のrRNAは同一の転写単位から16Sや23S rRNAが切り出されるため5末端にmonophosphateがあり酵素の基質となる）を特異的に分解するExonucleaseを使うことでrRNAのみを分解してmRNAを精製するという方法が使われている[11]。また最近では，大腸菌のpoly(A) polymeraseを使って転写後のmRNAにpoly(A)を付加させるという手法が報告されており[12]，原核生物を含めた環境微生物のメタトランスクリプトームが行われてきている[13,14]。

海洋の亜熱帯還流は地球表面の40%をも占め，そこに生息する微生物が地球規模での炭素固定や栄養循環に重要な役割を果たしていることが知られている。そのため海洋環境では，rRNA遺伝子による多様性解析等の分子生物学的手法が早くから取り入れられ，メタゲノムやメタトランスクリプトーム解析による微生物生態研究を牽引してきた[11,15~17]。

Frias-Lopezらは，北太平洋還流の微生物相についてpyrosequencingによってメタゲノムとメタトランスクリプトーム解析を行った[11]。その結果から，光合成，炭素固定，窒素同化に関わる遺伝子が高発現しており，海洋環境中の物質循環に大きく寄与していることが推定されている。また，同じグループの報告から，環境中には非常に多くの新規な低分子非コードRNA（sRNA）が存在することが明らかにされた[18]。微生物のsRNAは一般にゲノム中の遺伝子間領域に存在し，アミノ酸やビタミンの合成，quorum sensing等の重要なプロセスの調節因子として働くことが知られているが，これまでのsRNAに関する知見はモデル微生物に限られていた[19]。メタトランスクリプトーム解析により海洋から検出されたsRNAは多様な分類群に由来するもので，自然環境中でもsRNAが代謝生理上の様々な標的の調節に関わって重要な役割を果たしていることが示唆された。

メタトランスクリプトーム解析は，メタゲノム解析では検出されない遺伝子の存在を明らかにするという点でも有効であることが示されている。ゲノム中に1コピーしか存在しない遺伝子の場合でも，その環境への適応に高い発現量が必要であればmRNAの出現頻度は相対的に高くなり，検出される確率が上がると考えられるからである。しかし，原核生物のメタトランスクリプトーム解析には，mRNAの調整法や遺伝子の出現頻度をどのように見積もるのか等，まだ多くの課題が残されている。ここで紹介したmRNAの調整方法にも，rRNAの混入や真核生物のmRNAとの分別等に問題があり，今後より正確で高感度な発現遺伝子の解析法が開発されることで環境中の微生物の代謝や環境応答等についても多くの知見が得られるものと期待される。

4.4 シロアリ共生原生生物の EST 解析

シロアリは温帯から熱帯にかけて分布し，熱帯では最も生物量の多い動物群の一つである。街中で生活する我々は，シロアリと聞くと木造家屋に被害を与える害虫というイメージを思い浮かべる人も多いだろう。しかし，シロアリは森林生態系では他の生物が利用できない枯死植物の分解者として，物質循環に非常に重要な役割を担っている。枯死植物を無機化するシロアリの能力は非常に大きく，陸上での二酸化炭素の総排出量の約 2%，メタンの総排出量の数%がシロアリ由来と推定されている[20]。

シロアリはゴキブリの系統群の中から派生した社会性昆虫で，下等シロアリと高等シロアリとに大別される[21]。下等シロアリは，北は東北地方までと日本に広く分布するグループで，高等シロアリは日本では沖縄県でしか見られないが，熱帯地域では生息数も種数も非常に多い。この 2 つのグループの大きな違いの一つは，下等シロアリでは腸内に共生原生生物（単細胞真核生物）を生息させているが，高等シロアリでは共生原生生物を持たないことである。シロアリと腸内の原生生物によるセルロースの分解は相利共生の例として有名であるが，原生生物の他にも数多くの多様な原核生物（細菌とメタン生成古細菌）が腸内に高密度に棲息して代謝に重要な役割を果たしている。しかしながら，多くの自然界の微生物生態系と同様に共生微生物のほとんどは培養が難しく，シロアリ共生系の包括的な理解のためには従来の単離培養に基づく手法のみでは不十分であった。近年，主に培養を介さない方法により，多様な原生生物と原核生物の多重共生による複雑な群集構造が明らかになり[22〜25]，ゲノムレベルでの研究も始まってきた（本章第 3 節参照）。以下，筆者らの研究を中心に，シロアリ共生微生物の発現遺伝子解析について概説する。

4.4.1 共生原生生物の特徴

シロアリの共生原生生物は形態学的に *Parabasalia* 門と *Oxymonas* 目（*Preaxostyla* 門）とに分類され，嫌気性でセルロース分解能を持つと考えられている。これらの原生生物は，好気的な生物のエネルギー産生器官であるミトコンドリアを持たない。代わりに Parabasalia 門原生生物では，水素生成を特徴とする嫌気性のエネルギー産生オルガネラであるヒドロゲノソームを持つが，Oxymonase 目原生生物ではヒドロゲノソームも持たない[26]。そのため，既知の生物とは異なる新規な代謝系を有していることが予想されるが，いずれも培養が難しく，知見は乏しい。Parabasalia 門原生生物では動物等に寄生する *Trichomonadida* 目のみが培養可能で，唯一 *Trichomonas vaginalis* のゲノムが解析されているが，ゲノムサイズが非常に大きく（〜160 Mbp 程度と推定），繰返し配列等の遺伝子をコードしていない領域が多いことが明らかにされている[27]。共生原生生物のほとんどはシロアリと近縁の昆虫に固有のもので，それらの共通祖先から受け継がれて多様化したと考えられること[28]，木質の分解等 *T. vaginalis* にはない性質を有していることから，筆者らは効率的に遺伝子を解析できる cDNA ライブラリーを構築して解

析を進めてきた。

4.4.2 メタcDNAライブラリーからの有用遺伝子の取得

まず，イエシロアリの腸内共生系から，ファージベクターを用いて原生生物のcDNAライブラリーを構築した。このライブラリーから水溶性のカルボキシルメチルセルロース（CMC）を用いた活性スクリーニングを行ったところ，糖質分解酵素ファミリー（GHF）5のセルラーゼクローンを取得した。大腸菌による異種発現酵素はエンドグルカナーゼ活性を持ち，多くのセルラーゼに見られるセルロース結合ドメイン（CBM）を持っていないにもかかわらず，セルロースに比較的高い親和性を持っていた。in situ hybridization法等による解析で，このセルラーゼ遺伝子が小型の原生生物 Spirotrichonympha leidyi 由来であることを明らかにした[29]。下等シロアリでは，細かく噛み砕かれた木片等は原生生物に取り込まれて分解されるので，原生生物種ごとに働く酵素群を知ることも重要である。

シロアリは水素を産生することが知られているが，これは原生生物がセルロースの分解・代謝の過程で生じる還元力を最終的に水素として処理するためと考えられる。先のライブラリーから鉄型ヒドロゲナーゼ遺伝子を同定し，大腸菌による異種発現酵素を解析したところ，この酵素は比較的高い水素分圧下でも水素生成が可能で，水素生成に高い反応性を有していることが明らかになった[30]。原生生物はヒドロゲナーゼ等により効率的に還元力を処理して，セルロースの高い分解・代謝を維持していると推定される。また，下に詳述するメタEST解析から，これら進化上にも興味深い原生生物の分子系統の指標となる遺伝子配列が同定・解析されている[31,32]。

4.4.3 メタトランスクリプトーム

数種類のシロアリ共生系から，cDNAライブラリーを作成して，メタEST解析が進められている[33~35]。共生原生生物は，宿主シロアリに特異的であるため，シロアリの種類が異なれば共生する原生生物の種類や構成比も異なる。そのため，複数の共生系を比較することで，共通して必要な遺伝子や，共生系ごとの違いについての知見も得られるものと期待される。

シロアリ共生系で最も高発現している遺伝子はセルラーゼ等のGHFであった。どのシロアリ種でも，共生系全体で発現している遺伝子の1割程度がGHFで，その割合はアクチンやチューブリン等の細胞骨格系の遺伝子の発現量に匹敵する。GHFはアミノ酸配列の相同性を基に，100以上ものファミリーに分類され，様々な基質の分解酵素が含まれるが，このうち特に結晶性のセルロースに作用し得るGHF7のセルラーゼが高発現していた。GHF7はこれまでに，カビ等の限られた真核生物のみからしか報告されておらず，新規のセルロース分解酵素としてその応用が期待される。その他に，活性スクリーニングやPCRにより既に同定されていた[36~38]非結晶性のセルロースを分解するGHF5, 45のエンドグルカナーゼや，木質成分の30%程度を占めるキシラン等のヘミセルロースを分解するGHF10, 11等も検出されている。このことから，シロアリ共

生系では異なる木質分解酵素が協調的に働くことで，効率性を高めていることが推定される（図2）。CBM がないことは，共生原生生物のセルラーゼに共通した特徴であり，おそらく原生生物が細胞内に木片を取り込んで，食胞で分解することと関連しているものと推定される（図3）。

　セルラーゼ遺伝子配列には多様性が見られ，同じ遺伝子のみが高発現しているわけではなかった。これらが，原生生物種の多様性を反映したものか，同じ原生生物が複数の遺伝子を有しているのかは，今後の研究課題である。GHF の一部は細菌やカビ等他の生物から水平伝播したものである可能性があるが，ほとんどは新規な遺伝子で，シロアリ共生系に特徴的であることから，共生原生生物が進化の過程で独自に獲得した遺伝子であることが推定される。一方で，これらのメタ EST 解析は 1,000 クローン程度の小規模の解析で，代謝系全体を網羅することは困難なので，現在大規模な解析を進めている。

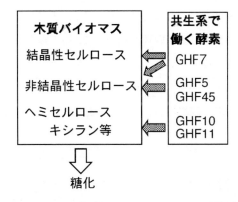

図2　メタ EST で検出されるセルロース分解酵素

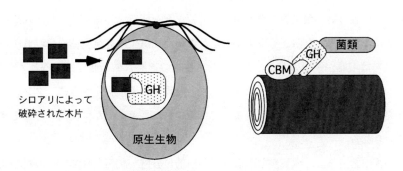

図3　原生生物のセルロース分解様式
シロアリ共生原生生物は木片を細胞内に取り込んで分解するが，セルラーゼも食胞中に分泌されると考えられるため，酵素と基質の遭遇確率が高いと推定される。そのため，CBM を介して結合する性質が高くなくても不利にならないが，菌体外でセルロースを分解する菌類では，細胞表層にセルラーゼを発現してCBM を利用して基質にくっつく方が有利である。

4.4.4 共生キノコの環境トランスクリプトーム

共生原生生物を持たない，高等シロアリの中には巣内にキノコを共生させる種が知られている。キノコシロアリは採餌した枯死植物を部分的に消化したものを塊にして *Termitomyces* 属の担子菌を培養する。シロアリはこの共生キノコを食べて窒素源にしたり，キノコがリグニン等を選択的に分解した消化しやすいセルロースを利用している。通常，他の菌類が生育することはなく，共生キノコの純粋培養系となっている。筆者らは自然のままの共生環境での *Termitomyces* の発現遺伝子を解析するため，シロアリの巣から共生キノコのcDNAを調整してEST解析を行った。担子菌は一般にリグニンペルオキシダーゼ（LiP）やマンガンペルオキシダーゼ（MnP），ラッカーゼ（Lac）によりリグニンを分解することが知られているが，共生キノコからはLac活性のみしか検出されず，他の担子菌で重要とされるLiP，MnP活性は検出されない[39,40]。EST解析では，Lacに加えてペクチンやヘミセルロース，セルロース等の木質成分の分解酵素遺伝子等も多く発現していたが，興味深いことに共生キノコではストレス応答に関わる遺伝子も高発現していた。シロアリに栽培されている状態は，キノコにとってはストレスなのかもしれない。実験室で培養した *Termitomyces* を用いてサブトラクションを行い，共生系で特徴的に発現している遺伝子を同定することを試みたが，このような手法はメタ解析においても，培養可能な微生物の発現遺伝子を差し引いて，その環境に必要な遺伝子を特定するのに応用可能かもしれない。

4.5 おわりに

自然環境は極めて多様で複雑な微生物群集により構成されており，それらの相互作用により物質循環が成り立っている。網羅的ではあるが，全ての情報が均一に生じてしまうメタゲノム解析と，その時に機能している遺伝子の情報が優先して検出されるメタトランスクリプトーム解析は相補的である。培養可能な微生物の環境中での動態などを研究する場合は，ゲノム情報に基づくマイクロアレイなどを用いた解析も有用かもしれないが，微生物群集全体の発現遺伝子をモニタリングすることは困難が予想される。シーケンス技術の進展もあわせて考えるとメタESTのような解析が効果的である。今後，メタゲノム解析と発現遺伝子解析，さらに，タンパク質や代謝産物の解析を併用して包括的に考察することで，微生物が環境に果たす役割に対する理解が深まるものと考えられる。

シロアリの腸内共生系で，木質がどのように効率的に分解・代謝されているのかを理解することは，将来の木質バイオマス資源の利用にも結びつくことが期待される。このように環境中の微生物の代謝・生理を理解することは，微生物生態学や環境生物学のみでなく，バイオテクノロジーをはじめとする応用分野においても極めて重要で，メタゲノムやメタトランスクリプトーム解析が微生物資源の開拓にも寄与することを期待して止まない。

第3章 環境・海洋

文　献

1) P. Hugenholtz, *et al.*, *J Bacteriol*, **180**, 4765-4774 (1998)
2) J. Kawai, *et al.*, *Nature*, **409**, 685-690 (2001)
3) S. Kikuchi, *et al.*, *Science*, **301**, 376-379 (2003)
4) S. Noda, *et al.*, *Appl. Environ. Microbiol.*, **65**, 4935-4942 (1999)
5) 野田悟子，大熊盛也，難培養微生物研究の最前線，工藤俊章，大熊盛也編，シーエムシー出版 (2004)
6) S. He, *et al.*, *Environ. Microbiol.*, in press
7) P. Carninci and Y. Hayashizaki, *Methods Enzymol.*, **303**, 19-44 (1999)
8) K. Maruyama and S. Sugano, *Gene*, **138**, 171-174 (1994)
9) M. S. Rappe and S. J. Giovannoni, *Annu. Rev. Microbiol.*, **57**, 369-394 (2003)
10) J. Bailly, *et al.*, *ISME J.*, **1**, 632-642 (2007)
11) R. S. Poretsky, *et al.*, *Environ. Microbiol.*, **11**, 1358-1375 (2009)
12) V. F. Wendisch, *et al.*, *Anal. Biochem.*, **290**, 205-213 (2001)
13) P. M. Shrestha, *et al.*, *Environ. Microbiol.*, **11**, 960-970 (2009)
14) T. Urich, *et al.*, *PLoS. One*, **3**, e2527 (2008)
15) J. A. Gilbert, *et al.*, *PLoS. One*, **3**, e3042 (2008)
16) I. Hewson, *et al.*, *ISME J.*, **3**, 618-631 (2009)
17) J. C. Venter, *et al.*, *Science*, **304**, 66-74 (2004)
18) Y. Shi, *et al.*, *Nature*, **459**, 266-269 (2009)
19) C. Pichon and B. Felden, *FEMS Microbiol. Rev.*, **31**, 614-625 (2007)
20) 大熊盛也ほか，蛋白質　核酸　酵素，**53**, 1841-1849 (2008)
21) N. Lo, *et al.*, *Zoolog. Sci.*, **23**, 393-398 (2006)
22) W. Ikeda-Ohtsubo, *et al.*, *Microbiology*, **153**, 3458-3465 (2007)
23) S. Noda, *et al.*, *BMC Evol. Biol.*, **9**, 158 (2009)
24) M. Ohkuma, *Trends in Microbiology*, (2008)
25) T. Sato, *et al.*, *Environ. Microbiol*, **11**, 1007-1015 (2009)
26) 北出理，原生動物学雑誌，**40**, 101-112 (2007)
27) J. M. Carlton, *et al.*, *Science*, **315**, 207-212 (2007)
28) M. Ohkuma, *et al.*, *Proc. Biol. Sci.*, **276**, 239-245 (2009)
29) T. Inoue, *et al.*, *Gene*, **349**, 67-75 (2005)
30) J. Inoue, *et al.*, *Eukaryot Cell*, **6**, 1925-1932 (2007)
31) D. Gerbod, *et al.*, *Mol. Phylogenet. Evol.*, **31**, 572-580 (2004)
32) M. Ohkuma, *et al.*, *Mol. Phylogenet. Evol.*, **42**, 847-853 (2007)
33) A. Tartar, *et al.*, *Biotechnol. Biofuels*, **2**, 25 (2009)
34) N. Todaka, *et al.*, *PLoS One*, **5**, e863
35) N. Todaka, *et al.*, *FEMS Microbiol. Ecol.*, **59**, 592-599 (2007)
36) G. Arakawa, *et al.*, *Biosci. Biotechnol. Biochem.*, **73**, 710-718 (2009)
37) K. Ohtoko, *et al.*, *Extremophiles*, **4**, 343-349 (2000)

38) H. Watanabe, *et al.*, *CMLS, Cell. Mol. Life Sci.*, **59**, 1983-1992 (2002)
39) T. Johjima, *et al.*, *Appl. Microbiol. Biotechnol.*, **73**, 195-203 (2006)
40) Y. Taprab, *et al.*, *Appl. Environ. Microbiol.*, **71**, 7696-7704 (2005)

5 嫌気的アンモニア酸化（anammox）の反応機構と微生物複合システム解析

藤井隆夫[*1], 藤 英博[*2]

5.1 はじめに

　嫌気性アンモニア酸化（anammox）は，嫌気性条件下でアンモニアと亜硝酸を窒素ガスへ変換（脱窒）する反応で，1995年に発見された。従来法と比べて省エネルギーで経済的かつ単純な処理プロセスの構築が可能なため，anammox反応の産業排水処理への利用が試みられつつある。また，複数の海域でanammoxによる脱窒が進行していることが確認され，anammoxは自然界の窒素循環において重要な役割を担っていることが明らかとなってきた。しかしながら，実際のanammox反応槽で集積された活性汚泥は多種類の微生物集団から構成されており，またanammox細菌の純粋培養技術は確立されていないため，anammoxの反応機構や代謝系など不明な点は数多い。そのため，anammox系全体の生命システムを包括的に解明する手法としてメタゲノム解析が有効と考えられ，その解析結果が報告されつつある。

　本節では，anammox細菌の特徴を紹介し，anammox細菌叢のメタゲノム解析の現状を概説する。

5.2 anammox細菌の発見

　1990年頃まで，脱窒は嫌気的環境で従属栄養の脱窒菌によって起こると考えられてきた。この脱窒反応では，窒素の酸化された化合物である亜硝酸塩や硝酸塩が従属栄養の嫌気性細菌の嫌気性呼吸によって，亜酸化窒素や窒素ガスに還元されるため，嫌気的環境で窒素の還元された化合物であるアンモニウム塩から脱窒が起こるとは考えられていなかった。しかしながら，オランダのデルフト工科大学のグループは，窒素含有廃水の脱窒処理リアクタにおいて，下記の反応により亜硝酸塩を酸化剤としてアンモニウム塩が酸化され，脱窒が起こることを発見した[1,2]。

$$NH_4^+ + NO_2^- \rightarrow N_2 + 2H_2O$$

さらに，亜硝酸塩と安定同位体^{15}Nで作られたアンモニウム塩を使った実験により，生成した窒素ガスが質量数29の$^{15}N^{14}N$であることを示し，上記反応が実証された。以後，この反応は嫌気性アンモニア酸化（<u>an</u>aerobic <u>amm</u>onium <u>ox</u>idation）の頭文字をとってanammoxと呼ばれている[1]。

　窒素含有廃水の脱窒処理リアクタで集積する赤色の汚泥中に，anammoxを触媒する細菌が存

---

* ＊1　Takao Fujii　崇城大学　生物生命学部　応用生命科学科　教授
* ＊2　Hidehiro Toh　㈱理化学研究所　計算生命科学研究センター　研究員

メタゲノム解析技術の最前線

在すると考えられたが、この細菌は現在も純化できていない。しかし、リアクタから取り出したバイオフィルムを超音波にかけ、細菌を個々の細胞にまで粉砕した後、密度勾配遠心法により物理的に99.6%までanammox菌は純化された。この球菌の形態をした細菌は *Candidatus* Brocadia anammoxidans と命名され、16S rDNA 遺伝子配列の相同性検索により、*Planctomycetes* 門に属するが系統学的に新規の細菌であることが明らかとなった[3]。その後、16S rDNA 遺伝子の解析により、淡水の窒素廃水処理リアクタから anammox 細菌が次々と発見されている。

さらに、リアクタだけでなく黒海や中米コスタリカの湾といった海洋からも anammox 細菌とその活性が確認されている。黒海や中米コスタリカの湾において一定深度の嫌気性海水カラムの上層に行く（好気性カラムとの境界に近づく）に従ってアンモニウム塩は減少し、嫌気性海水カラム上端付近でアンモニウム塩はなくなっていた。同時に好気的海域で硝化に伴い生成した亜硝酸が、この深度でなくなることも観察された。さらに、嫌気性海水カラムの上端の海水にのみ安定同位体 $^{15}NH_4^+$ からの $^{15}N^{14}N$ の生成、つまり anammox 活性および anammox 細菌に特徴的なラダーラン（ladderane）脂質が確認された。加えて、anammox はこのような海域の脱窒の30〜50%を占め、anammox が特殊なリアクタ内でのみ起きる反応ではなく、普遍的で生物地球化学的に重要な反応であることが明らかとなった[4]。

5.3 anammox 細菌の多様性

現在までに、様々な anammox 細菌の 16S rDNA 遺伝子配列が公的データベースに登録されている。それら 16S rDNA 遺伝子群の解析によって、anammox 細菌は多くの属を含む膨大なグループを形成していることが明らかとなってきた。16S rRNA 遺伝子配列をもとに作成された系統樹から、現在のところ anammox 細菌は9個のグループに分類される（図1）。各グループの分類学的、生理学的特徴の詳細は現時点では不明である。グループ2には、窒素処理効率の高くない運転条件のリアクタで集積された anammox 細菌、グループ3には、高効率な窒素処理 anammox リアクタから比較的よく検出される anammox 細菌が含まれている。熊本大学で運転中のリアクタで集積された KSU-1 株（後述）と *Candidatus* Jettenia asiatica はグループ2に属する[5,6]。グループ3には国内の水関連企業のリアクタ由来の KU2 株やメタゲノム解析によりドラフトゲノム配列が決定されている *Candidatus* Kuenenia stuttgartiensis が[7,8]、グループ7には *Candidatus* Brocadia anammoxidans が含まれている。塩分濃度の高い海水や生ゴミ埋め立て地の浸出水から同定された anammox 細菌は、すべてグループ4とグループ5に属しており、この2つのグループの anammox 細菌は他の淡水性の anammox 細菌とは系統学的には少し離れている。

第 3 章　環境・海洋

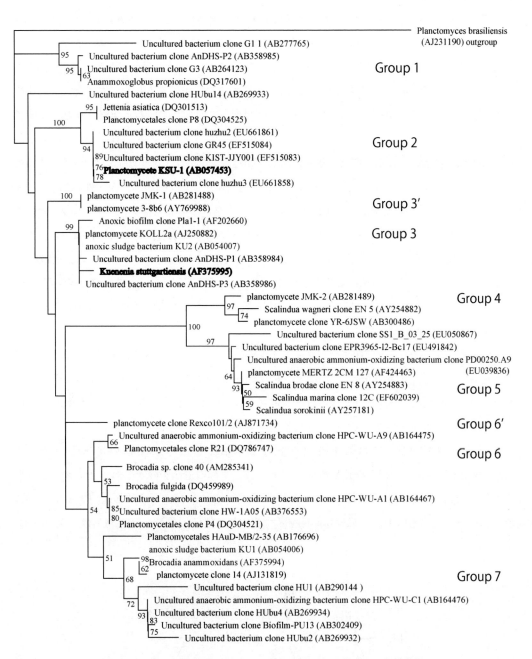

図 1　anammox 細菌の 16S rDNA の塩基配列から作成された系統樹
太字は，デルフト工科大学のグループのドラフトゲノム配列が報告された菌株，および筆者らのグループがメタゲノム解析を進めている菌株

5.4 anammox細菌のメタゲノム解析

オランダのデルフト工科大学のグループは，anammox細菌の *Candidatus* K. stuttgartiensis（以下，K. stuttgartiensisと略記）を優占種とするバイオリアクタ中の細菌叢のメタゲノム解析を行い，K. stuttgartiensisのドラフトゲノム配列を報告している[8]。ドラフトゲノム配列は5個のコンティグ配列からなる計4.2 Mbで，合計4,600個の遺伝子候補が抽出され，そのうち少なくとも200個の遺伝子がanammox反応および呼吸反応に関与していると推察された。このK. stuttgartiensisのゲノム解析から，anammoxが細胞内コンパートメントであるanammoxosome膜の電子伝達系といくつかの酵素の触媒作用により起こるというモデルが提唱された[8]。このモデルによると，anammoxは以下の3種類の酵素（複合体）により触媒される（図2）。①硝酸還元酵素（Nir）により亜硝酸が一酸化窒素（NO）に還元され，②ヒドラジンハイドロラーゼによりNOとアンモニウム塩から中間体のN_2H_4（ヒドラジン）が生成し，③最終的にヒドロキシルアミン酸化還元酵素（HAO）によりヒドラジンから脱窒が起こる。これら一連の反応に伴ない，電子伝達およびプロトン輸送による膜を隔てたプロトン勾配が生成し，ATPの合成が起こる。また，このゲノム解析から，アセチルCoA代謝経路を介した炭酸固定やラダーラン脂質の生合成に関わる遺伝子群も確認された。

筆者らのグループも，固定床型リアクタより集積したanammox汚泥を使って，メタゲノム解析を進めている。このanammox汚泥には，他のanammox細菌と16S rRNA遺伝子配列で最大約92％の一致を示すKSU-1株が優占種として含まれており，筆者らのグループはKSU-1株の全ゲノム配列の解読を目指している。現時点で8個のコンティグ配列からなるKSU-1株のドラフト配列を得ている。これらドラフト配列から抽出した約4,000個の遺伝子候補とK. stuttgartiensisの遺伝子群との比較解析の結果，KSU-1株の遺伝子の46％は，そのオルソログがK. stuttgartiensisにも存在し，そのうちの86％はclusters of orthologous groups（COG）データベース上の遺伝子とも配列相同性を示す基本的な遺伝子群で，残り14％はCOGデータ

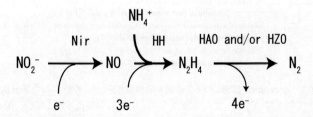

図2 *K. stuttgartiensis*のメタゲノム解析から提唱されたanammoxの反応機構
Nir, 亜硝酸還元酵素　HH, ヒドラジンハイドロラーゼ
HAO, ヒドロキシルアミン酸化還元酵素　HZO, ヒドラジン酸化酵素

第3章　環境・海洋

ベース上の遺伝子と配列相同性を示さない anammox に特異的な機能未知の遺伝子群と推察された。また，約1,700個の遺伝子は K. stuttgartiensis にも，COG データベース上の遺伝子にも配列相同性を示さないことから，KSU-1株を含むこの細菌叢に特異的な遺伝子群と推察された。COG データベース上の遺伝子に配列相同性を示す KSU-1株の遺伝子群を機能分類した結果，K. stuttgartiensis にオルソログが見当たらない遺伝子群は，cell envelope や signal transduction に関与する遺伝子群を多く含んでいた。KSU-1株と K. stuttgartiensis の遺伝子の並び順（シンテニー）はあまり保存されておらず，進化の過程でゲノム内における組み換えが頻繁に起きていたことが示唆された。このメタゲノム解析から，KSU-1株のゲノムサイズは約4～5 Mb，その細菌叢中での割合は40～50%と予想された。

5.5　anammox の反応機構

筆者らのグループは，anammox 細菌 KSU-1株を優占種とする汚泥を使って，HAO の精製を試みた。その結果，無細胞抽出液には多量の HAO と同時に，別のヘムタンパク質である新規なヒドラジン酸化酵素（HZO）が多量に存在していることを見いだした。HZO は，分子質量62 kDa で，8個のヘムを持つ単量体の2分子からなる2量体（130 kDa）を形成し，活性中心には還元型で472 nm に吸収極大を持つ P472 があった。ヒドラジンの酸化に対する K_m，V_{max} はそれぞれ 5.5 μM，6.2 μmol/min/mg protein であり，驚いたことにヒドロキシルアミン酸化活性を持たないだけでなく，ヒドロキシルアミンによるヒドラジン酸化の拮抗阻害が観察された。この K_i は 2.4 μM とかなり低かった。これまで HZO のような性質の酵素の報告はなく，HZO はヒドラジンを酸化し脱窒を触媒する特異的な分子であると推察された[9]。一方，HAO は HZO より分子量が少し小さく，活性中心には P468 があった。また，ヒドロキシルアミンの酸化活性がヒドラジン酸化活性より大きかった[10]。

KSU-1株には HZO をコードする *hzoA* と *hzoB*（GenBank AB257585，AB255375）の2個の遺伝子が見いだされた。それぞれがコードしているタンパク質は536残基で，推定分子量60,841 Da（HzoA）と 60,871 Da（HzoB）であった。前述の K. stuttgartiensis のドラフトゲノム配列中には9個の *hao* 遺伝子ホモログがコードされている[8]。HZO と硝化菌の HAO とは，アミノ酸配列で30%未満の一致しか示さないが，これら9個の *hao* 遺伝子ホモログのうち2個がコードするタンパク質（kustc0694, kustd1340）と HZO はアミノ酸配列でそれぞれ88%，89%が一致した。

また，*hzoB* 上流の *hao* が HAO の限定分解ペプチドをコードしていたことから，この *hao* が精製した HAO をコードする遺伝子であると判明した[10]。この *hao*（AB365070）は501残基からなる推定分子量56,476 Da のタンパク質をコードしていた。このアミノ酸配列は K.

stuttgartiensis のゲノムにコードされている HAO の一つ（kustc1061）とアミノ酸配列で 87%が一致した。このことから，HZO と HAO は共に anammox 細菌に普遍的にコードされている分子であると推察される。

5.6 おわりに

anammox はその発見からそれほど時間が経っていないことから，その反応機構や代謝系など不明な点が数多い。現在までにゲノム解析の情報は K. stuttgartiensis 由来のものが唯一であること，生化学的研究が精製ヘムタンパク質など数種類の分子に限られていることなどから，anammox の反応機構の完全な解明には至っていない。排水処理関係では他にも，リン除去法に有望なポリリン酸蓄積菌を含む細菌叢のメタゲノム解析が報告されている[11]。anammox 細菌も今後のメタゲノム解析により，反応機構のより詳細な考察が可能となるだけではなく，菌叢を構成する普遍的な菌種の同定，anammox 細菌が単離できない原因の解明，経済的かつ効率的な最小菌叢の anammox 反応システムの構築につながるものと期待される。

文　献

1) J. G. Kuenen, *Nature Rev. Microbiol.*, **6**, 320 (2008)
2) A. Mulder, *et al.*, *FEMS Microbiol. Lett.*, **16**, 177 (1995)
3) M. Strous, *et al.*, *Nature*, **400**, 446 (1999)
4) C. A. Francis, *et al.*, *The ISME J.*, **1**, 19 (2007)
5) T. Fujii, *et al.*, *J. Biosci. Bioeng.*, **94**, 412 (2002)
6) Z. X. Quan, *et al.*, *Environ. Microbiol.*, **10**, 3130 (2008)
7) M. Schmid, *et al.*, *Environ. Microbiol.*, **3**, 450 (2001)
8) M. Strous, *et al.*, *Nature*, **440**, 790 (2006)
9) M. Shimamura, *et al.*, *Appl. Environ. Microbiol.*, **73**, 1065 (2007)
10) M. Shimamura, *et al.*, *J. Biosci. Bioeng.*, **105**, 243 (2008)
11) H. G. Martin *et al.*, *Nature Biotechnol.*, **24**, 1263 (2006)

第4章　医療・健康

1　ヒトマイクロバイオームのメタゲノム解析

服部正平[*1]，大島健志朗[*2]

1.1　はじめに

　ヒトの皮膚，口腔，消化管などの体表面や体内には'常在菌'と称される微生物が多数生息している。常在菌は，一過的にヒト体内に侵入して感染症を起こす大腸菌O157などの'病原菌'と区別される。このような常在菌の大多数を占めるのが真正細菌（Bacteria）であり，少数派として古細菌（Archaea），カビ類，酵母などの単細胞性真核生物が存在する。常在菌の形成は出生と同時に始まり，一人の個人に生息する常在菌の総数は数百兆個になると見積もられており，ヒト一人を構成するヒト細胞数（約60兆個）よりも1桁多い。また，常在菌は，通常，多種類の細菌種で構成された細菌集団（細菌叢）として生息しており，その種類および菌数は生息部位によって大きく異なる（表1）。これらの中で，大腸にはもっとも多種類で多数の細菌種で構成された腸内細菌叢が形成され，1g の糞便あたり $10^{11 \sim 12}$ 個の腸内細菌が存在し，その総重量は〜1kgにもなるという[1]。このような細菌叢はヒト個人間で多様であるとともに，年齢や宿

表1　ヒト常在菌の種類と菌種の数

体の部位	細菌数／g, mlまたはcm^2	菌種数
鼻腔	10^3-10^4	
口腔（合計）	10^{10}	>700
唾液	10^8-10^{10}	>600
歯肉	10^{12}	
歯表面	10^{11}	
消化器系（合計）	10^{14}	>1000
胃	10^0-10^4	
小腸	10^4-10^7	
大腸（糞便）	10^{11}-10^{12}	>1000
皮膚	10^{12}	
皮膚表面	10^5-10^6	>150
泌尿生殖器系（合計）	10^{12}	
膣	10^9	

---

*1　Masahira Hattori　東京大学大学院　新領域創成科学研究科　教授
*2　Kenshiro Oshima　東京大学大学院　新領域創成科学研究科　特任助教

主の生理状態などによってもおおきく変動する複雑な生態系を構成している。また，ヒト体内は嫌気的であるため，常在菌の多くは嫌気性菌である。よって，生息部位の好気性と嫌気性の程度，pH，炭素や窒素などのエネルギー源の種類，宿主側の放出分子や表層分子種，宿主の遺伝的背景，共存する他の細菌種の影響などが常在菌叢の構成を決定する諸因子として考えられている。すなわち，宿主であるヒト細胞とともに，常在菌はヒトの体の内外において複雑なエコシステムを形成し，互いに相互作用しながら種々の生物学的プロセスを営んでいる[2]。それゆえ，ヒトはヒト細胞のみならずその常在菌をも含めた'超有機体'と捉えることができ[3]，そのゲノムは，ヒトゲノムと常在菌叢を構成する個々の細菌のゲノムの集合体であるマイクロバイオームが融合した'ヒトメタゲノム'と定義できる。

ヒト常在菌叢の研究は，生態学・分類学，代謝物の解析，さらには，細菌－宿主細胞間の相互作用解析などその研究範囲は多岐にわたる。これらの研究は常在菌叢と宿主ヒトの健康と病気との関係や常在菌叢がもつ生理学的機能や役割の理解につながる[4~6]。ヒト常在菌叢の理解を深めるために，そのマイクロバイオームを対象としたヒトマイクロバイオーム計画（Human Microbiome Project, HMP）が2008年に国際的な協力研究として発足した[7,8]。HMPは健康及び各種疾患のヒトマイクロバイオームのゲノム情報を大規模に収集して統合することを目的としている（後述）。

1.2 ヒト常在菌叢の細菌組成解析

ヒト常在菌叢を構成する細菌種を解析するもっとも一般的な方法は，全ての細菌が有する16SリボソームRNA（16S）遺伝子をベースにした方法である。16S解析は難培養性細菌を含めた細菌叢全体の細菌組成を明らかにする良い手段であり，この方法を用いてヒト常在菌叢を構成する菌種やその全体像が明らかになってきている。細菌の16S遺伝子は全長約1.5 kbで，その機能的な2次構造形成により9カ所の可変領域をもつ（図1）。一般に，16S遺伝子の両末端の保存領域にアニールする共通プライマー（たとえば，図1の27Fと1492R）を用いて細菌叢の16S配列を一括してPCR増幅し，それぞれのクローニングと配列決定を行い，得られる塩基配列の配列類似度（とくに，可変領域の配列類似度）を指標に構成細菌種の系統分類や菌種の特定が行われる。基本的な解析方法として，ClustalWを用いた16S配列のクラスタリングにより，その配列類似度に依存した門レベル（≥90% ID），属レベル（≥95% ID），種レベル（>98% ID）でのoperational taxonomic unit（OTU）数を求める（図2）。さらに，クラスター化した各OUT配列をデータベースに対して相同検索して各OTUの菌種を特定し，また，各クラスターの配列数から上記した各レベルでの菌種数及び組成比を求める。大規模な腸内細菌叢の全長16S解析がこれまでに3報報告されている[9~11]。これらの報告で収集された健康及び疾患患者（肥満と炎

第4章 医療・健康

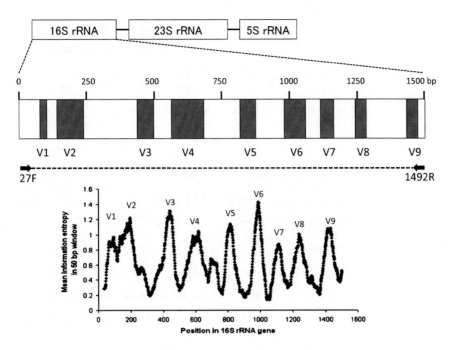

図1 細菌の16SリボソームRNA遺伝子

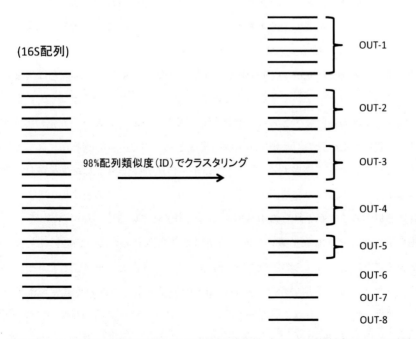

図2 16SリボソームRNA遺伝子配列を用いた菌種組成解析（98%配列類似度でのOUT解析例）

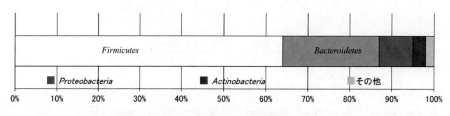

図3 ヒト成人腸内細菌叢の菌種組成（門レベル）

症性腸疾患）を含む成人腸内細菌叢から得られた45,000以上の全長16S配列の解析から，個人の細菌叢の菌種組成は多様性が大きく，属レベルで1,800種以上，種レベルで約16,000種，株レベルで36,000種の細菌種がヒト成人の腸内細菌叢中に同定されている[11]。しかしながら，この解析で同定された全菌種の98％がわずか4つの門（*Firmicutes*：64％，*Bacteroidetes*：23％，*Proteobacteria*：8％，*Actinobacteria*：3％）に属する菌種で占められている（図3）。これらのメジャー菌種以外のマイナー菌種として，*Fusobacteria*，*Spirochaetes*，*Tenericutes*門などに属する細菌種が含まれる。このほか，古細菌の*methanobrevibacter smithii*と*Methanosphaera stadtmanae*も腸内細菌叢に存在する[9,12]。なお，同定された菌種の約80％は難培養性細菌種であると推定された。これまでに報告されている16Sデータを用いた菌種組成解析の多くはスナップショットであり，長期間にわたり経時的な変化を追跡した研究例は少ないが，成人の腸内細菌叢の菌種組成はその期間において大きく変化しないことが示唆されている[13,14]。

離乳前の乳児の腸内細菌叢の16S解析もいくつか報告されている[15]。離乳前の乳児の細菌叢を構成するメジャーな細菌種は*Firmicutes*門や*Proteobacteria*門に属する細菌種である。成人細菌叢に通常優占する*Bacteroidetes*門の菌種はほとんどなく，成人の細菌叢とは異なった菌種組成を有し，細菌種の数も少ないことが特徴である。母乳と人工乳による差はとくに認められず，離乳時に成人タイプの細菌叢へと大きく変化すると考えられる。成人及び乳児の腸内細菌叢はいずれの場合も限られた少数の門に属する菌種で構成されており，強い選択圧によって腸内細菌叢が形成されていることが示唆される[4,16]。このほか，自然分娩で出産した生後数日の新生児の皮膚や口腔細菌叢がその母親の膣細菌叢と類似しており，帝王切開での新生児のそれらが母親の皮膚細菌叢に類似することがそれらの16S解析から報告されている[17]。

腸内細菌叢以外のヒト常在菌叢の16S解析も多数報告されている。口腔，歯垢，膣，胃等の解析例を表2に挙げる。これらの解析では，従来のサンガー法をベースにしたシークエンス以外に次世代シークエンサーを用いたり，全長の16S配列ではなく一部の可変領域配列を用いたりしており，解析基準が統一されていない。そのため，これらデータ間の互換性については注意を要するが，腸内細菌叢のメジャー菌種である*Actinobacteria*，*Bacteroides*，*Firmicutes*，*Proteobacteria*の4門に属する菌種が，その組成比は変動するものの，他の常在菌叢においても

第4章　医療・健康

表2　腸内細菌叢以外のヒト常在菌叢の16S解析例

菌種（門）	口腔 (3)[*1] V5-V6[*2]	歯垢 (10) 全長	唾液 (71) V6	胃[*3] (10) V1-V4	膣 (13) V3-V8	糞便 全長
Firmicutes	36	33	41	31.3	90.7	64
Bacteroidetes	12	18	27	26.6	3.6	23
Proteobacteria	20	27	21	28.3	0	8
Actinobacteria	24	13	6	7.7	5.7	3
Fusobacteria	4	8	3	5.1	0	—[*4]
その他	4	1	2	1	0	2
文献	18	19	20	21	22	11

＊1：括弧内は被験者の数
＊2：解析に用いた16S配列の領域
＊3：H. pyloriがネガティブの胃細菌叢
＊4：Fusobacteriaはその他に含まれる。

主たる構成菌種であることは間違いないようである。また，たとえば，口腔細菌叢に特異的に存在する難培養性のTM7門やSR1門のように，それぞれの細菌叢に特異的な菌種も検出されている。最近，9名の被験者から腸内，口腔，鼻腔，様々な皮膚部位などトータルで27カ所の細菌叢について，経時変化を含めた大規模な16S解析が報告されている[23]。この研究で得られた各細菌叢における菌種組成の解析結果の一部を図4に示す。この研究では，次世代シークエンサー（ロシュ社GS-FLX）を用いて計815の細菌叢サンプルについて，その16S遺伝子のV2領域を計約100万リード（平均1,300リード／サンプル）が解析された。それぞれの生息部位における細菌叢について，その細菌組成の類似性が主成分分析などの統計解析を用いて調べられた。結果の一部をまとめると以下のようになる。①計22門に属する細菌種が同定された。②全16S配列の約92％が*Actinobacteria*（36.6％），*Bacteroides*（9.5％），*Firmicutes*（34.3％），*Proteobacteria*（11.9％）の4門に属していた。③マイナー菌種として，TM7，*Acidobacteria*，*Deinococcus-Thermus*，*Gemmatimonadetes*，SR1，*Verrucomicrobia*，*Tenericutes*，OD1，BRC1，WS3などが検出された。④性差，個人間，経時よりも生息部位が細菌叢の組成の違いを決定する大きな要因である。⑤同一被験者において経時サンプル間＞細菌叢間＞生息部位間の順に相対的類似性が高い（④と同じ意味）。⑥同定された全菌種のうちのわずか0.1％の細菌種しかすべての細菌叢及びその経時サンプル間で共有されていなかった。⑦口腔細菌叢が他の皮膚や腸内細菌叢よりも個人間で相対的に類似している。⑧頭部関係（ひたい，鼻の外部，外耳）の細菌叢の*Propionibacterineae*（60-80％）は腕関係（前腕，手のひら，人差し指）の細菌叢の*Propionibacterineae*（20-40％）よりも多い傾向にある。⑨口腔及び腸内細菌叢が皮膚などの他の生息部位の細菌叢よりもより多様な細菌種で構成されている。

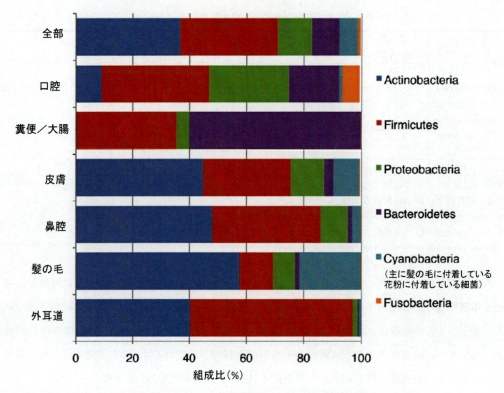

図4　9名の被験者の16Sデータを用いた各常在細菌叢の菌種組成解析
文献23）より転載。16S配列のV2領域を用いて解析。

1.3　ヒト腸内マイクロバイオームのメタゲノム解析

　ヒト腸内マイクロバイオームのメタゲノム解析はこれまでに4報が論文になっている（表3）[24〜27]。次世代シークエンサーの普及とともに，その解析量が指数関数的に増大しており，ごく最近発表された124名の被験者の腸内細菌叢から得られたこれまでの中で最大量のシークエンスデータ（計10.7 Gb）からは，約330万個のユニークな腸内細菌遺伝子が同定され，1,000から1,150の菌種の存在が推定されている[27]。

　著者らのグループが行った13名の日本人の腸内細菌叢のメタゲノム解析を以下にまとめる[25]。

① 家族を含めた健康人の13サンプル（年齢が3ヶ月から40歳代の，離乳前の乳児4名，離乳後の子供2名，7名の大人）について，サンプルあたり約8万のサンガーリード（塩基数にして約55 Mb）を生産し，トータルで約727 Mbのメタ配列データを得た。

② サンプルごとのアセンブリによって，15〜50 Mbの重複のないユニーク配列を得た（13サンプルのトータルで479 Mb）。

③ 得られたユニーク配列から20,063〜67,740個の遺伝子／サンプル（計66万個の遺伝子／

第4章 医療・健康

表3 ヒト腸内細菌叢のメタゲノム解析

腸内細菌叢（被験者）	配列情報量[*1]（Mb）	ユニーク遺伝子数	シークエンサー	文献
2名の健康な成人（男女）	78／100	50,164	ABI3730xl	24)
13名の健康な日本人（乳児から成人）	479／727	662,548	ABI3730xl	25)
18名の肥満を含む双生児とその母親	1,830／2,140	不明	454GS-FLX	26)
124名の欧州の成人（疾患も含む）	10,700／576,700	3,299,822	イルミナGA	27)

＊1：ユニーク塩基数／総塩基数

表4 13名の日本人腸内細菌叢のサンプル，シークエンシング，遺伝子同定のまとめ

サンプル	サンプル名	性	年齢	総塩基数（Mb）	重複のない配列塩基数（Mb）	同定した遺伝子数	既知遺伝子と相同性をもつ遺伝子の数	新規遺伝子数	COG数
個人	In-A	男	45	52.51	29.93	38778	30210	8568	2355
個人	In-B	男	6ヶ月	62.79	14.88	20063	15127	4936	1617
個人	In-D	男	35	55.14	49.55	67740	49079	18661	2559
個人	In-E	男	3ヶ月	56.78	28.07	37652	28513	9139	2107
個人	In-M	女	4ヶ月	57.81	26.37	34330	27050	7280	2857
個人	In-R	女	24	55.40	46.79	63356	46104	17252	2655
家族Ⅰ	F1-S	男	30	53.57	38.86	54151	40771	13380	2531
家族Ⅰ	F1-T	女	28	55.37	44.28	65156	47955	17201	2921
家族Ⅰ	F1-U	女	7ヶ月	53.86	25.76	35260	28711	6549	2519
家族Ⅱ	F2-V	男	37	55.93	47.02	66461	49955	16506	2873
家族Ⅱ	F2-W	女	36	54.89	40.97	57213	43625	13588	2609
家族Ⅱ	F2-X	男	3	56.59	40.05	57446	42452	14994	2669
家族Ⅱ	F2-Y	女	1.5	56.28	46.31	64942	50349	14593	2664
計				726.91	478.84	662548	499901	162647	3268
アメリカ人＊	Sub.7	女	28		15.94	22329	18443	3886	2160
アメリカ人＊	Sub.8	男	37		20.49	27579	23518	4061	2249

＊文献24）のデータを同様に解析した。

13サンプル）を同定した。この遺伝子予測には野口，高木らが開発したMetaGeneプログラムを用いた[28]。

④ 各遺伝子のアミノ酸配列を閾値（E値＝－8）で公的データバンクに対する相同性検索及びクラスタリングを行い，全遺伝子の約3/4が既知遺伝子と有意な配列類似度を有し，1,617〜2,921 COGs/サンプル（3,268 COGs/13サンプル）を得た。COG数は細菌叢の機能または生体反応系の複雑さを表わしている。ヒト腸内細菌叢のCOG数はサルガッソーの海洋表面細菌叢（5,184 COGs）や土壌細菌叢（4,423 COGs）よりも少なく，腸内が海と土に比べて，よりシンプルな生物学的な環境であることが示唆された。①〜④を表4にまとめた。

⑤ 既知遺伝子と有意な配列類似度を示さなかった162,647個の遺伝子（全遺伝子の約1/4に相当）は新規遺伝子候補と考えられた。これら新規遺伝子候補と他環境細菌叢（海や土壌）

由来の新規遺伝子とのクラスタリングから，647個の腸内細菌叢由来の遺伝子だけから構成されるクラスター（5～48遺伝子）を見いだした．これらの新規な遺伝子ファミリーは腸内細菌叢に特異的であり，腸内細菌叢の機能解明の良い研究ターゲットになりうる．

⑥　他の環境細菌の遺伝子データベースとの比較から，ヒト腸内細菌叢で有意に増幅している315個のCOGsを同定した（大人／離乳後の子供で237個，離乳前の乳児で135個，両者に共通するCOGsが58個）．これらのCOGsのうち"炭水化物の代謝と輸送"に関わる遺伝子が大きな割合（全遺伝子の約30％）を占めていた（図5）．炭水化物の代謝と輸送に関わる遺伝子を大人／子供と離乳前乳児間で比較した結果，大人／子供では多糖類の分解に関わる遺伝子群が，乳児では単糖類の取り込みに関わる遺伝子群がそれぞれ特徴的に増幅していることがわかり，腸内細菌叢の遺伝子組成は食事成分に大きく依存することを強く示唆した．大人／子供では，"防御機構"に働く抗菌性ペプチド及び多剤性の薬剤排出ポンプに関係する遺伝子群も増幅していた．宿主細胞が生成する病原菌などの侵入を防御するβ-ディヘンシンのような抗菌性ペプチドを排出するポンプを備えることにより，抗菌性ペプチドや抗生物質への耐性を増大させ，腸管内での生存能力を高めているものと考えられる．"DNAの修復"に関係するCOGも増幅していた．このことから，腸管には食物や宿主細胞，または腸内細菌に由来するDNAにダメージを与える物質が存在し，腸内細菌のゲノムが予想以上に変異や切断などのダメージを受けていることが示唆された．一方，増幅していた遺伝子

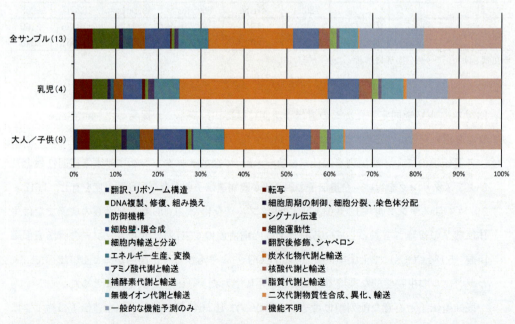

図5　13名の日本人腸内マイクロバイオームで有意に増幅していた315の遺伝子群（COGs）の機能分類

第4章 医療・健康

の約30％は他の細菌にも存在する遺伝子であるが，その具体的な機能は明確でない．これらが腸内環境で増幅しているという新しい知見は，これらの機能解明の一助となりうる．

⑦　一方で，"細胞運動性"に関わる鞭毛や化学走化性の遺伝子がヒト腸内細菌叢では顕著に減少していた．これは常在菌が腸の蠕動運動のおかげで食餌に向かって移動する必要性のないことや宿主免疫系の炎症応答の引き金となりうる鞭毛を排除する方向での腸内細菌の進化と，運動性の欠如による宿主細胞との過剰な接触の軽減，つまり，宿主免疫応答を抑制する方向（恒常性の維持）への進化を示唆する．

⑧　各個人間の遺伝子配列類似度の比較解析から，個人間の腸内細菌叢の類似性を調べた．その結果，大人／子供（9サンプル）は互いに似た1つのグループ（大人タイプ）を形成するが，各離乳前乳児（4サンプル，乳児タイプ）はそれらの間及びそれらと大人／子供との間での配列類似度が明らかに低くなっていた．すなわち，腸内細菌叢の遺伝子及び菌種組成が離乳前後において大きく変化することが明らかとなった．このことは各サンプルの菌種組成の解析結果と一致する．大人／子供では *Bacteroides*, *Eubacterium*, *Clostridium* が共通した優占菌種となっている．一方，離乳前乳児の各サンプルでは，それぞれの優占菌種が *Bifidobacterium*, 大腸菌, *Raoultella*, *Klebsiella* であり，両タイプの間にはほとんど共通性がなかった．また，親子間や家族内サンプルが他人よりも近い関係にあることや男女の差を示すデータは得られなかった．これらの結果は腸内細菌が個人に特徴的であることを示唆し，腸内細菌叢の形成機構や由来を解明する上での新たな視点を与えた．

⑨　接合型トランスポゾンTn1549に関連した5,325個の遺伝子群が高頻度に存在することを見いだした．これらの可動性遺伝子は他の環境由来の細菌ゲノムやメタゲノムデータには存在せず，ヒト腸内細菌叢に特異的である．この結果は，腸内環境が細菌間での遺伝子の伝達や分散等の水平伝播の場であることを裏付けており，接合型トランスポゾンが大きくそのプロセスに関与していることが示唆された．

1.4　ヒト常在菌の個別ゲノム解析

2007年時点において，約100万リードのメタゲノム配列を当時の公的データバンクに登録された細菌ゲノムに対してblast検索（マッピング）をしたところ，わずか20％の配列しか有意にヒットしなかった．この結果は腸内細菌叢を構成する細菌種の多くが分離培養できないか，分離されていてもそのゲノムシークエンスが行われていないかを示している．そこで，メタゲノム配列が由来する細菌種の特定のために，国際HMPはできるだけ多くの常在菌ゲノムシークエンスを行い，それらをreferenceゲノムとして活用することを2008年より開始した．3年たった現時点では，著者らが決定した数十株の腸内細菌株も含めて400株以上のヒト常在菌のゲノム配列が

決定されている[29]。

1.5　次世代（第2世代）シークエンサーを用いた細菌叢メタゲノム解析

　2008年頃より，次世代（第2世代）シークエンサーが日本においても普及し，著者らも細菌叢のメタゲノム解析や個別ゲノム解析に活用している。現在，3社から販売されている3機種の次世代シークエンサー（ロシュ社 454GS-FLX，ライフテクノロジー社 SOLiD，イルミナ社 GA または HiSeq）が主に使われている。著者らのグループではロシュ社の GS FLX を用いてメタゲノム解析を進めている。腸内細菌叢のメタゲノム解析について次世代シークエンサーと従来型シークエンサーの性能比較例を表5に示す。表5に示した例では，454GS-FLX は従来型の ABI3730xl よりも6倍の早さで8倍多い配列を 1/10 のコストで得られることが分かる。また，塩基数が多くなった分，同定される遺伝子も多くなり，より網羅的な解析が可能になった。さらに，従来型シークエンサーに必要であった大腸菌へのクローニングや鋳型 DNA 調製などの操作は次世代型シークエンサーでは不要となり，クローニングのバイアスなどの定量性に関する懸念も少なくなる。SOLiD や GA または HiSeq の配列リード長は 50〜100 塩基であり，454GS-FLX よりも短鎖の配列が生産される。短鎖シークエンサーは新規な配列を多く含むヒト腸内細菌叢の解析には不向きであるため，著者らは 454GS-FLX をメタゲノム解析や個別菌のゲノム解析に使用している。表6には 454GS-FLX を用いたヒト腸内細菌叢のメタゲノムシークエンシング例を示す。得られるリードにはヒト細胞由来の配列や 454 に特徴的なアーティファクト重複配列（鋳型調製時でのアーティファクトによる全く同じ配列の生成）が含まれるため，これらのリードの除去と有意でない 100 塩基以下のリードを除去する。その結果，総リード数の約 80% のリードが実際に使用できる精度の高い配列データとなる。このようにして得られたユニークリードをアセンブリすることによって得られる重複のない配列データから 20 万前後の遺伝子を同定できる（表7）。

　上述したように，HMP は reference ゲノム配列の取得を進めている。454GS-FLX で生産され

表5　従来型シークエンサーと次世代シークエンサーによるメタゲノム解析比較例[*1]

	ABI社 3730xl	ロシュ社（454）GS FLX
リード数	79,163	1,166,204
リード長（塩基）	700	371
総塩基数（Mb）	55	433
解析日数（日）	30	5
ユニーク遺伝子数[*2]	約 40,300	186,000
相対コスト	1	0.1

＊1：ヒト腸内細菌叢
＊2：アセンブリしたユニーク配列に同定された遺伝子数

第4章　医療・健康

表6　次世代シークエンサー454GS-FLX を用いたヒト腸内細菌叢のメタゲノムシークエンシング

サンプル	総リード数	リード数 （ヒトゲノム由来）	リード数 （重複配列）	ユニークリード数
1	1,423,122	864	264,375	1,157,883
2	1,401,178	864	233,598	1,166,716
3	1,133,611	1,052	169,208	963,351
4	1,210,045	4,542	149,118	1,056,385
5	1,044,786	1,145	180,847	862,794
6	1,117,685	909	307,310	809,466
7	1,270,383	1,705	255,319	1,013,359
8	1,288,739	2,577	216,942	1,069,220
平均	1,236,194	1,707	222,090	1,012,397
割合（％）	100	0.14	17.96	81.9

表7　次世代シークエンサー454GS-FLX を用いたヒト腸内細菌叢のメタゲノム解析例[*1]

サンプル	リード数	総塩基数	コンティグ	シングルトン	ユニーク塩基数（Mb）	遺伝子数[*2]
1	1,157,883	472,146,367	70,998	87,612	101.36	227,605
2	1,166,716	484,205,620	48,741	122,632	102.87	237,735
3	963,351	429,715,032	46,353	62,499	83.16	170,120
4	950,635	403,185,201	42,967	75,863	76.46	172,950
5	632,118	284,482,857	52,356	66,012	80.22	171,189
6	1,056,385	371,384,014	50,552	136,303	91.14	241,677
7	862,794	379,481,023	76,985	114,986	118.12	269,370
8	973,059	343,509,063	61,039	148,192	96.94	269,801
9	809,466	351,473,529	75,214	82,705	94.77	220,756
10	767,243	253,369,076	63,027	183,069	96.53	291,758

＊1：アセンブリは Newbler を用いた。
＊2：MetaGene プログラムを用いた。

たメタゲノムリードの reference ゲノムへのマッピング解析は，それぞれのリードの菌種の帰属や細菌叢の菌種組成の解析に使用できる。NCBI の 1,014（様々な環境由来細菌ゲノム）と HMP の 320（ヒト由来の細菌ゲノム）の計 1,334 個の菌株（33 門，435 属）を reference ゲノムとして，9 個人の腸内細菌叢メタゲノムリードをマップした結果を図6に示す。約半数のリードがこれらの既知ゲノムに有意にマップされた。2007 年時よりも 2～3 倍のリードがマップされており，reference ゲノムはメタゲノム解析の高度な解析に重要である。また，マップされたリード数の分布からは菌種組成比を定量的に解析できる。HMP は数年内に約 1,000 株のヒト常在菌ゲノムのシークエンス決定を計画しており，今後，全リードの少なくとも 80％のリードの菌種帰属が可能になると見込まれる。すなわち，reference ゲノムが十分になったとき，細菌叢全体の菌種組成をこれまでにない正確さで定量測定ができるようになる。

メタゲノム解析技術の最前線

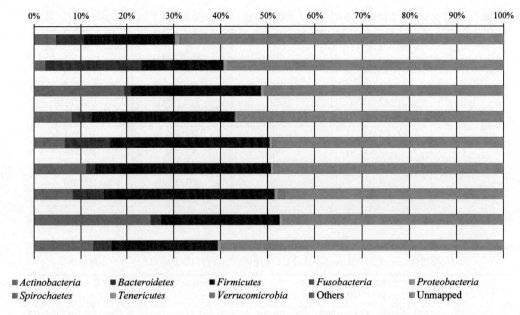

図6　メタゲノムリードの reference ゲノムへのマッピング解析
9つの腸内細菌叢サンプルからのメタゲノムリードを≧90%配列類似度，≧100塩基の配列アラインメントの条件で1,300以上の細菌ゲノム配列にマップした。平均50%のリードがマップされた。マップされたリードの大部分は Actinobacteria, Bacteroidetes, Firmicutes 門に属する菌種にヒットした。

1.6　腸内細菌叢の機能と宿主との相互作用

　常在菌はヒトの健康と病気と密接に関係することが知られている。口腔細菌の Porphyromonas gingivalis や Streptococcus mutans は歯周病と関係し，皮膚細菌である表皮ブドウ球菌（Staphylococcus epidermidis）は体表面の pH 調整や病原菌に対するバリアーとして働き，胃に生息するピロリ菌（Helicobacter pylori）は胃がんと関係する。また，膣には Lactobacillus 属細菌が病原菌の定着に対するバリアーとして生息していると考えられている。これらの常在菌の中で，腸内細菌はもっとも多彩な生理機能を有する。たとえば，腸内細菌はヒトが消化できない食事成分（植物由来の多糖類等）を代謝して，代謝産物であるアミノ酸，酢酸などの短鎖脂肪酸，各種ビタミンなどをヒト細胞に供給している。また，その存在は宿主の腸管細胞や免疫細胞の増殖，分化，成熟化に必須であるとともに，病原菌に対する感染防御にも働く有益因子である。このような宿主との共生関係の裏返しとして，日和見感染の起因菌となったり，炎症性腸疾患である潰瘍性大腸炎やクローン病，肥満，大腸がんなどの様々な疾病発症を促進する有害因子としても認識されている。（表8）。

　このように腸内細菌叢は宿主ヒトの健康と病気に関与するとともに，遺伝子操作により免疫不全を導入した動物モデルにおいても，腸内細菌はその有無によって炎症反応の亢進と抑制という

第4章 医療・健康

表8 腸内細菌が関与する代表的なヒト宿主への生理機能

1. 多彩な代謝機能（ヒトが代謝できない食事成分の代謝とビタミン等の栄養素の生成）
2. 宿主の腸管上皮細胞の増殖と分化（宿主の恒常性維持）
3. 宿主の免疫系の成熟化
4. 感染病原菌の防御（腸内での増殖による病原菌の定着防御）
5. 日和見感染の起因
6. 様々な疾患（炎症性腸疾患，肥満，糖尿病，大腸がん，多発性硬化症等）の素因

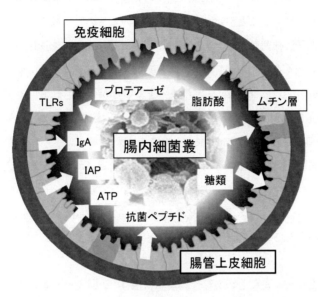

図7 腸管内における腸内細菌-宿主細胞間相互作用の模式図

相反した効果を示す。この宿主の恒常性の維持と破綻の相反する機能を生み出すのは，腸管内での腸内細菌と宿主細胞間の相互作用である（大野らの項を参照）。この相互作用には様々な遊離分子種や直接の接触認識に関わる細胞表層分子種などが関与する。宿主のToll様受容体（TLRs）などのパターン認識受容体を介した自然免疫系シグナルカスケード，ディフェンシンなどの抗菌ペプチド，IgA，腸アルカリホスファターゼ（IAP）などによって腸内細菌叢はグローバルに制御され，腸管表面のムチン層は腸内細菌の侵入に対する物理的バリアーでもある（図7）。一方，腸内細菌叢は上記した宿主細胞の栄養素やエネルギー源のほかに，各種低分子代謝物，アデノシン三リン酸（ATP），表層多糖類，プロテアーゼなどを生産して細胞機能の分化や再生，宿主恒常性の維持と破綻に関与している（後述）。最近では，遺伝子欠損肥満マウスやメタボリック症モデルマウスの腸内細菌叢を遺伝的に健常な無菌マウスに移植すると，それらが肥満及びメタボリック症マウスになる報告，SFB（segmented filamentous bacteria）という細胞に強固に接着している難培養性腸内細菌が免疫系細胞の分化を制御するなど，腸内細菌叢が宿主の遺伝的背景

とは無関係に疾病発症の直接要因になることを示すデータが蓄積されて来ている[30〜32]。

1.7 腸内細菌叢と疾患

16S とメタゲノム解析を用いた肥満のヒト及びマウスの腸内細菌叢が報告されている[26,30]。肥満マウスの腸内細菌叢では *Firmicutes/Bacteroidetes* 比が通常のマウスにくらべて著しく大きく，多糖類の代謝によるエネルギーの生産（脂肪の蓄積）に働く代謝遺伝子群が通常のマウスの腸内細菌叢よりも有意に多いことが示された[30]。肥満のヒトの腸内細菌叢でも同様の傾向が観察されており，ヒトの肥満細菌叢にはエネルギーの生産に関与する代謝遺伝子群を多く持つ細菌種が健康細菌叢よりも多く存在する。1年間の低多糖類食事コントロールによって肥満が解消された細菌叢では *Firmicutes/Bacteroidetes* 比が減少することが報告されている[10]。肥満を含む双生児と彼らの母親の腸内細菌叢の経時的な 16S とメタゲノム解析からは，肥満細菌叢は健康細菌叢よりもその構成細菌の種類が 20% 程度少ないことがわかった。さらに，肥満と健康細菌叢間で有意にその出現頻度が異なっている 383 個の遺伝子が同定された。その内訳は 273 個が肥満細菌叢で増大し，110 個が減少していた。肥満細菌叢で増大していた遺伝子の 75% が *Actinobacteria*，25% が *Firmicutes* 由来であった。また，減少していた遺伝子の 42% は *Bacteroidetes* 由来であった。肥満細菌叢で増大していた遺伝子の機能はおもに炭水化物，脂質，アミノ酸の代謝に関わっていた[26]。

クローン病や潰瘍性大腸炎などの炎症性腸疾患（IBD）のふん便や腸管内各部位での多数の腸内細菌叢サンプルの 16S 解析からは，IBD の腸内細菌叢を構成する細菌種が健康細菌叢にくらべて相対的に少なく，またその組成においては *Firmicutes* 門（その中でも *Clostridium* XIVa と IV のグループ）と *Bacteroidetes* 門に属する細菌種の割合が減少し，代わりに *Actinobacteria* と *Proteobacteria* の割合が相対的に増加していることがわかった[11]。この傾向は多くの IBD サンプルで共通しており，IBD-タイプの腸内細菌叢が存在することが示唆された[33]。

腸内細菌が関与する炎症応答機構の研究がいくつか発表されている。マウスにおいて，*Bacteroides fragilis* が生産する多糖類（polysaccharide A，PSA）が *Helicobactor hepaticus* の感染によって起こる潰瘍を抑制することが示され，そのメカニズムには PSA による抗炎症性サイトカインの IL-10 の誘導と炎症性サイトカイン IL-17 の抑制が含まれる[34]。毒素たんぱく質（BFT）を生産する *B. fragilis* を植え付けた多重腸内新生組織形成（Min）マウスでは，BFT を生産しない *B. fragilis* を植え付けた同マウスでは起こらない大腸潰瘍とがんの発生が著しく促進されることが分かった。このメカニズムには IL-17 の発現誘導とヘルパーT 細胞 T_H17 の分化誘導が関与していることが示された[35]。腸内細菌が生産する ATP が IL-17 の発現誘導と T_H17 の分化誘導を起こし，潰瘍が誘発される[36]。これらの一連の結果は，IL-17 及び T_H17 細胞が腸内

第4章　医療・健康

細菌の関与する炎症・抗炎症応答と密接に関与することを示唆する。

1型糖尿病の発症における腸内細菌の関与が MyD88-欠損マウスを用いた解析によって示された[37]。SPF（specific pathogen-free）腸内細菌叢をもつ同ホモ欠損マウスは1型糖尿病を発症しないが，MyD88-ホモ欠損の無菌マウスは発症する。つまり，腸内細菌の存在が1型糖尿病の発症を抑制する有益な効果をもつ。発症する SPF 化 MyD88-ヘテロ欠損マウスと発症しない SPF 化 MyD88-ホモ欠損マウスの腸内細菌叢を 16S 解析すると，ホモ欠損マウスでは門レベルでの *Firmicutes/Bacteroidetes* 比がヘテロ欠損マウスに比べて著しく小さくなっていた。さらにファミリーレベルでは，ホモ欠損マウスでは *Lactobacillaceae*（*Firmicutes* 門），*Rikenellaceae*, *Porphyromonadaceae*（両方とも *Bacteroidetes* 門）の3菌種が著しく増えていた。以上のように，病気発症に腸内細菌の存在が大きく関与していることがいくつかの疾患で明らかになってきた。とくに，自己免疫疾患における腸内細菌の役割解明は今後重要なテーマになると考えられる。

1.8　国際ヒトマイクロバイオーム計画と今後の展望

腸内細菌を含めたヒト常在菌の生理学的機能を包括的に解明する目的で，国際コンソーシアム（IHMC：International Human Microbiome Consortium）が 2008 年に設立された[7,8]。IHMC には日本，米国，フランス（EU を代表）を含めた国が参加している。IHMC の進める国際 HMP の主たるテーマは数百名の健康および疾患からの口腔，鼻腔，消化器系，泌尿生殖器系，皮膚の各細菌叢のメタゲノムと 16S 解析ならびに難培養性細菌も含めた 1,000 菌種以上のヒト常在菌の個別ゲノム解析である（図8）。得られる膨大なゲノム情報は宿主細胞－常在菌間の相互作用に関わる細菌種や代謝物等の探索と同定，細菌側シグナルに対するヒト側遺伝子の応答機構等の研

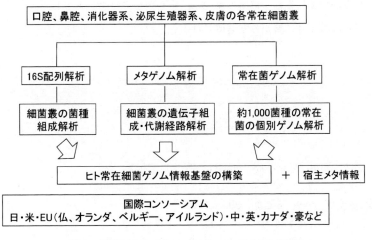

図8　国際ヒトマイクロバイオーム（HMP）計画

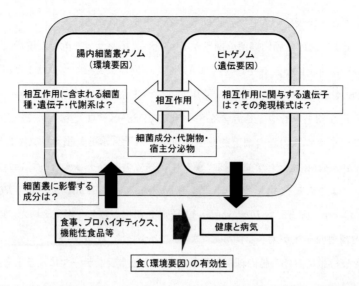

図9 腸内細菌叢の機能と宿主恒常性の維持と破綻（健康と病気）の分子基盤

究にきわめて有用となる．また，異なった生活様式や食習慣をもつ世界中の被験者からの常在菌データは，食事成分，健康食品・プロバイオティクスが及ぼす腸内細菌への効果を理解するのに役立つ（図9）．疾患患者からの常在菌叢と健康人からの常在菌叢の比較メタゲノム解析は疾患や健康増進・維持に関与する遺伝子群や細菌種等の特定を期待させる．最近では，中枢神経が関与する多発性硬化症や自己免疫性糖尿病など消化管以外の遠隔臓器を冒す疾病の発症につながることが明らかになり，全身にわたる宿主の恒常性の維持と破綻に腸内細菌が深く関与することが示唆されている[37,38]．すなわち，腸内細菌異常が疾患発症の根幹に存在し，腸内細菌が宿主全身の恒常性の維持と破綻に大きく関与する考えが浸透して来ている．これらの疾患や健康に関連する因子及びそれらが含まれる分子機構の研究は，常在菌をターゲットとしたよりグローバルな創薬や治療法，予防法の開発に繋がると期待される．

文　　献

1) Savage, D. C., *Ann. Rev. Microbiol.*, **31**, 107-133 (1977)
2) Dethlefsen, L., *et al.*, *Nature*, **449**, 811-818 (2007)
3) Lederberg, J., *Science*, **288**, 287-293 (2000)
4) Ley, R. E., *et al.*, *Cell*, **124**, 837-848 (2006)
5) Dethlefsen, L., *et al.*, *Trends Ecol. Evol.*, **21**, 517-523 (2006)

6) Hattori M. and Taylor T. D., *DNA Res.*, 1-12 (2009)
7) Turnbaugh, P. J., *et al.*, *Nature*, **449**, 804-810 (2007)
8) Hamady M. and Knight R., *Genome Res.*, **19**, 1141-1152 (2009)
9) Eckburg, P. B., *et al.*, *Science*, **308**, 1635-1638 (2005)
10) Ley, R. E., *et al.*, *Nature*, **444**, 1009-1010 (2006)
11) Frank, D. N., *et al.*, *Proc. Natl. Acad. Sci. USA*, **104**, 13780-13785 (2007)
12) Fricke W. F. *et al.*, *J. Bacteriol.*, **188**, 642-658 (2006)
13) Matsuki, T., *et al.*, *Appl. Environ. Microbiol.*, **70**, 7220-7228 (2004)
14) Heilig, H. G. H. J., *et al.*, *Appl. Environ. Microbiol.*, **68**, 114-123 (2002)
15) Palmer, C., *et al.*, *PLoS Biol.*, **5**, 1556-1573 (2007)
16) Bäckhed, F., *et al.*, *Science*, **307**, 1915-1920 (2005)
17) Dominguez-Bello M. G. *et al.*, *Proc. Natl. Acad. Sci. USA*, **107**, 11971-11975 (2010)
18) Egija Z. *et al.*, *BMC Microbiology*, **9**, 259 (2009)
19) Elisabeth M., *et al.*, *ISME J.* **4**, 962-974 (2010)
20) Keijser B. J. K., *et al.*, *J. Dent. Res.*, **87**, 1016-1020 (2008)
21) Elisabeth M., *et al.*, *Proc. Natl. Acad. Sci. USA*, **103**, 732-737 (2006)
22) Brian B., *et al.*, *Appl. Environ. Microbiol.*, **74**, 4898-4909 (2008)
23) Costello E. K., *et al.*, *Science*, **326**, 1694-1697 (2010)
24) Gill E. R., *et al.*, *Science*, **312**, 1355-1359 (2006)
25) Kurokawa K., *et al.*, *DNA Res.*, **14**, 169-181, (2007)
26) Turnbaugh P. J., *et al.*, *Nature*, **457**, 480-484 (2009)
27) Qi J., *et al.*, *Nature*, **464**, 59-65 (2010)
28) Noguchi H., *et al.*, *Nucl. Acids Res.*, **34**, 5623-5630 (2006)
29) http://www.hmpdacc.org/
30) Turnbaugh P. J., *et al.*, *Nature*, **444**, 1027-1031 (2006)
31) Ivanov I. I., *et al.*, *Cell*, **139**, 458-498 (2009)
32) Vijay-Kumar M., *et al.*, *Science*, **328**, 228-231 (2010)
33) Peterson D. A., *et al.*, *Cell Host Microbe*, **3**, 417-427 (2008)
34) Mazmanian S. K., *et al.*, *Nature*, **453**, 620-625 (2008)
35) Wu S., *et al.*, *Nat. Med.*, **15**, 1016-1022 (2009)
36) Atarashi K., *et al.*, *Nature*, **455**, 808-812 (2008)
37) Wen L., *et al.*, *Nature*, **455**, 1109-1113 (2008)
38) Yokote H., *et al.*, *Am. J. Pathol.*, **173**, 1714-1723 (2008)

2 次世代シークエンサーを用いた感染症の診断と解析

中村昇太[*1], 中屋隆明[*2], 飯田哲也[*3]

2.1 次世代DNAシークエンサーの感染症領域への応用

近年, DNA配列決定技術の進歩は著しい。2005年より市販が開始された, いわゆる「次世代シークエンサー」は, 半日で数百メガ塩基対以上のDNA配列を解読する性能を有する[1]。このような, 従来のものに比べて格段の性能をもつDNAシークエンサーの出現は, 医学・生物学に革新的なインパクトをもたらすものと予想される。特に病原体の研究においては, 従来, 大きなコストと多大な手間を要した微生物のゲノム解析がごく短時間に比較的安価で行えるようになり, ひいては新興・再興感染症の病原体の同定や薬剤耐性菌の耐性獲得機構の解明など, 感染症対策につながる有用な知見をより迅速に入手することが可能になると期待される。実際, すでに多くの病原細菌のゲノム解析ではロッシュ社（454 Life Sciences）のシークエンサーGS-FLX[2]をはじめとする次世代シークエンサーが使われており, またいくつかの病原体においては次世代シークエンサーを用いた大規模な比較ゲノム解析が報告されている[3,4]。

我々は, 次世代DNAシークエンサーを用いた大規模塩基配列決定による病原体の迅速同定と性状解析, および感染症の診断を目指したシステムの構築を行っている。本節では感染症領域における我々の試みを中心に紹介する。

2.2 病原細菌の迅速ゲノム解析

我々はこれまでに, 次世代シークエンサーを用いて細菌のゲノム情報を迅速に得るプロトコールの確立を行ってきた。現バージョンのシークエンサー（ロッシュ社のGS-FLX Titanium）を用いれば, どんな細菌であっても1回のランニングで細菌のドラフトゲノムを得るのに十分な配列情報を入手することができる。一方で, 現バージョンのシークエンサーで得られる解読配列の長さは平均で400塩基対程度であり, 次世代シークエンサーから得られるデータのみで細菌の全ゲノム配列を完全に決定（コンプリート）することはいまだ困難である。シークエンサーの進歩

[*1] Shota Nakamura 大阪大学微生物病研究所 遺伝情報実験センター 感染症メタゲノム研究分野 特任助教

[*2] Takaaki Nakaya 大阪大学微生物病研究所 遺伝情報実験センター 感染症メタゲノム研究分野；感染症国際研究センター 特任准教授

[*3] Tetsuya Iida 大阪大学微生物病研究所 遺伝情報実験センター 感染症メタゲノム研究分野；感染症国際研究センター 特任教授

第 4 章 医療・健康

は日進月歩であるし，ペアエンド法を含むさまざまな工夫が試みられているので，ごく近い将来に新たな展開がみられることは十分予想されるが，現時点（2010 年 2 月）に限っていえば，次世代シークエンサーのみを用いて病原細菌の全ゲノム配列決定を目指すのはあまり得策とは言えない。我々は，次世代シークエンサーにより得られる配列を迅速にアセンブルすることによりドラフト配列を作成し，このドラフト配列に対し BLAST 検索を行うことにより供試菌が保有する遺伝子を迅速に同定するシステムの構築を行っている。従来，臨床検査の現場において，患者から分離される菌株の同定や性状解析には多大な労力とコストが必要であった。その一因として，臨床の場では多様な病原体に遭遇する可能性があり，そのそれぞれについて特異的な性状解析法（培養法，遺伝子検出など）を検討する必要があることがあげられる。我々が構築を行っている次世代シークエンサーを用いたゲノム情報解析システムは，病原体の種類にこだわらないアプローチであり，特に供試菌株がどのような遺伝子（病原因子，薬剤耐性など）をもっているかを迅速に知ることが目的の場合にはきわめて有効な手段となる。今後臨床検査の場においてこのようなアプローチが，従来行われてきた性状解析法の補完法として，あるいは代替法として広く使われるようになっていく可能性がある。

2.3 メタゲノム解析による病原体検出

感染症領域におけるもうひとつの方向性は，次世代シークエンサーのパーフォーマンスを病原体の検出や感染症の診断に応用しようというものである。特に 454 プラットフォームを用いた（新規）病原体検出に関する報告はすでに蓄積されつつある。

このようなアプローチを用いた最初の報告は，蜂群崩壊症候群（ほうぐんほうかいしょうこうぐん，colony collapse disorder，CCD）の解析であった[5]。CCD は養蜂場から数十億匹のミツバチが短期間に忽然と消え去るものであり，社会的な問題となっている。アメリカの研究グループは，ミツバチの生体あるいはロイヤル・ゼリーのメタゲノム解析を行い，その結果いくつかの原因候補微生物を検出した。その中でも特に IAPV（イスラエル急性麻痺ウイルス）と呼ばれるウイルスが，CCD との関連性が高いことを明らかにした。

ヒト疾患を対象とした最初の報告は，オーストリアにおいて 3 ヶ月間のユーゴスラビア旅行から帰国した 10 日後に脳出血にて死亡したドナーから臓器提供を受けた 3 人のレシピエントが，移植後 4 週から 6 週の間に相次いで死亡した症例についての解析である[6]。上述した研究グループは，454 GS-FLX を用いたメタゲノミックな解析により，死亡したレシピエントの腎臓および肝臓より新しいアレナウイルス科に属するウイルス（リンパ球性脈絡髄膜炎ウイルスと近縁）を同定した。さらに 2008 年秋にザンビアおよび南アフリカにおいて原因不明の出血熱（5 名の感染が確認され，うち 4 名が死亡）が報告されたが，同上グループは，患者検体（肝臓，血清）か

ら抽出した核酸をメタゲノミック解析することにより上記とは異なる新規アレナウイルス（Lujoウイルスと命名）を同定した[7]。

上記2例はいずれも，PCR等の従来の病原体同定法では検出できなかった症例であったことから，次世代シークエンサーを基盤とする非特異的かつ網羅的な病原体ゲノム検出法が新規病原ウイルスの同定に有効であることを示した。一方，いずれのケースにおいても10万リード程度のハイスループット・シークエンス解析を行った中で，病原ウイルスゲノムのリード数は僅か10前後であったことから，ライブラリー調製の改良を含めたさらなる検出感度の向上が求められている。

アメリカの別の研究グループは，同様の手法を用いて，メルケル細胞ガンのcDNAライブラリーから新規ポリオーマウイルス（メルケル細胞ポリオーマウイルスと命名）を新たに同定した[8]。このケースでは，細胞のmRNAを材料としていたためウイルスゲノムの検出は極めて困難であったが，40万リード近くのハイスループット・シークエンスの結果，たった1クローンのポリオーマウイルスと高い相同性を示す配列を見つけたことが，結果的に新規ウイルスの発見につながった。

2.4 細菌感染症への応用

我々は，急性下痢症の糞便検体から抽出したDNAを次世代シークエンサーを用いて解析することにより，ヒト臨床検体中の病原細菌を直接検出することに世界に先駆けて成功した[9]。食中毒と考えられる急性下痢症を発症したが，通常の検査では病原体が同定できなかった症例について，発症4日目（発症時）および3ヶ月後（回復時）に患者から採取し−80℃で凍結保存してあった糞便検体からDNAを抽出し，次世代シークエンサーGS20（454 Life Sciences）を用いてunbiasedシークエンスを行った。得られた塩基配列のBLAST解析を行い，トップヒットしてきたDNA配列の由来する生物種をNCBI taxonomyデータベースより検索した（図1，表1）。下痢発症時糞便より抽出したDNAから得られた96,941配列のうち156配列が*Campylobacter jejuni*由来のDNA配列にトップヒットしたのに対し，回復時検体については得られた106,327配列のうち本菌にトップヒットするものはなかった。この結果を踏まえ*C. jejuni*をターゲットとしたPCRおよび増菌・選択培地を含む培養検査の結果，下痢発症時糞便中に*C. jejuni*の存在が確認され，本症例が*C. jejuni*による下痢症であったことを明らかにすることができた。

その後，起病菌が判明しているさまざまな急性下痢症由来の糞便検体について，同様のunbiasedシークエンスを行うことにより，病原体検出の可能性を検討している。その結果，いくつかの検体において，従来法で検出されていた病原体（起病菌）がdominantに検出できており（図2，表2），このことは，このようなメタゲノミックなアプローチが，下痢症例における起

第4章 医療・健康

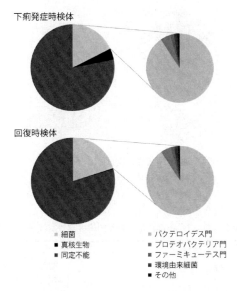

図1 下痢発症時および回復時糞便検体のメタゲノミック解析（文献9）より改変）

表1 下痢発症時および回復時の糞便より抽出したDNA断片が由来する生物種の比較（文献9より改変）
下痢発症時の検体でのみ，下痢原因菌であるカンピロバクターのゲノム配列が検出された。

生物種	ヒットした配列数（%）	
	下痢発症時	回復時
Bacteroides vulgatus	5,944 (50.5)	4,743 (56.5)
Homo sapiens	2,955 (25.1)	84 (1.0)
Parabacteroides distasonis	818 (6.9)	1,283 (15.3)
B. thetaiotaomicron	767 (6.5)	1,046 (12.5)
B. fragilis	759 (6.4)	842 (10.0)
uncultured bacterium	195 (1.7)	227 (2.7)
Campylobacter jejuni	156 (1.3)	0
B. ovatus	48 (0.4)	63 (0.8)
uncultured *Bacteroides* spp.	20 (0.2)	19 (0.2)
B. uniformis	14 (0.1)	8 (0.1)

解読配列数：下痢発症時検体 96,941 配列（内 11,777 配列が BLAST で有意なヒット），回復時検体 106,327 配列（内 8,397 配列が BLAST で有意なヒット）。

メタゲノム解析技術の最前線

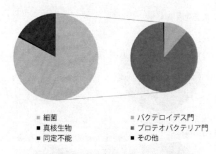

- 細菌
- 真核生物
- 同定不能
- バクテロイデス門
- プロテオバクテリア門
- その他

図2　腸管侵入性大腸菌による下痢症例のメタゲノミック解析の一例

表2　腸管侵入性大腸菌による下痢症例のメタゲノミック解析の一例

生物種	ヒットした配列数（%）
Escherichia coli	83,283 (60.2)
Shigella flexneri	26,887 (19.4)
Bacteroides fragilis	9,924 (7.2)
Shigella boydii	5,200 (3.8)
Shigella sonnei	3,875 (2.8)
Bacteroides thetaiotaomicron	1,545 (1.1)
enterobacteria phage	1,353 (1.0)
cloning vector	1,172 (0.8)
Shigella dysenteriae	1,146 (0.8)
uncultured bacterium	878 (0.6)

解読配列数：178,197配列（内138,404配列がBLASTで有意なヒット）。

病菌の推定診断に有効であることを示す．一方で，従来法によって下痢原因菌が検出されているにもかかわらず，本法では当該病原体の配列が見いだされない（あるいは対象と同程度数しか検出されない）検体もみられている．この一因として現在の次世代シークエンサーのパフォーマンス（解析配列数）が不十分であることが考えられる．今後シークエンサーの能力はさらに向上していくものと考えられるが，シークエンサー能力の向上にともない，このような問題点が解消されていくかどうか，検討していきたい．また，別の可能性として，今回糞便検体からのDNA抽出に用いた方法（QIAamp DNA Stool Mini kit）が，特定の病原体のDNA抽出には適していないことが考えられる．実際，腸内フローラの研究をしている複数グループから，糞便検体からのDNA抽出の方法によって，得られるメタゲノム配列が大きく異なることがあるとの報告がなされている．

以上のように，下痢患者より得た糞便検体から抽出したDNAを直接unbiasedシークエンスすることにより，病原体（起病菌）を検出できる可能性が示された．今後，検体の採取時期や保存法，検体からのDNAの調製法，および病原体検出に必要なシークエンスリード数などの点に

第4章 医療・健康

ついてより多くの臨床検体について検討していき，本研究の目的のために適した解析法を確立していきたい。

2.5 ウイルス感染症への応用

メタゲノミックな病原体検出のウイルス感染症への応用についての我々の経験を以下紹介する（図3，表3）。

2.5.1 インフルエンザウイルス，ノロウイルスの検出例

次世代シークエンサー・454プラットフォームを用いたウイルス感染症に対するメタゲノミック診断のフィージビリティー試験として，インフルエンザ感染およびノロウイルス感染検体の解析を行った[10]。その結果，インフルエンザウイルス感染症が疑われるヒト由来鼻汁試料（3検体）からは予想通りインフルエンザウイルスゲノムが同定され，遺伝子配列より血清型（亜型）の同定が可能であった。さらに，そのうちの1検体からは，最近発見された新規ポリオーマウイルス（WUウイルス）ゲノムが検出された。一方，ノロウイルス（食中毒の原因ウイルス）が検出された糞便検体（5例）におけるハイスループットシーケンス解析の結果，全検体からノロウイルスゲノムが検出された。加えて，そのうちの1検体から，2005年に発見されたHKU1コロナウイルスが検出された。さらに，これら病原ウイルス以外に，種々のバクテリオファージ，および（主としてTobamovirusに属する）多様な植物ウイルスゲノムが検出された。バクテリオファージは腸内細菌由来，また，植物ウイルスは食物由来であることが強く示唆されるが，ノロウイル

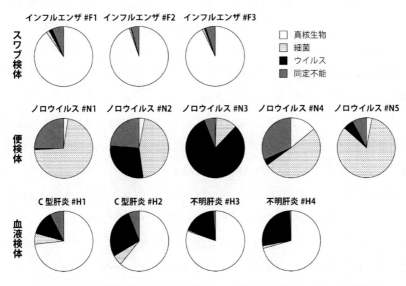

図3 ウイルス感染症検体のメタゲノミック解析（文献10, 11より改変）

表3　メタゲノミック解析により検出されたウイルス（文献10), 11) より改変）

サンプル	年齢	リード数	検出されたウイルス	サンプル	年齢	リード数	検出されたウイルス
#F1	3	460	Influenza A virus (H3N2)	#N4	3	484	Norovirus (GII/4)
		3	Human endogenous retrovirus HCML-ARV			14	Human coronavirus HKU1
						3	Phage phiV10
#F2	7	20	Influenza A virus (H1N1)			3	Human endogenous retrovirus K
#F3	5	107	Influenza A virus (H3N2)	#N5	44	762	Pepper mild mottle virus
		7	WU Polyomavirus			611	Norovirus (GII/4)
						17	Crucifer tobamovirus
#N1	62	7	Norovirus (GII/4)			2	Tobacco mosaic virus
				#H1		13,742	Hepatitis C virus
						2	Human picovirnavirus
#N2	82	7,304	Norovirus (GII/4)			2	Enterobacteria phage T7
#N3	92	15,272	Norovirus (GII/4)	#H2		5,629	Hepatitis C virus
		813	Kyuri green mottle mosaic virus			2	Enterobacteria phage T7
		7	Citrus tristeza virus	#H3		7,582	GB virus C
		3	Enterobacteria phage phiK			1	Enterobacteria phage T7
				#H4		5,068	GB virus C
						2	Enterobacteria phage T7

ス感染症の下痢便より多量の植物ウイルスゲノムが検出されたことは意外であった。これらの予備試験を通して，呼吸器および消化器における本システムを用いたメタゲノム解析が有効であることが明らかとなり，合わせて，ヒト体内のウイルス叢（複数のウイルスの存在）の一端を垣間見ることができた。

2.5.2　肝炎ウイルスの検出例

次に，評価対象を血液（血清）に拡大するために，ウイルス感染症が疑われるヒト由来血清からの網羅的なウイルスゲノム検出を試みた[11]。これまでの検査にてC型肝炎ウイルス（HCV）ゲノム陽性と診断された2検体および高いALT（alanine aminotransferase）値を示すものの，感染ウイルスが同定されていなかった2検体からのメタゲノミック診断を試みた。その結果，HCV陽性検体からは予想通りHCVゲノムが検出された。一方，未同定検体については解析の結果，G型肝炎ウイルス（HGV, GBV-C）と一致する遺伝子が多数検出された。さらにGBV-C特異的なPCRプライマーを用いた遺伝子診断でもこの2検体からシグナルが検出された。

2.5.3　全リード中にウイルスゲノムが占める割合とゲノムカバー率

最初に行った鼻汁からの解析では，検体中の細胞画分を十分に除かなかったために，多くのヒ

第 4 章　医療・健康

ト由来遺伝子が混入し，結果的に，インフルエンザウイルス由来リードは 0.08～1.5% であった。糞便検体からのテンプレート調製では，フィルター分離や超遠心分離を行ったこともあり，比較的ヒト由来遺伝子の混入を抑えることができた。その結果，ノロウイルスの検出割合も全リードの 0.05～59.8% と，検体によって差があるものの高くなり，5 検体中 4 検体で 80% 以上のゲノム領域を解読することができた（各検体約 2～3 万リードを解析）。その一方で細菌由来ゲノムの検出率は高く，腸内の常在細菌フローラによる影響が強く認められた[10]。最後の血清検体については，肝炎ウイルスゲノムの検出割合は全リードの 5～17% であり，83～97% のゲノム領域を解読することが可能であった（各検体約 3～5 万リードを解析）[11]。これらの検出率およびゲノムカバー率は，検体中のウイルスコピー数に依存するが，本試験で用いた検体中には 10^{6-7} 程度の上記した各病原ウイルスが含まれていた。

2.6　展望

　以上述べたようなアプローチは「感染症のメタゲノミック診断」と呼ぶことができる。本アプローチは原理的に標的病原体の種類にこだわらない検出・診断法であり，細菌やウイルスのみならず，真菌，寄生虫を含め多様な病原体を単一の原理で検出できる可能性がある[5,6,9,10,12]。また糞便や喀痰，血液などさまざまな臨床検体への応用が期待できる。さらに感染症の発症・治癒過程における病原体とフローラの経時的動態を網羅的に追跡することも可能となる。このような新しいアプローチを用いて，感染症が疑われるがこれまでのところ原因病原体が見いだされていない様々な症例を検討していくことにより，新規な病原体の発見につながる可能性がある。今後，より多くの臨床検体を供試することにより，本アプローチの有効性を検討していく予定である。

　DNA 配列決定技術は今後もさらに進歩しつづけるものと考えられる。ごく近い将来，現在世に出ている次世代シークエンサーに比べ，コストの点でもスピードでも格段に上回るシークエンサーが出てくることは間違いないであろう[13]。また今後，パーソナルユーズに適したシークエンサーも次々に出てくるものと考えられる（たとえばロッシュ社からは近々 GS Junior という，コンパクトサイズで操作が簡便なモデルの発売が予定されている）。そのようなハイパーフォーマンスかつユーザーフレンドリーなシークエンサーが普及すれば，現在では多種多様な培地や試薬，PCR プライマーなどを用いて複雑なプロトコールで行われている微生物の同定や性状解析，あるいは感染症の診断の多くが，DNA シークエンサーによる迅速解析に移行していく可能性がある。今後感染症領域において注目していくべきテクノロジーであると言えよう。

文　　献

1) R. F. Service, *Science*, **311**, 1544-1546 (2006)
2) M. Margulies *et al.*, *Nature*, **437**, 376-380 (2005)
3) K. E. Holt *et al.*, *Nat Genet.*, **40**, 987-93 (2008)
4) M. Monot *et al.*, *Nat Genet.*, **41**, 1282-1289 (2009)
5) D. L. Cox-Foster *et al.*, *Science*, **318**, 283-287 (2007)
6) G. Palacios *et al.*, *N. Eng. J. Med.*, **358**, 991-998 (2008)
7) T. Briese *et al.*, *PLoS Pathog.*, **4**, e1000455 (2009)
8) H. Feng *et al.*, *Science*, **319**, 1096-1100 (2008)
9) S. Nakamura, *et al.*, *Emerg. Infect. Dis.*, **14**, 1784-1786 (2008)
10) S. Nakamura, *et al.*, *PLoS One*, **4**, e4219 (2009)
11) T. Nakaya *et al.*, Handbook of Molecular Microbial Ecology II : Metagenomics in Different Habitats, Wiley-Blackwell Publisher (2010) in press
12) S. R. Finkbeiner *et al.*, *PLoS Pathog.*, **4**, e1000011 (2008)
13) J. Eid, *et al.*, *Science*, **323**, 133-138 (2009)

3 マウスモデルを用いた宿主—腸内フローラ間相互作用の解析

大野博司[*1],福田真嗣[*2]

われわれヒトを含む動物の腸内には,腸内フローラと総称される多種多様な細菌群が棲息している。ヒトの腸内フローラは細菌種として1,000種以上,その総数は100兆個以上と言われ,われわれ宿主のからだを構成する全細胞数の10倍にものぼる菌が存在すると言われる。これらは細菌同士,あるいは細菌と宿主細胞間で相互作用することにより「超有機体(superorganism)」[1]とも称される腸内共生環境を形成し,ときに宿主の健康増進に働いたり,あるいは発癌や,肥満,糖尿病などの生活習慣病,さらにはアレルギーや自己免疫疾患との関与が指摘されている。腸内フローラのうち,われわれの健康に有益な作用を有する細菌はプロバイオティクス(probiotics)とも呼ばれ,予防医学の観点からも社会的に認知されつつある。実際,ヨーグルトなどの発酵乳製品が健康によいことは以前から経験的に知られており,その摂取は腸内フローラに作用して腸内環境を改善すると考えられる。しかし,プロバイオティクスを含め腸内フローラの研究は従来,単離・培養した個々の菌の試験管内での機能解析が主体であり,腸内フローラが実際に腸内微小環境中でどのような影響を宿主に与え,あるいは宿主から与えられているのか,その分子レベルでの実態の詳細は不明であった。これには,上述のように腸内フローラはその構成が多種多様な細菌の集合体であり,しかも単離・培養可能な菌は全体のほんの一部であることから,宿主—腸内フローラ間相互作用の全体像を把握・解析する手段がなかったことが挙げられる。そこで,腸内フローラ側を単純化して,それに対する宿主の応答を解析する手法として,無菌マウスや無菌ラットなどの無菌動物に1種類ないし数種類の性状の明らかな細菌を定着させる,いわゆるノトバイオート動物の応用が開発された。しかしこのような極端に単純化された系でさえ,定着した細菌に対し宿主腸管内・あるいは体内でどのような反応が起きているのか,その全容を明らかにするのは容易ではなかった。

近年,マイクロアレイ技術の進歩とともに,ある細胞集団に発現する遺伝子群を網羅的に解析し,その発現レベルを細胞・組織間で,あるいは同一組織における経時変化を比較検討することが可能となった。このトレンドは遺伝子発現に留まらず,発現蛋白質を網羅的に解析するプロテオーム解析,代謝物を網羅的に解析するメタボローム解析など,様々なレベルでの網羅的解析技

[*1] Hiroshi Ohno ㈱理化学研究所 免疫・アレルギー科学総合研究センター 免疫系構築研究チーム チームリーダー

[*2] Shinji Fukuda ㈱理化学研究所 免疫・アレルギー科学総合研究センター 免疫系構築研究チーム 研究員

術が開発されてきている。さらには，最近のいわゆる「次世代」ハイスループット DNA シーケンサーの出現に伴い，本書の主題でもあるメタゲノム解析や，メタトランスクリプトーム解析など，腸内フローラ全体をまとめてゲノム配列解析，あるいは発現遺伝子解析する技術が開発されつつある。

本節では，筆者らの研究室で進めている，ノトバイオートマウスならびに SPF（specific pathogen-free の略。ある決められた特定の病原体を持っていない，という意味）マウスを用いたメタゲノム，メタトランスクリプトーム，メタボロームなど，各階層の網羅的解析法の組み合わせによる"マルチオミクス"解析（図1）に基づく，宿主−腸内フローラ間相互作用による腸内環境の評価系について紹介する。

3.1 ノトバイオートマウスを用いた解析

3.1.1 メタボローム解析による腸内フローラの代謝機能の検出

腸内フローラの代謝動態の一端を明らかにする方法として，腸内容物や糞便内に含まれる低分子化合物（代謝物）を NMR（nuclear magnetic resonance）や質量分析計（マススペクトロメトリー）により網羅的に解析する，メタボローム解析法がある[2]。無菌あるいは SPF 環境下で飼育した BALB/c マウスの糞便をリン酸緩衝液で抽出し，500 MHz NMR（Bruker DRX-500）を

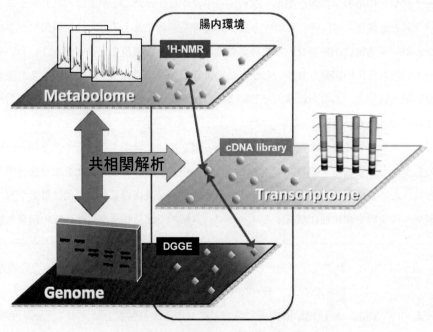

図1 マルチオミクス解析の概念図

用いて HSQC（hetero-nuclear single quantum coherence）による ^{1}H, ^{13}C-2次元 NMR により低分子有機物（代謝産物）を網羅的に観測すると，無菌マウス糞便中には，SPFマウスと比較して多量の糖質が検出されたが，有機酸はほとんど検出されず，検出されたアミノ酸の種類も顕著に少なかった（図2右）。一方SPFマウス糞便では，種々の糖質やアミノ酸に加え，有機酸など多くの低分子化合物が検出された（図2左）[3]。この結果は，宿主が摂取した食物中の糖質を腸内フローラが利用することより，アミノ酸や有機酸が産生されることを示している。腸内フローラが存在しない無菌 BALB/c マウスでは，宿主自身の消化酵素では分解できないため小腸上皮による吸収を受けない難消化性多糖を含む糖質がそのまま排出されるのに対し，腸内フローラを有するSPFマウスでは，難消化性多糖は腸内フローラにより種々の有機酸やアミノ酸へと代謝され，腸管上皮により吸収されると考えられる。すなわち，腸内フローラの存在により，腸管内の有機化合物の組成が大きく影響を受けることが分かる。有機酸は宿主腸管上皮細胞のエネルギー源となることが知られており[4]，腸内フローラはその代謝物を介して宿主へのエネルギー源やアミノ酸の供給に寄与していると考えられる。

3.1.2 マウス腸内における乳酸菌による抗菌物質産生の解析

微生物の複雑な代謝動態を詳細に解析するために有用な手法として，安定同位体標識化合物を用いた NMR による代謝動態解析法が挙げられる。ヒトを含む動物の腸内に存在する乳酸菌の一種である乳酸桿菌 *Lactobacillus reuteri* には，嫌気条件で培養するとグリセロールから抗菌物質であるロイテリンを産生するものが知られている。*L. reuteri* はプロバイオティクス効果があり，そのプロバイオティクス作用はロイテリンによる寄与が大きいとされる。しかし，実際に動物の腸内でもロイテリンが産生されているのかは不明であった。そこで，*L. reuteri* 野生株とそのロイテリン産生に重要な遺伝子である *gupCDE* を欠損させた株である Δ*gupCDE* 株を用いて，マ

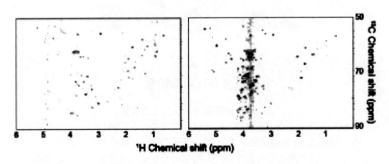

図2 SPFマウス（左）および無菌マウス（右）の糞便中代謝物プロファイル
^{1}H Chemical shift が 1〜3 ppm 付近がアミノ酸や有機酸領域，3〜5 ppm 付近が糖質領域。SPFマウスの糞便中代謝物プロファイルでは種々のアミノ酸や有機酸が検出されているのに対し，無菌マウスの糞便中代謝物プロファイルでは多量の糖質が検出された[3]。

ウス腸管内におけるロイテリン産生について ^{13}C-グリセロールを用いて解析した[5]。具体的には，無菌マウスに L. reuteri 野生株と L. reuteri ΔgupCDE 株をそれぞれ定着させたモノアソシエートマウスを作製し，腸管結紮ループ法（図3）を用いてマウス盲腸内に ^{13}C-グリセロールを投与し，3時間後に盲腸内容物を回収して，盲腸内における ^{13}C-グリセロールの代謝動態を ^{1}H, ^{13}C-HSQC で観測した。その結果，野生株定着マウスでは ^{13}C-グリセロールとともにその代謝産物と考えられる ^{3}C-ロイテリン生成が観測されたが，ΔgupCDE 株定着マウスでは ^{13}C-グリセロールのみが観察され，^{3}C-ロイテリンのシグナルは検出されなかった[5]。この結果は，グリセロールからのロイテリン産生に gupCDE 遺伝子が必須であることを証明しただけでなく，マウス腸管内における L. reuteri によるグリセロールからのロイテリン生成を代謝物レベルで初めて証明した結果でもある。マウス糞便中には 7～10 mM のグリセロールが検出されることから，実際に動物腸管内腔においても，L. reuteri がこのグリセロールを利用することよりロイテリンを産生していると考えられる。

3.1.3 腸管出血性大腸菌 O157：H7 によるマウス毒素死のビフィズス菌による予防効果の検討

腸管出血性大腸菌（Enterohemorrhagic *Escherichia coli*；EHEC）は病原性大腸菌の一種であり，ヒトの腸管上皮細胞に付着して病変部位を形成し，ベロ毒素を産生することで出血性大腸炎や，時に死に至る溶血性尿毒症症候群（Hemolytic uremic syndrome；HUS）を引き起こすことが知られている。本邦においても無症状保菌者を含めると毎年 3,000～4,500 例（うち有症状患者は毎年 60% 前後）が報告されている[6]。EHEC の中でも O157：H7 の血清型を持つタイプ

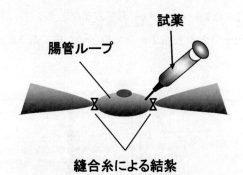

図3 腸管結紮ループ法の模式図

マウスやラットなどを麻酔下に開腹し，図のように腸管の任意の部位を，通常 2 cm 程の間隔をあけて 2 カ所手術用の縫合糸にて結紮することにより，腸管の一部に袋状の閉鎖した空間［腸管ループ］を作成する（図では，パイエル板を含む部分にループを作成している）。この腸管ループ内に薬剤や試薬，細菌などを注射器にて注入し，一定時間インキュベーションした後，組織や内容物を回収して組織染色，代謝物測定などの実験に供する。

第4章 医療・健康

(ここでは以降 O157 と呼ぶ) は,最もよく見られる食中毒の原因菌のひとつである。

O157 はヒトの病原菌であり,マウス腸管上皮への付着性を持たないため,通常 SPF マウスに O157 を経口投与してもマウス腸内では付着・増殖することはなく,糞便中に排菌されるだけで感染は起こさない。しかし,無菌マウスに O157 を経口投与すると,腸管内に他の菌が存在しないことから,O157 は腸管上皮に付着できなくても腸管内で $10^9 \sim 10^{10}$ CFU/g(腸内容物湿重量)にまで増殖し,マウスは投与後5〜7日で毒素による脳障害により死に至る。しかし,O157 投与7日前にあらかじめビフィズス菌(*Bifidobacterium longum* NCC2705 株など)を投与しておくと,O157 による感染死を防止できる。この作用はビフィズス菌の菌種により異なり,*B. adolescentis* などでは効果は見られない[7]。O157 感染死を防止できるか否かにかかわらず,糞便中のビフィズス菌および O157 の菌数,毒素の濃度には有意差は見られないが,毒素の血中への移行は感染死を防止できる群では防止できない群に比較して著明に低値を示していた。腸の組織を詳細に調べたところ,遠位結腸にのみごく軽度の炎症像が認められた。この結果は,感染死を防止できるビフィズス菌は O157 の増殖そのものや毒素の産生などには影響せず,マウス腸管上皮に何らかの作用を及ぼすことで腸管上皮の毒素侵入に対する抵抗性を増進することにより,間接的に O157 感染死に対する予防効果を発揮することを示唆している。

そこでその分子メカニズムを明らかにするために,マルチオミクス解析手法の適用を試みた。マウス腸管上皮のトランスクリプトーム解析は Affymetrix 社の GeneChip によるマイクロアレイ解析にて行った。マウス腸管上皮は筆者らが開発した上皮剥離法により回収し RNA を抽出した[8]。メタボローム解析は 90%D_2O を含むリン酸カリウム溶液で溶解したマウス糞便サンプルを ^{1}H-1次元 NMR および ^{1}H, ^{13}C-2次元 NMR(HSQC 法)にて測定した。得られたデータは数値化し,自己組織化マップ法(self-organized mapping;SOM),階層的クラスター分析(hierarchical cluster analysis;HCA),PLS 判別分析(partial least squares-discriminant analysis;PLS-DA)などの方法により,O157 感染死を防止できるビフィズス菌投与時とできないビフィズス菌投与時の違いを探索した。さらに,それらのビフィズス菌の全ゲノム配列を決定し比較検討した。その結果,O157 感染死を予防できないビフィズス菌には存在しない糖トランスポーターをコードする遺伝子クラスターが,予防できるビフィズス菌には存在すること,また後者を投与されたマウス糞便中の有機酸の量が,前者を投与されたマウスの糞便中有機酸量に比べ有意に高いことが明らかとなった(未発表データ)。従って,O157 感染死を予防できるビフィズス菌は,糖トランスポーターを使って腸内容物中の糖をより効率よく利用してより多くの有機酸を産生しており,この有機酸が腸管上皮に対して保護的に作用することにより,O157 によって起こるであろう軽度の炎症を防止し,ひいては毒素が血中に移行することによる脳障害による死からマウス個体を保護すると考えられる(筆者ら,論文投稿中)。

3.2 SPFマウスを用いたマルチオミクス解析による腸内環境評価法の確立の試み

摂取する食物の違いにより腸の状態が変化することは日常生活でも経験することもあると思うが，動物実験においても食品の機能を評価する様々なデータが報告されている．これは，食物の成分により宿主の腸管上皮の増殖能や代謝，さらには腸内フローラの組成や代謝が変動し，それが宿主—腸内フローラ間相互作用の変動，ひいては腸内環境全体の変化に反映されるためと考えられるが，それを客観的に評価する方法はこれまでなかった．そこでモデル系として，SPF環境下で飼育したBALB/cマウスに，通常の餌（CA-1，日本クレア）とCA-1に小麦ふすま由来繊維を5%（w/w）含む高繊維食を1週間おきに交互に摂食させた時の腸内環境の変動を，経時的に糞便を採取し，NMRを用いたメタボローム解析，腸内フローラの発現遺伝子群に着目したcDNAライブラリー法によるメタトランスクリプトーム解析，変性剤密度勾配ゲル電気泳動法（degenerative gradient gel electrophoresis；DGGE法）を用いた腸内フローラ構成解析を行い，得られたデータを多変量解析および相関解析により評価した．真核生物と異なり，細菌のmRNAはpoly A配列を持たないため，oligo-dTによる選択的な逆転写によるcDNAライブラリー作成法は適用できない．従ってランダムプライマーによる逆転写を行うが，そのままでは大量に存在するribosomal RNA(rRNA)の逆転写産物がほとんどを占めてしまう．そこで，糞便中から回収した細菌RNAからRiboMinusキット（Invitrogen）によりまずrRNAを除去した後，逆転写反応を行い，cDNAライブラリーを構築した．このようにして作成したライブラリーからランダムに100クローンを選択しDNA配列を解析した結果，rRNAに由来するクローンは全体の4.5%であったことから，この方法によりほとんどのrRNAが除去できることが分かった（著者ら，未発表データ）．また，腸内フローラは大部分が難培養性であると考えられることから，培養に依存しない微生物群衆構造解析法として，DNAの分子量および変性しやすさ（GC含量）によりゲル内の移動度が異なることから比較的高い分解能が得られるDGGE法を用いた．

その結果，高繊維食摂食時には①種々の有機酸濃度が変動し，②それに伴った腸内フローラの発現遺伝子群の変動が認められ，③腸内フローラ構成の変動も検出された．相関解析結果から，高繊維食摂食時の酪酸や酢酸，プロピオン酸の増加は*Clostridium* sp.の増加と相関が高いことが示唆された．またcDNAライブラリー法により得られた腸内フローラの発現遺伝子群情報をCOGs(Clusters of Orthologous Groups)データベースで解析したところ，高繊維食摂食時に「Signal transduction」や「Carbohydrate metabolism」に分類される遺伝子群が増加した．特に「Carbohydrate metabolism」に分類される糖の取り込みやエネルギー代謝に関与する遺伝子が増加していた．代謝物—発現遺伝子群—細菌叢の相関情報を統合することで，高繊維食摂食時の腸内環境の生物間代謝経路を推定可能であったことから，本評価系を用いることで宿主—腸内フローラ間相互作用の評価が可能であると考えられた（筆者ら，未発表データ）．

第 4 章 医療・健康

3.3 おわりに

　宿主―腸内フローラ間相互作用の総合的理解に向けた取り組みはまだ緒に就いたばかりであり，腸内フローラの複雑さを考えると全体像の理解にはまだほど遠い感がある。しかし一方で，次世代シーケンサーをはじめとする解析機器の開発や技術革新によるデータ獲得・処理時間の大幅な短縮は目を見張るものがあり，今日は不可能と思えることが明日には可能となっていることもあながち夢物語とも言えまい。腸内フローラの簡便評価法が日常の体調管理に導入され，自らの腸内フローラを測定し，組成に不具合が見られたらそれを補正するような機能性食品やサプリメントを摂取する，という日が遠からず来ることを期待したい。

文　　献

1) J. K. Nicholson et al., *Nat. Biotech.*, **22**, 1268 (2004)
2) 菊地淳, 遺伝子医学 MOOK, **16**, 80 (2010)
3) 菊地淳ほか, 難培養微生物研究の最新技術Ⅱ―ゲノム解析を中心とした最前線と将来展望―, pp.147-155, シーエムシー出版 (2010)
4) S. Fukuda et al., *J. Dairy Sci.*, **89**, 1043 (2006)
5) H. Morita et al., *DNA Res.*, **15**, 151 (2008)
6) 厚生労働省／国立感染症研究所, 感染症週報, **11**, (35), 10 (2008)
7) K. Yoshimura et al., *Antonie van Leeuwenhoek*, **97**, 107 (2010)
8) K. Hase et al., *DNA Res.*, **12**, 127 (2005)

4 疾患とメタゲノム（腸内細菌と炎症性腸疾患）

山本幸司[*1]，吉田　優[*2]，井上　潤[*3]，
大井　充[*4]，吉江智郎[*5]　東　健[*6]

4.1 はじめに

　ヒトを含む動物の鼻腔，消化管（口腔，咽頭，食道，十二指腸，小腸，大腸など），女性生殖器，皮膚などには常在菌叢と呼ばれる多種多様な細菌群（叢）が存在している。特にヒトの腸内には成人で100種類以上，100兆個以上にも及ぶ腸内細菌叢が常在しており，その大半が糞便として排出される。糞便の約半分から90％が腸内細菌自体または，その死骸であることも知られている。腸内細菌叢は，宿主の恒常性維持に深く関与している。食物繊維の主成分であるセルロースなどの難分解性多糖類を短鎖脂肪酸に転換するなど食物の代謝にも深く関わっており，宿主に栄養素やエネルギー源を供給すること，また，外部から侵入した病原性細菌が腸内で増殖するのを防止する感染防御の役割を果たすことなども知られている。しかしながら，腸管に常在する腸内細菌叢の大部分は培養することが困難であるため，それらを構成する菌種組成とその機能，また，その生体に及ぼす作用については，まだ不明な点が多い。ヒトの腸内細菌叢は，クローン病や潰瘍性大腸炎などの炎症性腸疾患，各種アレルギー性疾患だけでなく，肥満や糖尿病などの疾患にも関与していることが報告され，疾患の発症メカニズムが腸内細菌の観点から明らかにされつつある。

　これまで腸内細菌叢の分類・機能研究には，個々の腸内細菌を分離培養する細菌学的手法と16SリボゾームRNA遺伝子ならび特定遺伝子の直接クローニングなどを指標とした分子生物学的手法が主に用いられてきた。しかしながら，これらの方法では，既知細菌の検出，既知遺伝子に類似した遺伝子の単離・比較は可能であるが，難培養性細菌を含む膨大な数の細菌叢を対象にした網羅的全遺伝子解析を行うことができない。近年，難培養性細菌を含む細菌叢の全体像を解明する方法として，培養することなく細菌叢DNAのシークエンス情報を直接かつ網羅的に獲得するメタゲノム解析法が開発された。本手法により疾患細菌叢と健康細菌叢の網羅的腸内細菌遺

[*1] Koji Yamamoto　神戸大学大学院　医学研究科　内科学講座　消化器内科学分野
[*2] Masaru Yoshida　神戸大学大学院　医学研究科　内科系講座　病因病態解析学分野；
　　　　　　　　　内科学講座　消化器内科学分野　准教授
[*3] Jun Inoue　神戸大学大学院　医学研究科　内科学講座　消化器内科学分野
[*4] Makoto Ooi　神戸大学大学院　医学研究科　内科学講座　消化器内科学分野
[*5] Tomoo Yoshie　神戸大学大学院　医学研究科　内科学講座　消化器内科学分野
[*6] Takeshi Azuma　神戸大学大学院　医学研究科　内科学講座　消化器内科学分野　教授

第4章 医療・健康

伝子を比較することが可能となり，原因細菌や病原性因子などの同定，また疾患発症の分子機序を明らかにし，腸内細菌をターゲットにした新しい診断法，創薬や治療法の開発につながることが期待される。

本節では腸内細菌叢の役割と機能について概説し，炎症性腸疾患と腸内細菌との関連を中心に現状を概説する。

4.2 腸内細菌叢の構成と生体との相互作用
4.2.1 腸内細菌叢の構成と働き

腸内細菌叢は，ヒトや動物の腸の内部に生息している細菌群である。ヒトの腸内には約100種類以上，100兆個以上の腸内細菌群が生息し，一種の生態系（腸内フローラ）を形成している。腸内細菌叢は互いに共生しているだけでなく，宿主であるヒトや動物とも共生関係にあり，宿主の恒常性維持に関与していることが知られている。例えば，腸内細菌叢は宿主が摂取した栄養分で増殖し，一方でさまざまな代謝産物を産生する。草食動物やヒトのような雑食動物では，さまざまな食物繊維に含まれる難分解性多糖類を短鎖脂肪酸に分解・転換し，宿主にエネルギー源を供給することが知られている。また，宿主の感染防御機構にも関与しており，外部から侵入した病原細菌が腸内で増殖するのを阻止している。すなわち，腸内細菌叢は宿主と共生することで，宿主免疫や代謝，ビタミンの合成やホルモンの産生など，多種多様な宿主の生命維持に関与している[1〜10]。

近年16SリボゾームRNA(rRNA)の保存された塩基配列が，微生物の系統解析に有用であることが報告された[11]。この塩基配列の比較から菌属，菌種特異的なプローブ，プライマーが設計され，現在までに多くの微生物遺伝子情報が蓄積されている[12〜14]。近年においては，微生物間の分類法において，この16S rRNAの塩基配列を用いた分子生物学的解析法が新しい分類基準として使用されている。本手法により，培養法で200〜300種から構成されると考えられていた腸内細菌叢が，1,800の属（genus），15,000〜36,000種（species）の細菌より構成されていること，これにより10^{13}〜10^{14}個の細菌は，ヒトの遺伝子の約100倍の遺伝情報をもつことなどが明らかにされた[7]。胃，十二指腸では，細菌数は内容物1g当たり10^2〜10^3個の好気性菌が存在するのみであるが，盲腸においては嫌気性菌を中心として10^{11}〜10^{12}個の細菌が存在している。健康成人の空腹時の小腸下部に近づくに従って *Lactobacillus*，*Streptococcus*，*Bifidobacterium*，*Staphylococcus* などの菌数は増加，次第に大腸への菌叢に移行し，E. coli，Bacteroides なども検出される[1,9]。腸内細菌の99％以上が，ファーミクテス，バクテロイデス，プロテオバクテリア，アクチノバクテリアの4つの門（phylum）に属している[1,9]。16S rRNAの塩基配列を基にした系統樹解析により，*Bacteroides*（29％），*Clist. Coccoides* group（24％），*Atopobium* group（16％）

Bifidobacterium（8.8%），*C. leptum* subgroup（9.2%），*Prevotella*（7.2%）が腸内細菌の主要菌群とされている。一方，大腸菌などのエンテロバクテリア科の細菌は，プロテオバクテリア門の中の少数派である。ヒト腸内の最優勢群においても個人差が認められ，構成菌種間でも個体差が認められる[1,9]。ヒト以外の多くの動物，特に炎症性腸疾患モデルに用いられるラット，マウスなどのげっ歯類の空腸においては，ヒトよりはるかに多く腸内細菌が存在することが知られている。

4.2.2 腸管のバリアー機能

腸管粘膜は，極性をもつ一層の上皮細胞群により構成されている。さまざまなタイトジャンクション分子により強固に保持され，また，粘液多糖と呼ばれるグリコカリックスを分泌することでバリアー機能を有している。腸管上皮細胞群の中の一つであるパネート細胞はディフェンシンやカテリシジンといった抗菌ペプチドを産生し，腸内細菌の侵入を阻止することで腸管内の防衛機構を担っている[15]。また，腸管上皮細胞群の中には特殊に分化したM細胞[16]や粘膜下に存在する樹状細胞が存在し，粘膜防御機構に重要な役割を果たしている[17〜18]。M細胞は摂取した食餌性高分子や細菌・ウイルスなどの微生物を積極的に取り込み，基底膜側から排出して粘膜下の免疫担当細胞に供給することで，免疫応答に寄与している。樹状細胞は，抗原提示細胞として腸管全域の粘膜下に存在している[19,20]。粘膜下の樹状細胞は，タイトジャンクション蛋白を発現させ，近接した上皮細胞と新しくタイトジャンクション様構造を形成し，また，下流であるT細胞の免疫応答を制御することで腸管上皮バリアー機能に関与している[21,22]。近年の報告から，腸内細菌がタイトジャンクションの形成に重要であることも示唆されており[23]，腸管のバリアー機能は，腸内細菌の存在が複雑に関連していることが示唆されている。

4.2.3 粘膜内免疫応答

腸管内の自然免疫細胞において，非病原性の細菌群に対しては活性化しないように抑制する分子機構（免疫寛容）が備わっている。腸管上皮細胞においては，toll-like receptor(TLR)は主として管腔側でなく基底膜側に発現しており，腸内細菌からのシグナルが常に伝達されないように制御されている[24]。また，腸管上皮細胞は，TLRの細胞内シグナル抑制因子であるsingle immunoglobulin IL1 receptor related molecules(SIGIRR)を恒常的に発現することでTLRからのシグナルを抑制していることも報告されている[25]。腸管粘膜固有層に存在する樹状細胞やマクロファージは，リポ多糖（Lipopolysaccharide, LPS）や細菌やウイルスのDNAに含まれる非メチル化CpGアイランド（CpG）の刺激に対して，TNF-αやInterleukin(IL)-12p40の応答性が低く，抑制性サイトカインであるIL-10を恒常的に産生する[26]。マクロファージにおいては，IL-10によって産生されるBcl-3やIκBNSを高発現し，TLRの主要なシグナル伝達経路であるNF-κBの活性化を阻害して炎症性サイトカインの発現誘導を抑制している[27]。さらに，

第4章 医療・健康

IL-10欠損マウスおよびIL-10のシグナル伝達に必須なSTAT3を欠損させたマウスでは，慢性大腸炎を自然発症することからも[28]，IL-10の産生誘導は腸内細菌に対する腸管内のホメオスタシスの維持に重要な遺伝子であることが示唆されている。

4.2.4 腸管代謝産物の役割

腸内細菌叢の変化は，食物の代謝，分解に影響を与えることから，腸内環境に大きな変化をもたらす。消化されずに腸内に流入してきた食事中のオリゴ糖，難消化性でんぷん等は発酵基質として腸内細菌に利用され，酢酸，プロピオン酸，酪酸などの短鎖脂肪酸が産生される。この短鎖脂肪酸は大腸により吸収され，生体内のエネルギー源として利用される。特に，酪酸は大腸粘膜上皮細胞の増殖促進[29,30]，大腸がん細胞の分化およびアポトーシス誘導[31~33]，炎症性サイトカインの産生抑制[34~36]，粘膜組織からの粘液の分泌促進作用[37]などの作用があり，腸内の機能維持に関与している。

一般的に，腸内最優勢菌である *Bacteroides* は糖を代謝して，主にコハク酸，プロピオン酸，酢酸を，*Eubacterium* や *Clostridium* は酢酸や酪酸を，*Bifidobacterium* は乳酸と酢酸などの短鎖脂肪酸を生成し，これらは腸管上皮細胞の重要なエネルギー源となる[9]。*Clostridium coccoides* グループの *Eubacterium rectale* や *Roseburia* 属細菌[38]，*Clostridium leptum* サブグループに属する *Feacalibacterium prausnitzii* ならびに Bacteroides 等，グルコース等の脂質から酪酸を産生する[39,40]。オリゴ糖，難消化性でんぷんなどの難消化性糖質は，上部消化管で消化吸収されずに大腸までそのまま到達し，腸内細菌による発酵過程を経て酪酸の産生を促進している[41~44]。また，オリゴ糖，難消化性でんぷんなどの難消化性糖質は腸内のビフィズス菌，乳酸菌の増殖にも関与し，乳酸の産生を促進している[45~47]。また，ヒト腸内にはビフィズス菌，乳酸菌等により産生された乳酸を巧みに利用し酪酸に変換させる菌が存在し腸内環境の維持に重要な役割を果たしているものと考えられる。一方で，腸内細菌の関与が示唆される Inflammatory Bowel Disease（IBD）の減少は腸内酪酸の減少をきたし，同様に硫酸塩を減少させる細菌の減少は，硫化水素の産生を誘導して上皮細胞の酪酸利用を障害することも知られている[48~51]。これらのことから腸内細菌叢は腸内環境の維持に重要な役割を果たしている一方で，特定の細菌群の変化により腸管炎症を誘導していることが考えられる。

4.3 腸内細菌と疾患

4.3.1 腸内細菌と炎症性腸疾患

IBDは大きく潰瘍性大腸炎（UC）とクローン病（CD）の2疾患に区別される。これまでヒトCDおよびUCを対象にした臨床研究により，腸内細菌がIBDなどの病態に深く関与していることが示唆されている。重症IBD患者の治療において，長期的な抗生物質投与により，腸管炎症

の改善効果が認められる[52,53]。CDの腸管粘膜において，type 1 helper T cell(Th1)型のCD4陽性T細胞の恒常的な活性化が認められる。一方，UCの腸管粘膜においては，type 2 helper T cell(Th2)型CD4陽性T細胞の活性化が認められているが，その詳細な分子機序は不明である。炎症性腸疾患の病態に腸内細菌が深く関与していることは，遺伝学，分子微生物学，免疫学，動物モデル，免疫学的手法に基づいた診断学，トランスレーショナルリサーチ，臨床試験などから明らかにされている。すなわち，炎症性腸疾患においては，腸内細菌叢との免疫寛容状態が破綻していることがその原因の一つであることが想定される。IBDの腸内細菌叢が変化していることはさまざまな分子生物学的解析法を用いた報告がなされている[9,54~61]が，未だ明らかな病原細菌の同定はなされていない。

炎症性腸疾患で変化が認められる腸内細菌群では，*Firmicutes*門（その中でもClostridium XIVaとIVのグループ），*Bacteroidetes*門に属する細菌種の割合が減少していること，*Actinobacteria*と*Proteobacteria*の割合が相対的に増加していることが報告されている[6]。また，*E. coli*などの*Enterobacteria*科を含む*proteobacteria*門の絶対数は増加していないが，CDにおける*Clostridium*の減少[56,57,60,62,63]および*Bacteroides*科細菌が減少していることが報告されている[6]。以上より，UCおよびCDなどの炎症性腸疾患においては腸粘膜面における特定の細菌群の変化および機能的な変化をきたしている可能性が示唆される。

近年のIBDの動物実験モデルの飛躍的な発展に伴いIBDと腸内細菌の関連性が示唆されている[2,3,64,65]。特に，IBDの動物モデルであるIL-10やIL-2のノックアウトマウス，CD4+CD45RB[high]移入腸炎モデルなどさまざまな実験腸炎モデルにおいて，無菌化することで腸炎の発症が抑制されること[66,67]，また臨床的な観点から腸内細菌を制御する抗生物質の投与やプロバイオティクスがIBDの治療に有効であることも報告されている[68]。無菌環境下のHLAB27トランスジェニックラットやIL-10欠損マウスに特定の菌を投与することにより腸炎を誘導できるが，腸炎の発症，腸炎のタイプは各モデルや投与する菌種で異なることから，腸炎の発症は宿主と菌種により規定されているのかもしれない[69~77]。例えば，無菌下のIL-10欠損マウスでは，*E. coli*は盲腸中心の大腸炎を起こすが，*E. faecalis*は遠位大腸炎を起こす。両方の同時投与は，さらに重篤な全大腸炎を起こす[78]。一方，HLAB27トランスジェニックラットに腸炎を起こす*B. vulgatus*はIL-10欠損マウスには腸炎を誘導しないことが知られている。

さらに，細菌のペプチドグリカンのムラミルジペプチド（muramyl dipeptide, MDP）部分を認識する細胞質内受容体であるNOD2／CARD15の変異型マウスを用いた実験により，NOD2／CARD15がTLR2刺激に対し抑制的に働くこと[79]や変異型のNOD2／CARD15がMDP刺激により炎症性サイトカインであるIL-1βを高産生することが報告された[80]。これらの事実からUCおよびCDなどの炎症性腸疾患においては腸内細菌と生体との密接な関連性，つまり腸内細菌叢

の機能的な変化および異常認識が過剰な炎症反応を惹起していると考えられる。

4.3.2 粘膜免疫異常と粘膜防御機構の破綻

粘膜のホメオスタシスは，抗菌ペプチドや分泌型免疫グロブリンの産生による腸内細菌の接着，侵入の阻止，毒素の中和，腸管上皮細胞の迅速な修復，自然免疫と獲得免疫の制御，侵入した細菌の駆逐などにより担われている。

CDのような炎症活動期においては，活性化されたマクロファージが著しく増加している[81,82]。このようなマクロファージはIFNγ，IL-12，IL-18といったTh1型のサイトカインを産生し，TNFα，IL-1βなどの催炎性サイトカインの産生誘導に関与している[83]。CDにおいては，IL-12，IL-18によりIFNγの産生をきたし，T細胞を活性化させることが示唆され，CDにおけるTh1型サイトカインの過剰な産生誘導が病態発症に関与していることが示唆されている。

一方で，TNFαやIL-13などのサイトカイン誘導により，Claudin2の増加，タイトジャンクションの構成分子のClaudin 5，6の減少および異常，さらに上皮細胞のアポトーシス亢進などが報告されている[84]。このことから，IBDにおいては，活性化されたサイトカインの誘導により粘膜防御機構の破綻をきたし病態の発症に関与していることが示唆される。

4.3.3 抗菌機構の破綻

CD患者を対象にした遺伝子解析の結果，約30%の患者にNOD2遺伝子異常が検出された[85,86]。NOD2蛋白は細菌膜成分であるムラミルジペプチドを認識する細胞内受容体で，腸管粘膜では小腸のPaneth細胞に特異的に発現している[87,88]。近年，NOD2ノックアウトマウスを用いた実験では，細菌感染に対する抵抗力が減弱し，その一因としてPaneth細胞が産生する抗菌ペプチド（αディフェンシン）の発現が低下していることが明らかになった[89~91]。さらに大腸病変を有するCDでは，βディフェンシンの低コピーバリエーションが認められ，蛋白発現の低下と相関している[92]。ディフェンシンの発現低下は回腸病変を有するCD患者で著名であり[93]，抗菌ペプチドの低下にともなう腸内細菌の過増殖が慢性炎症を引き起こすものと推測される。一方で，回腸CDにおけるαディフェンシンの減少は，Wnt-シグナル経路の転写因子Tcf-4発現の低下により引き起こされ，これはNOD2遺伝子変異とは関連がないことも知られている[94]。また，Tcf-4の発現低下を示すマウスではパネート細胞からのαディフェンシン産生の減少がみられる。つまり，Paneth細胞とその分泌顆粒のおもな抗生成分であるディフェンシンの異常がCDの発症に関与していることが示唆されている[95]。

また，細胞内殺菌に関与するATG16L1はCDの疾患感受性遺伝子として知られているが[96]，ATG16L1遺伝子異常を有するヒトCDにおいても同様にPaneth細胞の分泌顆粒異常が認められる。これらも抗菌機構の破綻の一端を担っていると考えられており，自然免疫担当細胞であるPaneth細胞にも異常をきたすことが，病的T細胞の活性化につながっていると推測される[97]。

4.4 メタゲノム解析の有用性

　これまでにも述べたように，ヒトの腸内には成人で100種類以上，100兆個以上にも及ぶ腸内細菌が常在していると考えられている。これまで腸内細菌叢の分類や機能研究には，培養の確立による菌体の分離と16S rRNA遺伝子を指標にした分子生物学的手法が用いられている。しかしながら，腸内細菌のほとんどは難培養性細菌であり，培養される細菌は0.1％未満であるともいわれている。近年，メタゲノム解析の発展にともない，腸内細菌叢のメタゲノム解析が行われるようになってきた[98, 99]。メタゲノム解析という手法は，細菌叢のゲノムシークエンスと得られた配列データのコンピュータ解析からなり，培養の可否に関係なく，そこに存在する遺伝子を広範囲に解析できるシステムで，従来の培養や16Sなど一部の解析だけでは不可能な腸内細菌叢の遺伝子組成と機能特性の解明が可能となる。次世代型シークエンサーの開発により，一塩基レベルでの網羅的なヒト個人の全ゲノム解析や転写物の定量解析が高速かつ安価に行うことが可能となってきている。これまでの報告から，ヒト腸管に存在する腸内細菌はIBD発症に深く関与していることが示唆されている[2, 3, 64, 65]。また，ヒトCDおよびUCなどのIBD疾患のゲノムワイドの相関解析からUCおよびCDに特異的な遺伝子の存在が報告されている[100~103]。一方，IBD疾患における腸内細菌叢の16S解析から腸内細菌叢の変化が認められている[6]。ヒト―細菌間相互作用に深く関与する腸内細菌の遺伝子と遺伝子産物，代謝物と代謝経路を明らかにし，これらの分子や代謝経路およびこれらを有する細菌種をターゲットとした創薬デザインによるプロバイオティクスを含めた医薬品等によるIBDの治療および予防法の開発が期待される。

4.5 腸内細菌叢を標的とした治療

　プロバイオティクス，プレバイオティクス，抗生剤によるIBDの治療については多くの報告がある[76, 77, 104~108]。中でもプロバイオティクスは，上皮バリアーの抵抗力を高め，腸管での定着に競合し，粘液の分解を抑え，免疫応答を修飾する。近年，動物実験モデルを用いた検討により，プロバイオティクスが腸管の炎症において調節的な役割を担っていることが示唆されている[109]。これまでにUCなどの予防および治療を目的とした臨床試験も行われており[110]，有望な結果が得られている。しかしながら，CD患者における予防および治療には有用性を示しておらず[111]，その効果は決定的なものではない。明確な細菌抗原に対する免疫応答と細菌構成の変化に基づく抗生剤とプロバイオティクスの効果が検討されるべきである。その一つとして，*Fusobacterium varium* を標的としたアモキシリン，テトラサイクリン，メトロニダゾールによるUCの治療200やOmt-CやI12抗体陽性例でのシプロキサンやメトロニダゾール効果の改善69などは，特定のIBD患者に対する有用性を示しているものである。生物学的活性物質を分泌するように人工的に作られた細菌，例えばIL-10，ITF，*superoxide dismutase* 産生 *Lactococcus lactis* などの

第4章　医療・健康

効果が実験的に検討されている[112～114]。臨床的にもその有用性がCDで示されている[115]。

4.6　おわりに

　遠位回腸と大腸には莫大な数の腸内細菌が存在し，その構成，代謝活性の変化が急速に明らかにされつつある。腸内細菌は遺伝的な素因をもつ宿主の病的獲得免疫の恒常的な刺激となっていると考えられる。粘膜防御機構や殺菌能の遺伝的な異常は細菌抗原刺激の増強をもたらす。また，免疫機構制御の異常は細菌抗原に対する過剰なT細胞反応を招き免疫寛容の破綻をきたす。自然免疫機構の破綻が粘膜局所における殺菌能の低下と腸内細菌自身の機能変化をきたし，細菌の粘膜接着と侵入，上皮細胞や貪食細胞内での増殖を招き，さらなる上皮細胞の機能低下をきたすとするものである。

　腸内細菌の機能変化が宿主の遺伝的素因と重なり病気の発症に至ると考えられる。今後，より効率的に腸内細菌の多様性の変化とそれにともなう腸内環境の変化を患者と健常人で明らかにする必要がある。ただ単に腸内細菌叢の変化をみているだけでは疾患の病因に近づくことは困難である。まず，microbiomeとして腸内細菌叢と生体の相互作用を明らかにし，その病態での変化をとらえる研究が今後必要と考えられる。また，腸内細菌間の相互作用を明らかにし，細菌自身の機能変化を明らかにしていく必要がある。そのためには，さまざまな方向からの洗練されたアプローチが必要であり，メタゲノム解析は今後腸内細菌と疾患との相互作用を考える上で最も期待される手法である。つまり，機能に直結した遺伝子を明らかにできるメタゲノム解析による，疾患細菌叢と健康細菌叢の比較は，原因細菌や因子などの同定を含めた病気の発症機構の解明を促進し，腸内細菌をもターゲットとしたよりグローバルな創薬や治療法の開発につながると期待される。

文　　献

1) Eckburg PB., Relman DA., *Clin. Infect. Dis.*, **44**, 256-262（2007）
2) Strober W., Fuss I., Mannon P., *J. Clin. Invest.*, **117**, 514-521（2007）
3) Sartor RB., *Nat. Clin. Pract. Gastroenterol Hepatol.*, **3**, 390-407（2006）
4) Xavier RJ., Podolsky DK., *Nature*, **448**, 427-434（2007）
5) Sartor RB., Blumberg RS., Braun J., *et al.*, *Inflamm. Bowel. Dis.*, **13**, 600-619（2007）
6) Eckburg PB., Bik EM., Bernstein CN., *et al.*, *Science*, **308**, 1635-1638（2005）
7) Gill SR., Pop M., Deboy RT., *et al.*, *Science*, **312**, 1355-1359（2006）

8) Turnbaugh PJ., Ley RE., Mahowald MA., *et al., Nature*, **444**, 1027-1031 (2006)
9) Frank DN., St. Amand AL., Feldman RA., *et al., Proc. Natl. Acad. Sci. U S A.*, **104**, 13780-13785 (2007)
10) Ley RE., Peterson DA., Gordon JI., *Cell*, **124**, 837-848 (2006)
11) Woese, C. R., *Bacterial evolution. Microbial. Rev.*, **51**, 221-271 (1987)
12) 松木隆, 宮本有希子, 渡辺幸一, 田中隆一郎, 小柳津弘志, 学会出版センター, pp.67-89 (1999)
13) Welling, G. W, *et al.*, 腸内フローラの分子生態学的検出, 同定, 光岡知足編, 学会出版センター, pp.7-33, (1999)
14) Wilson, K. H., *et al., Appl. Environ. Microbial*, **62**, 2273-2278 (1996)
15) Ganz T., *Nat. Rev. Immunol.*, **3**, 710-720 (2003)
16) Kraehenbuhl, J. P., *et al., Annu. Rev. Cell. Dev. Biol.*, **16**, 301-332 (2000)
17) Banchereau, J., *et al., Annu. Rev. Immunol.*, **18**, 767-811 (2000)
18) Bilsborough, J., *et al., Gastroenterology*, **127**, 300-309 (2004)
19) Kelsall, B. L., *et al., Nat. immunol.*, **5**, 1091-1095 (2004)
20) Maric, I., *et al., J. immunol.*, **156**, 1408-1414 (1996)
21) Iwasaki, A., *et al., Annu. Rev. Immunol.*, **25**, 381-418 (2007)
22) Rescigno, M., *et al., Nat. immunol.*, **2**, 361-367 (2001b)
23) Chieppa, M., *J. Exp. Med.*, **203**, 2841-2852 (2006)
24) Artis D., *et al., Nat. Rev. immunol.*, **8**, 411-420 (2008)
25) Gewirtz AT., *et al., J. Immunol.*, **167**, 1882-1885 (2001)
26) Hirotani T., *et al., J. Immunol.*, **174**, 3650-3657 (2005)
27) Kuwata H., *et al., Immunity*, **24**, 41-51 (2006)
28) Takeda K., *et al., Immunity*, **10**, 39-49 (1999)
29) Kien CL., *et al., J. Nutr.*, **137**, 916-922 (2007)
30) Sakata T., *Br. J Nutr.*, **58**, 95-103 (1987)
31) Archer SY., *et al., Proc. Natl. Acad. Sci. USA.*, **95**, 6791-6796 (1998)
32) Barnard JA., *et al., Cell Growth Differ.*, **4**, 495-501 (1993)
33) Whitehead RH., *et al., Gut*, **27**, 1457-1463 (1986)
34) Kanauchi, *et al., World J. Gastroenterol.*, **12**, 1071-1077 (2006)
35) Segain JP., *et al., Gut*, **47**, 397-403 (2000)
36) Tedelind S., *et al., World J. Gastroenterol.*, **95**, 2826-2832 (2007)
37) Shimotoyodome A., *et al., Comp. Biochem. physiol.*, **A125**, 525-531 (2000)
38) Aminov RI., *et al., Appl. Environ. Microbiol.*, **72**, 6371-6376 (2006)
39) Macfarlane S., *et al., Proc. Nutr. Sci.*, **62**, 67-72 (2003)
40) Pryde SE., *et al., FEMS Microbiol. Lett.*, **217**, 133-139 (2002)
41) Campbell JM., *et al., J. Nurt.*, **127**, 130-136 (1997)
42) Kabel MA., *et al., J. Agric. Food Chem.*, **50**, 6205-6210 (2002)
43) Le Blay G., *et al., J. Nutr.*, **129**, 2231-2235 (1999)
44) Silvi S., *et al., J. Appl. Microbiol.*, **24**, 521-530 (1999)

45) Matsuki T., *et al.*, *Appl. Environ. Microbiol.*, **72**, 7220-7228 (2004)
46) Vernia P., *et al.*, *Gastroenterology*, **95**, 1564-1568 (1988)
47) Bourriaud C., *et al.*, *J. Appl. Microbiol.*, **99**, 201-212 (2005)
48) Marchesi JR., Holmes E., Khan F., *et al.*, *J. Proteome. Res.*, **6**, 546-551 (2007)
49) Smith FM., Coffey JC., Kell MR., *et al.*, *Colorectal. Dis.*, **7**, 563-570 (2005)
50) Roediger WE., Duncan A., Kapaniris O., *et al.*, *Gastroenterology*, **104**, 802-809 (1993)
51) Schmidt C., Giese T., Ludwig B., *et al.*, *Inflamm. Bowel. Dis.*, **11**, 16-23 (2005)
52) Prantera, C., *et al.*, *Biodrugs*, **8**, 293-306 (1997)
53) Spirt, M. J., *et al.*, *Am. J. Gastroenterol.*, **89**, 974-978 (1994)
54) Bibiloni R., Mangold M., Madsen KL., *et al.*, *J. Med. Microbiol.*, **55**, 1141-1149 (2006)
55) Swidsinski A., Ladhoff A., Pernthaler A., *et al.*, *Gastroenterology*, **122**, 44-54 (2002)
56) Baumgart M., Dogan B., Rishniw M., *et al.*, *ISME J.*, **1**, 403-418 (2007)
57) Gophna U., Sommerfeld K., Gophna S., *et al.*, *J. Clin. Microbiol.*, **44**, 4136-4141 (2006)
58) Manichanh C., Rigottier-Gois L., Bonnaud E., *et al.*, *Gut*, **55**, 205-211 (2006)
59) Iwaya A., Iiai T., Okamoto H., *et al.*, *Hepatogastroenterology*, **53**, 55-59 (2006)
60) Conte MP., Schippa S., Zamboni I., *et al.*, *Gut*, **55**, 1760-1767 (2006)
61) Martinez-medina M., Aldeguer X., Gonzalez-Huix F., *et al.*, *Inflamm. Bowel. Dis.*, **12**, 1136-1145 (2006)
62) Swidsinski A., Weber J., Loening-Baucke V., *et al.*, *J. Clin. Microbiol.*, **43**, 3380-3389 (2005)
63) Hooper LV., Gordon JI., *Science*, **292**, 1115-1118 (2001)
64) Cong Y., Weaver CT., Lazenby A., *et al.*, *J. Immunol.*, **169**, 6112-6119 (2002)
65) Hansen J., Sartor RB., Bernstein CN. editors., IBD yearbook. London : Remedica, pp.19-55, (2007)
66) Schultz M., Tonkonogy SL., *et al.*, *Am. J. Physiol.*, **276**, G1461-1472 (1999)
67) Sellon RK., Tonkonogy S., at al., *Infect Immun.*, **66**, 5224-5231 (1998)
68) Sutherland L., Singleton J., *et al.*, *Gut*, **32**, 1071-1075 (1991)
69) Rath HC., Wilson KH., *et al.*, *Infect. Immun.*, **67**, 2969-2974 (1999)
70) Kim SC., Tonkonogy SL., Albright CA., *et al.*, *Gastroenterology*, **128**, A512 (2005)
71) Kim SC., Tonkonogy SL., Karrasch T., *et al.*,*Inflamm. Bowel. Dis.*, **13**, 1457-1466 (2007)
72) Hale LP., Gottfried MR., *et al.*, *Inflamm. Bowel. Dis.*, **11**, 1060-1069 (2005)
73) Yamada T., Deitch E., Specian RD., *et al.*, *Inflammation*, **17**, 641-662 (1993)
74) Gardiner KR., Erwin PJ., Anderson NH., *et al.*, *Br. J. Surg.*, **80**, 512-516 (1993)
75) Hobson CH., Butt TJ., Ferry DM., *et al.*, *Gastroenterology*, **94**, 1006-1013 (1988)
76) Sartor RB., *Gastroenterology*, **126**, 1620-1633 (2004)
77) Sheil B., Shanahan F., *et al.*, *J. Nutr.*, **137**, S819-S824 (2007)
78) Kim SC., Tonkonogy SL., Albright CA., *et al.*, *Gastroenterology*, **128** : 891-906 (2005)
79) Watanabe T., Kitani A., *et al.*, *Nat. Immunol.*, **5**, 800-808 (2004)
80) Maeda S., Hsu LC., *et al.*, *Science*, **307**, 734-738 (2005)
81) Nagura H., *et al.*, *Digestion*, **63**, 12-21 (2001)

82) Nakamura S., *et al.*, *Lab. Invest.*, **69**, 77-85 (1993)
83) Kakazu K., *et al.*, *Am. J. Gastroenterol.*, **94**, 2149-2155 (1999)
84) Zeissig S., Burgel N., Gunzel D., *et al.*, *Gut*, **56**, 61-72 (2007)
85) Economou M., *et al.*, *Am. J. gastroenterol.*, **99**, 2393-2404 (2004)
86) Hampe J., *et al.*, *Lancet.*, **359**, 1661-1665 (2002)
87) Ogura Y., *et al.*, *Gut*, **52**, 1591-1597 (2003)
88) Lala S., *et al.*, *Gastroenterology*, **125**, 47-57 (2003)
89) Wehkamp J., *et al.*, *Gut*, **53**, 1658-1664 (2004)
90) Aldhous MC., *et al.*, *Gut*, **52**, 1533-1535 (2003)
91) Kobayashi KS., *et al.*, *Science*, **307**, 731-734 (2005)
92) Fellermann K., *et al.*, *Am. J. Hum. Genet.*, **79**, 439-448 (2006)
93) Wehkamp J., *et al.*, *Ann. N. Y. Acad. Sci.*, **1072**, 321-331 (2006)
94) Wehkamp J., Wang G., Kubler I., *et al.*, *J. Immunol.*, **179**, 3109-3118 (2007)
95) Tanabe H., *et al.*, *Biochem. Biophys. Res. Commun.*, **358**, 349-355 (2007)
96) Hampe J., *et al.*, *Nat. Genet.*, **39**, 207-211 (2007)
97) Marks DJ., Harbord MW., MacAllister R., *et al.*, *Lancet.*, **367**, 668-678 (2006)
98) Gill SR., *et al.*, *Science*, **312**, 1355-1359 (2006)
99) Kurokawa K., *et al.*, *Cell*, **118**, 229-241 (2004)
100) Clavel T., Haller D., *Inflamm. Bowel. Dis.*, **13**, 1153-1164 (2007)
101) Ley RE., Turnbaugh PJ., Klein S., *et al.*, *Nature*, **444**, 1022-1023 (2006)
102) Pumbwe L., Skilbeck CA., Nakano V., *et al.*, *Microb. Pathog.*, **43**, 78-87 (2007)
103) Strober W., Murray PJ., Kitani A., *et al.*, *Nat. Rev. Immunol.*, **6**, 9-20 (2006)
104) Hedin C., Whelan K., Lindsay JO., *Proc. Nutr. Soc.*, **66**, 307-315 (2007)
105) Floch MH., Madsen KK., Jenkins DJ., *et al.*, *J. Clin. Gastroenterol.*, **40**, 275-278 (2006)
106) Rolfe VE., Fortun PJ., Hawkey CJ., *et al.*, *Cochrane. Database. Syst. Rev.*, CD004826 (2006)
107) Lal S., Steinhart AH., *J. Gastroenterol.*, **20**, 651-655 (2006)
108) Rioux KP., Fedorak RN., *J. Clin. Gastroenterol.*, **40**, 260-263 (2006)
109) Jonkers, D., *et al.*, *J. R. Soc. Med.*, **96**, 167-171 (2003)
110) Bibiloni, R., *et al.*, *Am. J. Gastroenterol.*, **100**, 1539-1546 (2005)
111) Fedorak, R. N., *et al.*, *Inflamm. Bowel. Dis.*, **10**, 286-299 (2004b)
112) Steidler L., Hans W., Schotte L., *et al.*, *Science*, **289**, 1352-1355 (2000)
113) Han W., Mercenier A., Ait-Belgnaoui A., *et al.*, *Inflamm. Bowel. Dis.*, **12**, 1044-1052 (2006)
114) Carroll IM., Andrus JM., Bruno-Barcena JM., *et al.*, *Am. J. Physiol. Gastrointest Liver Physiol.*, **293**, G729-G738 (2007)
115) Braat H., Rottiers P., Hommes DW., *et al.*, *Clin. Gastroenterol. Hepatol.*, **4**, 754-759 (2006)

5 口腔内フローラのメタゲノム解析

林潤一郎[*1], 小島俊男[*2], 近藤伸二[*3],
森田英利[*4], 野口俊英[*5]

5.1 はじめに

　健常成人一人当たりの消化管に棲息する細菌総数は体細胞の総数を上回り，消化管内容物1g当たり10^{14}レベルにまで達するといわれている[1]。ヒトの口腔内にも膨大な数の細菌が存在しており，これらの細菌フローラと宿主との生態学的な関係は，主に疾患との関連で問題視されてきた。有史以来，ヒトは口腔の清掃と口腔の疾患とが関連深いことを経験的に自覚し，細菌学的な知識が集積する遥か以前から，口腔フローラのコントロールによる疾患予防を積極的に行ってきた。アメリカ人歯科医師Millerがう蝕の原因について細菌説を提唱してから120年が経過した現在において，口腔微生物に対する学術的アプローチは大きな変遷を遂げた。分子生物学が急速に発展し，ゲノム解析が生物学の一般的な研究手法として利用される時代に，口腔フローラと疾患の研究も新たな局面を迎えようとしている。本項では，メタゲノム解析を応用した口腔フローラ研究について，著者らの研究を中心に解説する。

5.2 口腔フローラと口腔疾患

　口腔内細菌は，口腔のそれぞれの部位で特有のフローラを形成している。歯の表面，舌の表面，頰粘膜，歯肉溝，あるいは唾液中など，それぞれの場の環境により，フローラを構成する細菌の分布が生態学的に特徴づけられているが，ここでは主に，歯の表面に存在するフローラの成立とそれに起因する口腔の疾患について述べる。まず，歯の表面にはペリクルと呼ばれる，唾液タンパク由来の被膜が形成され，歯の表面の荷電，自由エネルギーを変化させ，細菌の定着効率が上昇する。最初に定着するのは口腔レンサ球菌で，なかでも*Streptococcus sanguis*の割合が多い。その後，*Actinomyces*属などのグラム陽性桿菌が次第に増加し，やがてレンサ球菌に匹敵する菌数を示すようになる。それらのグラム陽性菌の表面受容体には，ペリクルへ付着しにくい*Neissellia*属，*Veillonella*属，*Fusobacterium*属などのグラム陰性菌が結合する。そして，最後

[*1]　Jun-ichiro Hayashi　愛知学院大学　歯学部　歯周病学講座　講師
[*2]　Toshio Kojima　浜松医科大学　実験実習機器センター　准教授
[*3]　Shinji Kondo　㈱理化学研究所　計算生命科学研究センター設立準備室　生命モデリングコア　メタシステム研究チーム　研究員
[*4]　Hidetoshi Morita　麻布大学　獣医学部　食品科学研究室　教授
[*5]　Toshihide Noguchi　愛知学院大学　歯学部　歯周病学講座　教授

期には，*Prevotella* 属，*Porphyromonas* 属，*Spirochetes* などの歯肉の炎症に関連性が高いとされるグラム陰性の偏性嫌気性菌が定着する[2]。このような過程を経て成立したフローラは，粘着性の高い多糖体を主な菌体間基質とした細菌集落を形成しており，歯垢あるいはデンタルプラーク（以下プラーク）と呼ばれている。プラークは，この多糖体により歯の表面に強固に付着しているため，ブラッシングなどにより人為的に除去しなければ，蓄積が進み口腔領域の疾患を引き起こす。「う蝕」と「歯周病」という口腔の2大疾患は，いずれもプラークが原因となる疾患である。

う蝕は，歯の表面に付着した細菌の代謝産物により，歯の硬組織が破壊される疾患である。う蝕を誘発する細菌種として，*S. mutans*, *S. sobrinus* など7菌種に分類されるミュータンスレンサ球菌群の強い関連が認められる。これらの細菌は，スクロースを不溶性あるいは可溶性のグルカンへ代謝し，また，グルコースやフルクトースを発酵し有機酸を産生するという性質をもっている[3]。う蝕は，グルカンにより粘着性を有したプラーク内部で有機酸が蓄積し，歯の表面のエナメル質などを脱灰することで発生する。

一方，歯周病は，宿主の免疫応答が疾患の成立に大きな役割を果たしている。プラークの成熟と蓄積に伴いグラム陰性嫌気性細菌が増加すると，それらの生物学的刺激に対し，歯肉は炎症性の反応を示し，歯肉の腫脹，発赤，出血などの症状を呈するようになる。この状態を歯肉炎という。そのままプラークの蓄積が続き，炎症応答が持続化，慢性化すると，組織破壊に関係したサイトカインの産生が亢進し，深部組織である歯槽骨や歯根膜の破壊が生じる[4]。この状態を歯周炎といい，破壊は不可逆的に進行し，歯の動揺，脱落に至る。歯周炎の多くは，成人期以降に発症し，慢性的な進行を示す慢性歯周炎であるが，若年期より発症し，破壊的で進行の著しい侵襲性歯周炎もまれに存在する。両者の違いの原因について，細菌学的あるいは遺伝学的なアプローチが続いているが，詳細は未だ不明である。

5.3 歯肉縁下プラークと歯周炎

歯周炎により，組織破壊が進行すると，歯と歯肉との間に歯周ポケットと呼ばれる空隙が生じるようになる（図1）。この歯周ポケットの内部にもプラークは存在し，これを歯肉縁下プラーク（subgingival plaque）という。歯肉縁下プラークはブラッシングにより除去されないため，持続的に蓄積し，歯周組織の細胞を刺激し続け，歯周炎の遷延化につながる。歯周ポケット内部の環境は，血液や組織由来のタンパク成分に富み，酸素分圧が低いため，プラークのフローラはタンパク質をエネルギー源とする嫌気性菌，特にグラム陰性の偏性嫌気性桿菌が優勢になるといわれている[5]。一方，口腔内に露出している歯面に付着しているプラークは歯肉縁上プラーク（supragingival plaque）と呼ばれ，グラム陽性菌が優勢である。また，糖の代謝によりエネルギー

第4章　医療・健康

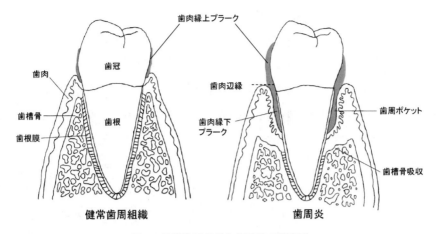

図1　健常歯周組織と歯周炎の模式図
歯周炎では，歯周組織の破壊により歯周ポケットの形成や歯槽骨の吸収などが生じる。
歯肉縁上プラークは歯肉辺縁より歯冠側に，歯肉縁下プラークは歯肉辺縁より歯根側に存在する。

を得ている菌種が多い。

　歯周炎の発症や進行に関わる細菌を，歯肉縁下プラーク中の細菌から同定しようという試みは，1960年代より研究者の強い関心を集めている。嫌気培養が可能になって以降，いく種類かの細菌が歯周炎の原因菌として同定されてきた。現在では，歯周炎は単独の菌種が原因で引き起こされる疾患ではなく，複数の細菌が関与し，いわゆる歯周病関連細菌の混合感染により発症する[6]と考えられている。

　Socranskyらは，約40菌種のDNAプローブを用いたDNA-DNAハイブリダイゼーション法により，歯肉縁下プラークのフローラにおける各細菌の役割を検討した[7]。その結果，対象とした約40菌種はいくつかのクラスターに分類され，*Porphyromonas gingigvalis*, *Tannerella forsythia*, *Treponema denticola* の3菌種は歯周病の発症にかかわりの深いRed complexとして分類された。Socranskyの提唱したこのクラスター分類は，歯周炎の細菌学的評価基準として現在幅広く応用されている。しかし，口腔内の細菌が700菌種以上と推測されている[8]ことを考慮すると，40菌種での分類は全体像を反映しているとは言えない。

　環境中の細菌フローラに対する網羅的な解析法として，16SリボソームRNA遺伝子の塩基配列に基づく手法（16S解析）が広く用いられてきた。口腔のフローラに関しても，歯肉縁下プラーク[9,10]やその他の口腔領域[11,12]，病態の違い[13]などについて16S解析が行われている。これらの解析結果により，口腔内に生息する菌種の多様性は広く理解されるようになったものの，病態と強い関連を示す法則性などの知見は得られておらず，今なお不明な点も多い。

5.4 口腔フローラのメタゲノム研究

メタゲノム解析は，培養工程を経ないで細菌フローラのDNAの配列情報を直接かつ網羅的に獲得し解析することで，難培養性細菌を含む環境細菌叢の全体像を解明する方法である。遺伝情報を解析対象としているため，細菌フローラの構成菌種やフローラ全体の機能的特性などについての検討が可能で，未知の菌種，遺伝子，代謝反応などの探索も含め，細菌フローラの全体像への理解を深めることができる[14]。最近では，ヒトやマウスの腸内細菌叢のメタゲノム解析による成果も報告され[15〜18]，細菌フローラのみの解析だけでなく，宿主と細菌フローラの共生関係についても，メタゲノムの解析を通じて理解しようという試みも始まっている。著者らは，歯周炎の発症に関わる因子を解明するため，口腔フローラのメタゲノム解析を行っている。以下の項では，現在までの解析結果について解説する。

5.4.1 サンプリング

研究の対象とするサンプルは，歯周組織健常者の歯肉縁上プラーク，歯周炎患者の歯肉縁上プラーク，歯肉縁下プラークである。歯周病患者については，慢性歯周炎ないし侵襲性歯周炎と診断され，過去3カ月以内に抗菌薬の服用歴がなく，全身的な疾患に罹患していない者を被験者とした。サンプリングは，歯周炎の治療による細菌フローラの変化を回避するため，治療を開始する前に行うこととした。歯周組織健常者は歯肉縁上プラークのみを採取した。歯種は問わず，採取可能なすべての歯から最大量のプラークを採取し，1つのサンプルとしてプールした。本研究のサンプリングは，愛知学院大学歯学部倫理委員会（承認番号81）において承認されたものである。

5.4.2 サンプルの調製，ゲノムDNA精製およびGenomiPhi DNA Amplification Kitによるゲノム DNA 増幅

メタゲノム解析に用いるDNAを採取するためには，宿主細胞や食物等由来の真核細胞を除去したサンプルについて，フローラに含まれるすべての菌株についてバイアスなく溶菌し，DNAの精製を行う必要がある。今回の研究では，プラークをグリセロール／液体窒素法で凍結保存し，その後，氷上で融解したサンプルから，腸内フローラのメタゲノム解析用のDNA精製法[19]を応用し，口腔内細菌フローラDNAの精製を行った。真核細胞の除去にはポアサイズ$100\mu m$のナイロンメッシュフィルターを用い，細菌細胞はその濾液を遠心分離することによって得た。細菌細胞の溶解には，リゾチームとアクロモペプチダーゼを併用した。この溶菌段階で，位相差顕微鏡によって99.9％以上の溶菌を確認している。溶菌後のDNA精製は常法に従って，フェノール／クロロフォルム法により行い，その後，RNase処理とポリエチレングリコール沈殿を行った。

今回採取したプラークサンプルは，可及的に最大量になるようサンプリングを行ったため，直接シークエンスを行うだけのDNA量を確保することができた。しかし，解析に用いる元の

第4章 医療・健康

DNA の使用は少量とし，後日，追加の解析が可能な形で DNA の一部は残す方が望ましい。微量の DNA の解析には全ゲノム DNA の増幅（whole genome amplification：WGA）を行うことが多く，偏りのない長鎖 DNA の増幅を行う手法が開発されている[20,21]。今回は，Abulencia らの報告[20]を参考に，φ29DNA ポリメラーゼを応用した Multiple Displacement Amplification（MDA）法のゲノム DNA 増幅キット（GenomiPhi DNA Amplification Kit, GE Life Science 社）を使用して WGA を行った。予備実験として，オリジナルの DNA と本キットでの WGA で得られた DNA のクオリティを確認し，その両者に有意な差（バイアス）がないことを確認した。

5.4.3 シークエンス

シークエンスは，454 GS FLX Titanium システム（ロッシュ・ダイアグノスティックス社）により行った。今回のメタゲノム解析に用いたサンプルは，健常者 1 名の歯肉縁上プラークと歯周炎患者 2 名（慢性歯周炎 1 名，侵襲性歯周炎 1 名）の歯肉縁上プラークおよび歯肉縁下プラークで，これらから得た DNA はいずれも WGA を行いシークエンスに供した。合計 5 サンプルのシークエンスデータを得た（表1）。シークエンスにより産生されたリードの総数は 3,029,212 で，その総塩基数は 1,119 Mb（各サンプルあたり平均して約 224 Mb）であった。

5.4.4 口腔フローラの系統解析

図 2 に今回の研究の解析プロトコールを示した。系統解析には，配列のアッセンブリを行わない生リード（raw read）を使用した方法[22]を用いた。まず，得られた配列からコードされている遺伝子（Open Reading Frame：ORF）を MetaGene プログラム[23]にて予測した。次に，予測された ORF と最も相同性の高いアミノ酸配列をのタンパク質配列データベース（NCBI NR database）内で検索し，同アミノ酸配列の由来となる菌種／株をその ORF の菌種／株（Taxon）とした。得られた Taxon の頻度に基づき系統解析を行った。

その結果，きわめての多くの菌種が検出された。これまでの培養法あるいは 16 S 解析などの分子生物学的手法により口腔内から検出された細菌は約 700 菌種で，そのうちの約 400 菌種が歯肉縁下ポケットから検出されている[8]。またこれら 700 菌種のうち各個人の口腔内に生息するの

表1 サンプルおよびシークエンスの概要

被験者	性別	診断	プラークの種類	サンプル	リード数	リード平均塩基数 [bp]	総塩基数 [Mb]
歯周組織健常者	女性	健常	歯肉縁上プラーク	C5supra	522212	375	196
歯周炎患者 1	男性	慢性歯周炎	歯肉縁上プラーク	P5supra	608739	304	185
			歯肉縁下プラーク	P5sub	469018	322	151
歯周炎患者 2	女性	侵襲性歯周炎	歯肉縁上プラーク	P6supra	696549	401	279
			歯肉縁下プラーク	P6sub	732694	420	308
				合計	3029212		1119

メタゲノム解析技術の最前線

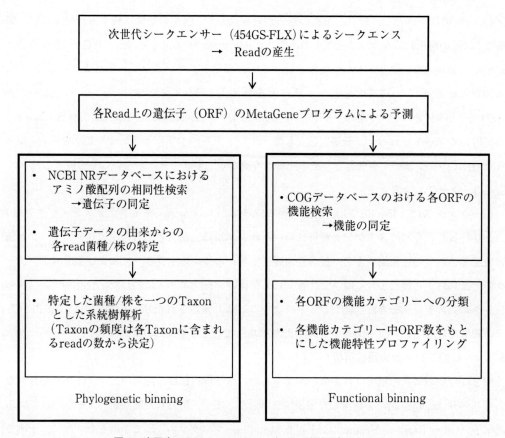

図2 本研究におけるメタゲノムデータの解析プロトコール

は100～200菌種程度であるとされている[8]が，今回のいずれのサンプルにおいても，100ヒット超えるTaxonが200～300菌種みられたため，100ヒット以下のTaxonを含めると，これまでの予想を超える数の菌種が，プラーク中に生息している可能性が考えられる。

　図3で，健常者サンプルと歯周炎患者サンプルとで，各Taxonのヒット数を比較した。多くの菌種については両サンプルで同相対頻度で検出されたが，いくつかの菌種については，健常者サンプルで増加するもの，あるいは歯周炎サンプルで増加するものがみられた。

　表2にはそれぞれのサンプルでヒット数の高いTaxonについて上位20菌種を挙げた。歯肉縁上プラークでは，*Streptococcus*属，*Corynebacterium*属，*Lactobacillus*属，*Lactococcus*属，*Actinomyces*属などのグラム陽性菌や中期に定着する*Neisseria*属などがみられ，歯肉縁下プラークでは，*P. ginigvalis*や*T. denticola*といったいわゆるRed Complexに属する歯周病関連細菌が検出された。これらは，これまでに言われてきた歯肉縁上と縁下のプラークの特徴と一致する。また，運動性偏性嫌気性菌である*Selenomoas*属はいずれのサンプルにおいても多くみら

第4章 医療・健康

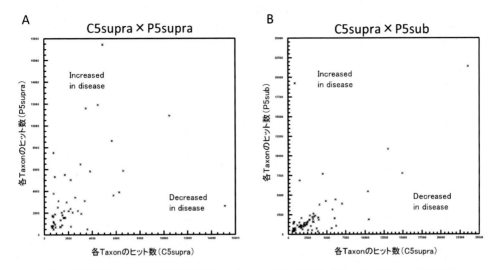

図3 健常者サンプルと歯周炎患者サンプルにおける各菌種（Taxon）のヒット数の比較
(A) 健常者の歯肉縁上プラーク（C5supra）と歯周炎患者の歯肉縁上プラーク（P5supra）における各菌種のヒット数の相関
(B) 健常者の歯肉縁上プラーク（C5supra）と歯周炎患者の歯肉縁下プラーク（P5sub）における各菌種のヒット数の相関

れた。侵襲性歯周炎の歯肉縁下プラークについての16S解析に関する報告[13]では、Selenomoas属が優勢であったとしており、S. suptigenaはこの疾患に関係する菌種であると考察している。今回の研究でも侵襲性歯周炎患者のサンプルについては解析しており（P6Supra, P6Sub），同菌種は上位にみられる。しかし，健常者サンプルおよび慢性歯周炎患者サンプルの両者に検出されており，今回の知見からでは侵襲性歯周炎との関連性について言及することはできなかった。

今回検出されたDNA配列の中には、マウス、ラット、カイコなどに由来する配列も多くみられた。これらの生物種は多くの配列がデータベース上に登録されているため、データベース上の配列との相同性が低い遺伝子が、それらの生物種の遺伝子として検出されてきた可能性がある。これらの問題を回避するためには、類似度やアライメントの長さの閾値などを調整し、最適化を図る必要がある。健常人の口腔細菌に関しては全ゲノム解析があまり進んでおらず、これまでゲノムシークエンスが行われた細菌はう蝕や歯周病と関連の高いとされる菌種が多い（表3）。今回、いずれのサンプルにおいても歯周病関連細菌の配列が比較的上位に検出される傾向にあったのは、健常人の口腔細菌や未分離の細菌の配列データ数が少ないことに起因すると推察される。

ヒト由来のDNA配列については、被験者の血液からのDNAが混入した可能性が高い。すなわち、歯周炎患者は歯肉からの出血があるため、特に歯周組織の破壊が進んでいる場合には、歯周ポケット内に血球由来のDNAが残存しており、精製したDNAに混入する可能性がある。今

表 2 各サンプルにおいてヒット数の多い Taxon（上位 20 菌種）

CSsupra 種/株	遺伝子数	P5supra 種/株	遺伝子数	P5sub 種/株	遺伝子数
Mus.musculus	23549	Selenomonas.ruminantium	17429	Mus.musculus	21401
Prevotella.intermedia	15116	Fusobacterium.nucleatum.subsp..nucleatum.ATCC.25586	11902	Treponema.denticola.ATCC.35405	19235
Rattus.norvegicus	14924	candidate.division.TM7.single-cell.isolate.TM7c	11598	Plasmid.pTD1	14491
Bombyx.mori	13039	candidate.division.TM7.single-cell.isolate.TM7a	10913	Bombyx.mori	10848
candidate.division.TM7.single-cell.isolate.TM7a	10473	Streptococcus.sanguinis.SK36	8601	Rattus.norvegicus	7778
Leishmania.major.strain.Friedlin	10382	Lactobacillus.plantarum	7512	Fusobacterium.nucleatum.subsp..nucleatum.ATCC.25586	7709
Heliobacterium.modesticaldum.Ice1	7032	Lactococcus.lactis.subsp..lactis	6810	Porphyromonas.gingivalis.W83	6884
Corynebacterium.diphtheriae.NCTC.13129	6598	Streptococcus.pneumoniae.SP3-BS71	6459	Leishmania.major.strain.Friedlin	5459
Neisseria.meningitidis.FAM18	6251	Corynebacterium.diphtheriae.NCTC.13129	5867	Monodelphis.domestica	4436
Monodelphis.domestica	6156	Streptococcus.gordonii.str..Challis.substr..CH1	5820	Selenomonas.ruminantium	4247
Dissostichus.mawsoni	6039	Fusobacterium.nucleatum.subsp..vincentii.ATCC.49256	5495	Heliobacterium.modesticaldum.Ice1	3901
Parabacteroides.distasonis.ATCC.8503	5765	Treponema.denticola.ATCC.35405	5307	Bordetella.petrii.DSM.12804	3791
Streptococcus.sanguinis.SK36	5638	Streptococcus.pneumoniae.TIGR4	5035	Mycobacterium.gilvum.PYR-GCK	3142
Selenomonas.ruminantium	4876	Neisseria.meningitidis.FAM18	3902	Parabacteroides.distasonis.ATCC.8503	2619
Fusobacterium.nucleatum.subsp..nucleatum.ATCC.25586	4486	Peptostreptococcus.micros.ATCC.33270	3785	Parabacteroides.merdae.ATCC.43184	2389
Bordetella.petrii.DSM.12804	4038	Parabacteroides.distasonis.ATCC.8503	3610	candidate.division.TM7.single-cell.isolate.TM7c	2385
Sorangium.cellulosum.'So.ce.56'	3939	Actinomyces.odontolyticus.ATCC.17982	3413	Bacteroides.vulgatus.ATCC.8482	2260
Syntrophus.aciditrophicus.SB	3872	Bacteroides.vulgatus.ATCC.8482	3098	Polaromonas.naphthalenivorans.CJ2	2205
Streptococcus.gordonii.str..Challis.substr..CH1	3829	candidate.division.TM7.genomosp..GTL1	3088	Syntrophus.aciditrophicus.SB	2143
Mycobacterium.marinum.M	3668	Bacteroides.thetaiotaomicron.VPI-5482	2971	Fusobacterium.nucleatum.subsp..vincentii.ATCC.49256	2069

P6supra 種/株	遺伝子数	P6sub 種/株	遺伝子数
Mus.musculus	45655	Treponema.denticola.ATCC.35405	35916
Bombyx.mori	12861	Plasmid.pTD1	24142
Rattus.norvegicus	10695	Fusobacterium.nucleatum.subsp..nucleatum.ATCC.25586	24126
Bordetella.petrii.DSM.12804	8706	Fusobacterium.nucleatum.subsp..vincentii.ATCC.49256	20882
Monodelphis.domestica	6460	Selenomonas.ruminantium	11172
Leishmania.major.strain.Friedlin	5881	Porphyromonas.gingivalis.W83	10505
Lactococcus.lactis.subsp..lactis	5244	Peptostreptococcus.micros.ATCC.33270	10309
candidate.division.TM7.single-cell.isolate.TM7c	5036	Parabacteroides.distasonis.ATCC.8503	6511
Heliobacterium.modesticaldum.Ice1	4650	Lactococcus.lactis.subsp..lactis	4635
candidate.division.TM7.single-cell.isolate.TM7a	4396	Parabacteroides.merdae.ATCC.43184	4269
Fusobacterium.nucleatum.subsp..nucleatum.ATCC.25586	4199	Clostridium.difficile.630	3744
Bacteroides.vulgatus.ATCC.8482	3831	Bacteroides.vulgatus.ATCC.8482	3727
Polaromonas.naphthalenivorans.CJ2	3027	Lactobacillus.plantarum	3548
Treponema.denticola.ATCC.35405	2721	Homo.sapiens	3416
Selenomonas.ruminantium	2719	Streptococcus.sanguinis.SK36	3201
Human.herpesvirus.4.type.2	2684	candidate.division.TM7.single-cell.isolate.TM7a	2984
Parabacteroides.distasonis.ATCC.8503	2618	Clostridium.bolteae.ATCC.BAA-613	2398
Sorangium.cellulosum.'So.ce.56'	2617	Bacteroides.thetaiotaomicron.VPI-5482	2195
Mycobacterium.gilvum.PYR-GCK	2600	Helicobacter.pylori.26695	2183
Dissostichus.mawsoni	2598	Aggregatibacter.actinomycetemcomitans	2139

第4章 医療・健康

表3 主なう蝕/歯周病関連細菌のゲノムプロジェクト（NCBIデータベースより検索）

Species/Strain	Institute	size	status	備考
Actinomyces naeslundii MG1	TIGR	3 Mb	in progress	
Aggregatibacter actinomycetemcomitans HK1651	University of Oklahoma	-	in progress	侵襲性歯周炎関連細菌
Aggregatibacter actinomycetemcomitans D7S-1	Univ of Southern Calfornia/Univ of Washington	-	in progress	
Aggregatibacter actinomycetemcomitans D11S-	Univ of Southern Calfornia/Univ of Washington	2 Mb	complete	
Campylobacter rectus RM3267	J. Craig Venter Institute	1 Mb	draft assembly	
Capnocytophaga ochracea DSM 7271	DOE Joint Genome Institute	-	draft assembly	
Eikenella corrodens ATCC 23834	Washington University	-	draft assembly	
Fusobacterium nucleatum subsp. nucleatum ATCC 23726	BCM	-	in progress	
Fusobacterium nucleatum subsp. polymorphum F0401	Broad Institute	-	in progress	
Fusobacterium nucleatum subsp. polymorphum ATCC 10953	Baylor College of Medicine	2 Mb	draft assembly	
Fusobacterium nucleatum subsp. vincentii ATCC 49256	Integrated Genomics	2 Mb	draft assembly	
Fusobacterium nucleatum subsp. nucleatum ATCC 25586	Integrated Genomics	2 Mb	complete	
Porphyromonas gingivalis ATCC 33277	Kitasato Univ	2 Mb	complete	
Porphyromonas gingivalis W83	TIGR	2 Mb	complete	Red Complex 細菌
Porphyromonas gingivalis W83	J. Craig Venter Institute	2 Mb	in progress	
Prevotella intermedia 17	TIGR	2 Mb	in progress	
Streptococcus gordonii str. Challis substr. CH1	TIGR	2 Mb	complete	
Streptococcus mutans UA159	University of Oklahoma	-	in progress	
Streptococcus mutans	University of Madras	-	in progress	う蝕原性細菌
Streptococcus mutans NN2025	University of Tokyo/Graduate School of Frontier Sciences	-	in progress	
Streptococcus sanguinis SK36	Virginia Commonwealth University	2 Mb	complete	
Tannerella forsythia ATCC 43037	TIGR	3 Mb	in progress	Red Complex 細菌
Treponema denticola ATCC 35405	TIGR/Baylor College of Medicine	2 Mb	complete	Red Complex 細菌

メタゲノム解析技術の最前線

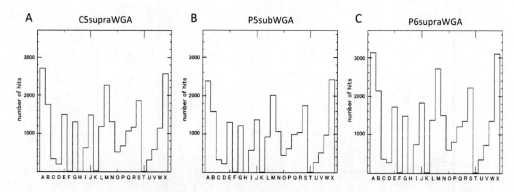

図4 各サンプルにおける機能プロファイル

(A)健常者歯肉縁上プラーク，(B)慢性歯周炎患者歯肉縁下プラーク，(C)侵襲性歯周炎患者歯肉縁上プラーク
健常サンプルと疾患サンプル，歯肉縁上サンプルと歯肉縁下サンプルで比較しても，機能プロファイルには大きな違いはみられない。A-Xに示す機能カテゴリーの分類は以下の通り
A：Amino acid transport and metabolism, B：Carbohydrate transport and metabolism, C：Cell cycle control, cell division, chromosome partitioning, D：Cell motility, E：Cell wall/membrane/envelope biogenesis, F：Chromatin structure and dynamics, G：Coenzyme transport and metabolism, H：Cytoskeleton, I：Defense mechanism, J：Energy production and conversion, K：Extracellular structures, L：Function unknown, M：General function prediction only, N：Inorganic ion transport and metabolism, O：Intracellular trafficking, secretion, and vesicular transport, P：Lipid transport and metabolism, Q：Nucleotide transport and metabolism, R：Posttranslational modification, protein turnover, chaperones, S：Replication, recombination and repair, T：RNA processing and modification, U：Secondary metabolites biosynthesis, transport and catabolism, V：Signal transduction mechanism, W：Transcription, X：Translation, ribosomal structure and biogenesis

後，ヒト由来の配列として同定されたデータについては，予め除外することを検討する。

5.4.5 フローラの機能特性についての解析

機能特性の解析については，図2に示すとおり，MetaGene（文献）にて予測したORFに対しCOG（Clusters of Orthologous Groups：機能的な類似遺伝子で構成されるクラスター）データベースにて機能検索を行なった。さらに，COGの機能からORFを機能カテゴリーに分類し，各機能カテゴリーに含まれるORF数をもとに，各サンプルの遺伝子の機能的プロファイルを比較した。

今回の結果では，図4に示すように，各サンプル間において，機能的なプロファイルに大きな差異は認められなかった。健常者サンプルと歯周炎患者サンプル間の比較，歯肉縁上プラークと歯肉縁下プラークとの比較，歯周炎の病態別の比較解析を行ったが，いずれにおいても，機能プロファイルはほぼ一致していた。このことから，各プラーク間には機能的な類似性があることが示唆され，それには口腔の環境に共通した進化的な選択圧が影響している可能性が考えられる。このようなサンプル間での機能的な比較は，より細分化した機能解析が必要である。一方で，

第 4 章　医療・健康

データベース上に登録されていない菌種やアミノ酸配列の存在が，今回の解析結果に影響している可能性についても考慮すべきである[24]。

　次に，進化的な距離が大きく離れていると思われる海洋中のメタ解析データとの比較を行った。健常者の歯肉縁上プラークサンプルと，海洋サンプルのデータ[24]について機能的なプロファイルを比較したところ，いくつかの興味深い違いが確認された（図5）。まず，口腔サンプルで，遺伝子の増加が認められる機能カテゴリーは，炭水化物の輸送や代謝ついてのカテゴリーと，防御機構に関する機能カテゴリーなどであった。逆に，海洋サンプルで遺伝子の増加がみられるカテゴリーは，アミノ酸の輸送と代謝に関連したカテゴリー，脂質の輸送と代謝に関するカテゴリー，エネルギー産生に関連したカテゴリーなどである。口腔内のサンプルにおいて，細菌の防御機構に関する遺伝子が環境の細菌叢より増加しているのは興味深く，口腔内の細菌がヒトの生体防御機構から逃れる機能を進化させてきた可能性も考えられる。また，炭水化物代謝やアミノ酸代謝のカテゴリーで遺伝子数に違いがあるのは，歯肉縁上プラークの細菌には，糖代謝を中心にエネルギーを得ている菌種が多い[25]ことが影響しているとも考えられる。

5.5　おわりに

　これまで，口腔の細菌フローラに対してメタゲノム解析を行ったとする報告はなく，今回の著者らの試みは，世界でも先駆的な研究である。歯肉縁下のフローラは，直接的に歯周炎を引き起こすことのできる疾患フローラであり，今回，健常細菌フローラに加え，この疾患細菌フローラの解析も併せて行った。歯周炎は，細菌が疾患の発生に極めて強く関与するが，単一の原因菌によって引き起こされるわけではなく，フローラの菌種構成が大きく影響を及ぼすと考えられている。常在細菌の蓄積が原因で発症するというメカニズムは歯周炎の特殊性の一つであり，このような疾患の原因解明には，メタゲノム解析は強力に効果を発揮すると思われる。

　今回シークエンスを行ったサンプルは，3人の被験者から得た5種類のサンプルで，プラークの個人間での多様性を考えると，十分な解析数とはいえないため，今後も継続してシークエンスを行い，データの蓄積を推進していく予定である。また，同一口腔内であっても，炎症強度の違いなど局所における環境の違いからプラーク中の菌種のバリエーションはそれぞれの歯で異なるとされている[26]ため，多数歯からの混合サンプルでは，解明できない点もあると思われる。今後，一歯ごとのプラークも採取し，同一口腔内におけるフローラの違いを検討していく予定である。口腔細菌の場合，リファレンスとなる配列データが少ないために，既存データの偏りが解析結果に反映している可能性がある。著者らは，メタゲノム解析と並行して，口腔領域から生菌を分離し，その全ゲノム配列を決定して，リファレンスデータの充実を図る試みを開始している。

　健常細菌フローラと疾患細菌フローラのメタゲノム比較解析によって得られる網羅的な知見

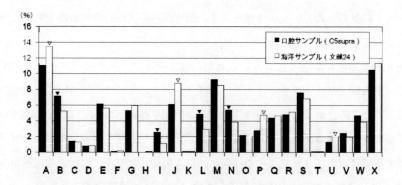

図5 口腔サンプルと海洋サンプルにおける機能プロファイルの比較
口腔サンプルを黒のグラフ，海洋サンプルを白のグラフで示す。
▼と▽は，それぞれ，口腔サンプルと海洋サンプルでヒット数に増加傾向がみられた機能カテゴリーを示す。カテゴリー分類については，図4を参照。

は，歯周病細菌の研究に新たな視点を導くことができる。歯周病の種々の病態に影響を及ぼす因子の発見を目指して，今後も研究を続けていきたいと考えている。

文　　献

1) L. Dethlefsen *et al.*, *Trends. Ecol. Evol.*, **21**, 517 (2006)
2) P. E. Kolenbrander *et al.*, *J. Bacteriol.*, **175**, 3247 (1993)
3) R. A. Whiley *et al.*, *Oral Microbiol. Immunol.*, **13**, 195 (1998)
4) R. C. Page *et al.*, *J. Periodont. Res.*, **26**, 230 (1991)
5) J. Slots *et al.*, *J Clin. Periodontol.*, **6**, 351 (1979)
6) A. D. Haffajee, *Periodontol. 2000*, **5**, 78 (1994)
7) S. S. Socransky *et al.*, *J. Clin. Periodontol.*, **25**, 134 (1998)
8) B. P. Paster, *Periodontol. 2000*, **42**, 80 (2006)
9) I. Kroes *et al.*, *Proc. Natl. Acad. Sci. USA*, **96**, 14547 (1999)
10) B. P. Paster *et al.*, *J. Bacteriol.*, **183**, 3770 (2001)
11) J. A. Aas *et al.*, *J Clin. Microbiol.*, **43**, 5721 (2005)
12) C. E. Kazor *et al.*, *J. Clin. Microbiol.*, **41**, 558 (2003)
13) M. M. Faveri *et al.*, *Oral Microbiol. Immunol.*, **23**, 112 (2008)
14) P. Hugenholtz *et al.*, *Nature*, **455**, 481 (2008)
15) S. R. Gill *et al.*, *Science*, **312**, 1355 (2006)
16) K. Kurokawa *et al.*, *DNA Res.*, **14**, 169 (2007)

第 4 章　医療・健康

17) P. J. Turnbaugh *et al., Nature,* **457**, 480 (2009)
18) P. J. Turnbaugh *et al., Nature,* **444**, 1027 (2006)
19) H. Morita *et al., Microbes. Environ.,* **22**, 214 (2007)
20) C. B. Abulencia *et al., Appl. Environ. Microbiol.,* **72**, 3291 (2006)
21) H. Yokouchi *et al., Environ. Microbiol.,* **8**, 1155 (2006)
22) E. A. Dinsdale *et al., Nature,* **452**, 629 (2008)
23) H. Noguchi *et al., DNA Res.,* **15**, 387 (2008)
24) J. A. Gilbert *et al., PLoS ONE.,* **3**, e3042 (2008)
25) J. van Houte, *J. Dent. Res.,* **73**, 672, (1994)
26) R. P. Teles *et al., Periodontol. 2000,* **42**, 180 (2006)

第5章　農業

1　農耕地土壌の生物学的特性解明への挑戦

藤井　毅[*1]，星野(高田)裕子[*2]，森本　晶[*3]，
岡田浩明[*4]，對馬誠也[*5]

1.1　はじめに

　我々人類の生存は，農耕地から生産される農作物に完全に依存している。もともと狩猟や漁業に頼っていた人類の祖先が，文明と呼ばれるそれまでにない社会システムを構築できたのは，大河の流域で農耕を行い充分な食糧を手にいれられたからにほかならない。農耕地から生み出される穀物，野菜，果物などは，基本的には光合成を行う一方で土壌中の水分とともに様々な栄養となる肥料成分を取り込んで成長し収穫を迎える。こうした肥料成分の中でも特に窒素は作物の生育にとって最も重要な栄養であり，その欠乏は大きく作物生産量を落とす結果となる。土壌に生息する微生物は，作物に供給される窒素量に大きな影響を及ぼす。例えば，ニトロゲナーゼという酵素で大気中の窒素を固定するジアゾ栄養微生物（diazotroph）の存在が知られている。大豆などの根によくみられる根粒菌は，空気中の窒素を固定し作った養分を植物に供給することから，豆類の生育に大きな影響を及ぼす微生物である。一方で土壌に生息する微生物や小動物は，様々な生物の死骸を餌として消化しているが，その過程で使われるプロテアーゼ等の酵素によって死骸由来の蛋白質やアミノ酸はアンモニア態窒素に変換される。アンモニア態窒素は，アンモニア酸化細菌等の働きで亜硝酸を経て硝酸態窒素に変換され，引き続きいわゆる脱窒菌と呼ばれる土壌微生物の働きによって窒素ガスや亜酸化窒素ガスに変換され大気に戻る。根粒を着床しない作物は，微生物が回している自然界における窒素循環の輪の中でアンモニア態窒素や硝酸態窒素を根から吸収し成長している。人類はハーバー・ボッシュ法と呼ばれる化学反応で大気中の窒素ガスを固定することに成功し肥料として用いることで飛躍的に作物生産量を増大させたが，一

---

* 1　Takeshi Fujii　㈱農業環境技術研究所　生物生態機能研究領域　領域長
* 2　Yuko Takada Hoshino　㈱農業環境技術研究所　生物生態機能研究領域　主任研究員
* 3　Sho Morimoto　㈱農業・食品産業技術総合研究機構　東北農業研究センター　主任研究員
* 4　Hiroaki Okada　㈱農業環境技術研究所　生物生態機能研究領域　主任研究員
* 5　Seiya Tsushima　㈱農業環境技術研究所　農業環境インベントリーセンター　センター長

第5章　農業

方で過剰の施肥は，自然界の窒素循環を狂わせ，地下水の硝酸汚染を招き，二酸化炭素よりも遙かに温室効果が高い亜酸化窒素の発生を増大させる原因にもなっている．微生物の土壌における窒素循環のメカニズムを明らかにし，うまく微生物の機能をコントロールできれば，より効率よい肥培管理ができるようになるだろう．

　一方で，農耕地土壌に生息する微生物が，地球環境や人類の生存を脅かすこともある．先に述べた脱窒菌だけでなく農耕地や家畜の腸内に生息するある種の微生物は，二酸化炭素よりも遙かに温室効果が高いメタンや亜酸化窒素などの温室効果ガスを発生させており，地球温暖化に大きな影響を及ぼしている．また，いわゆる作物病原菌による作物収穫量の減少は，人類にとって大きな脅威となる．新大陸からのジャガイモの導入によって人口が飛躍的に増加した19世紀のアイルランドで，ジャガイモ疫病菌 *Phytophthora infestans* によるジャガイモ疫病が大流行し，100万人以上の餓死者を出すとともに新大陸アメリカへの百数十万人の移民を送り出す原因にもなったのは，典型的な例と言えよう．今日でも，連作障害や作物病原菌による作物病害との戦いは果てしなく続いており，こうした脅威に対し，人類は様々な農薬の開発や土壌消毒等で対抗してきた．しかし，過度の農薬散布は生物多様性に悪影響を及ぼすばかりでなく，人類の健康をも脅かすことから，近年では，肥料や農薬をふんだんに使う資材投入型の農業生産から，環境に優しい低投入・持続的農業生産への移行が叫ばれるようになった．その結果，低農薬あるいは無農薬栽培の試みも盛んに行われるようになり，土壌に生息する微生物の力を借りて，肥料の持ちを良くしたり，作物病害を抑えたりする技術の開発が以前にも増して望まれるようになっている．

　この様に，環境中，特に農耕地に生息する微生物は，我々を取り巻く環境や作物生産に大きな影響を及ぼしており，農耕地土壌の土壌微生物をコントロールし，その機能の有効利用を図る一方で，作物病原菌などの脅威を低減することは，人類にとって極めて重要な課題と言えよう．そのような課題克服のためには，土の中にどのような微生物が生息しどのような働きをしているか，いわゆる農耕地土壌の生物学的特性を正確に把握することが必須となる．ところが，これまで土壌に生息する微生物の実態はほとんどつかめなかった．その主な理由は，微生物は非常に小さく，その働きを調べるためには，寒天培地で培養せねばならなかったからである．しかも，人間が培地で培養できるのは，自然界に生息する微生物のせいぜい数％程度であるといわれている[1]．そのため，土壌の生物学的特性の全体像を把握することはほとんど不可能であった．こうした状況を打破するために，近年，培養が難しい微生物を研究する手段の一つとして，微生物の遺伝情報が書き込まれているDNA分子を土壌から直接抽出する方法が開発され，得られたDNAを用いて土壌に生息する微生物の機能や生態を解析しようという新しい試みが行われるようになってきた．メタゲノム解析である．培地上で生やすことができない微生物でも，直接環境中からDNAを取ってその内容を調べれば，これまで，全く手つかずだった微生物の生態や働き

を知る手がかりになる。また、メタゲノムは未知の遺伝子資源としても着目されており、メタゲノムからこれまでにない新規の有用遺伝子をつり上げようとする研究が精力的に行われている[2]。一方、土の中で微生物がどのような働きをしているかについては、DNAを解析するだけでは判らない。そのためには、微生物が土壌で活動し蛋白質を作る際に設計図となるDNAに書き込まれた情報を転写したRNA分子を解析することが必要となる。この様なメタゲノムから転写されるRNAは、メタトランスクリプトームと呼ばれている。

　我々は、これまで農耕地土壌から抽出したDNAやRNAを解析することにより、土壌中の窒素代謝や温室効果ガスの発生に関与する微生物、あるいは環境汚染物質の分解に関わる微生物の土壌中での働きなど、農耕地土壌における生物学的特性の解明に挑戦している。また、農林水産省の委託プロジェクト「土壌微生物相の解明による土壌生物性の解析技術の開発」(eDNAプロジェクト) では、農耕地土壌のメタゲノムを、土壌抽出DNAを鋳型に特定遺伝子をPCR (Polymerase Chain Reaction) で増幅し、変性剤濃度勾配ゲル電気泳動 (Denaturing Gradient Gel Electrophoresis: DGGE) で分離する、いわゆるPCR-DGGE法を用いて解析することで、農耕地土壌の生物学特性を明らかにし、農業生産に役立てようという試みも行っている。まだ、農耕地土壌の生物学的特性を解明できるとはとても言える段階ではないが、それでも、土壌から抽出したDNAを用いて、土壌微生物群集の生態学的特徴を部分的ではあるが明らかにすると共に、土壌中で特定機能を担っている微生物あるいは機能遺伝子の検出・取得や、土壌における微生物の遺伝子発現解析に成功している。今日の目覚ましいDNAシークエンシング技術の発展により、本格的な農耕地土壌のメタゲノム配列あるいはメタトランスクリプトーム配列解析も現実味を帯びてきている中、ここでは我々のこれまでの取り組みを紹介し、本格的なメタゲノムあるいはメタトランスクリプトーム配列解析の知見とこれまでの知見とをあわせて、農耕地土壌における生物学的特性を解明する可能性について論じたい。

1.2　スキムミルクを用いた土壌DNA抽出法の確立

　培養不可能な微生物も含め土壌のメタゲノム解析を行うためには、効率よく土からDNAを直接抽出できることが大前提となる。これまで、多くの土壌DNA抽出法が開発されているが、特に日本の農耕地土壌に多く見られる黒ボク土からのDNA抽出は困難を極めていた。星野らは、土壌からのDNA抽出時にスキムミルクを添加することにより、著しく抽出効率が高まることを見出した[3]。写真1に一例を示す。7つの日本各地から採取した黒ボク土壌から、市販の土壌DNA抽出キットを用いたビーズ破砕法でDNAの抽出を試みると、DNAが抽出できたのは、2サンプルからだけだった。これらDNAが抽出できなかった土壌に人為的にDNAを添加しても、やはりDNAが回収されないことから、DNAの土壌への吸着が抽出失敗の原因と考えられた。

第5章　農業

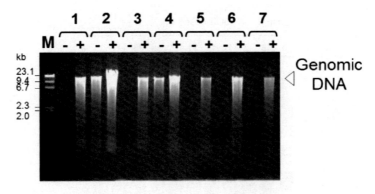

写真1　様々な黒ボク土からのDNAの抽出
＋：スキムミルク添加　－：スキムミルク非添加。スキムミルク添加により，全ての土壌からDNAが抽出された。

これに対し，スキムミルク（40mg／g土）を抽出緩衝液に添加すると，すべての黒ボク土壌からDNAを抽出することができた。スキムミルクを添加して得られたDNAは，PCR反応やその産物を用いたDGGE解析にも悪影響を及ぼさなかった。スキムミルクを添加する土壌DNA抽出法は，土壌に生息する微生物由来の遺伝情報を手に入れるための突破口となり，現在広く使われている。

1.3　PCR-DGGEを用いた農耕地土壌における生物学的特性の解析

スキムミルクを用いた土壌DNA抽出法の改良により様々な土壌からDNAが抽出できるようになり，土壌に生息する微生物群集を直接解析できるようになった。しかし，DNAシークエンシング技術が進歩し，個々の微生物のゲノム配列が次々と明らかにされる現時点においても，土壌由来のメタゲノムの配列全てを明らかにすることは容易ではない。そのため，今でも土壌抽出DNAを用いてメタゲノムを構成する微生物群を解明しようとする試みは，土壌抽出DNAを鋳型に特定遺伝子をPCRで増幅し，DGGEで解析する手法がもっぱら用いられている。DGGEを用いると，同じ長さのDNA断片でも1塩基の配列の違いで異なるバンドとして見分けることができる。すなわち，土壌由来の配列が似通った特定遺伝子のPCR増幅断片をDGGE解析すると，その遺伝子を有する微生物それぞれを電気泳動の1バンドとするバーコードとしてまとめて解析できる。すべての生物に共通して存在するリボソーム遺伝子をPCR-DGGE解析の対象とすれば，土壌の全微生物のバーコードが，また，特定の物質を分解する酵素遺伝子を標的とすれば，その分解菌群集のバーコードが得られることになる。以下に，PCR-DGGE法で土壌中に存在する特定機能微生物を検出した例をいくつか紹介する。

写真2は，土壌に芳香族塩素化合物の一種である3クロロ安息香酸塩（3CB）を反復添加した

メタゲノム解析技術の最前線

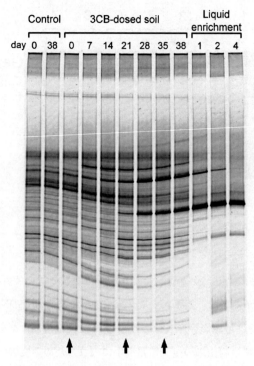

写真2　PCR-DGGE 法による 3CB 分解菌の検出
土壌に 3CB（500 mg／Kg soil）を反復添加し 38 日後その土壌を少量とり，3CB（500 mg／L）と無機塩を含む液体培地に移して培養した。時間を追って DNA を抽出し，*benA* 遺伝子を標的とした PCR-DGGE 解析を行った。矢印は 3CB 添加時を示す（Morimoto et al., 2008 より転載。）

後，38 日後に 3CB を含む無機塩液体培地にその土を少量移して培養を続けた際の，3CB 分解菌群集構造の変化を，PCR-DGGE 法で解析した様子を表している[4]。土壌あるいは液体培地から抽出した DNA を鋳型に 3CB の分解に関与する安息香酸 1, 2 ジオキシゲナーゼのアルファサブユニット遺伝子（*benA*）を PCR で増幅し，DGGE で解析を行った。0 day のサンプルにたくさんのバンドが観察されることから，3CB を添加する前から土壌中には，元々 *benA* 遺伝子を有する微生物が相当数存在していたことがわかる。また，3CB 添加後日が経つにつれ出現，あるいは濃さを増す数本のバンドが観察された。森本らは，このように 3CB 添加後土壌中で濃さを増した DGGE バンドを指標に，同じ *benA* 遺伝子配列を有する微生物を土壌から単離した。さらに，それらの微生物が実際に 3CB 分解活性を有しており，3CB 汚染土壌に添加すると 3CB の分解が促進されることを示した[4]。興味深いことに，これらの分解菌の多くは，通常このような分解菌を分離する際に用いられる 3CB を唯一の炭素源とする液体集積培養では分離されなかった。写真2でも，3CB 添加 38 日後に土壌を 3CB 液体培地に移すと，1 日後には DGGE パターンは全く異なるものとなり，それまで土で増えていたものの多くが排除されてしまうことがわかる。

第5章 農業

このことは，これまで有用分解微生物を土壌からスクリーニングする際に用いてきた液体集積培養で，実際に土壌で働く分解菌をとることの難しさを示している一方で，実際に土壌で機能する微生物を獲るためには，PCR-DGGE法は威力を発揮することがわかる。

こうしたアプローチは，農耕地の微生物相解析にも利用されており，たとえばChuらは，16年間異なる肥培管理を施した農耕地土壌の微生物相をPCR-DGGE法で解析した結果，細菌のリボソーム遺伝子配列を標的としたPCR-DGGE解析により，有機堆肥を施用した畑に特異的に出現する微生物バンドを検出している[5]。また，アンモニア態肥料を酸化する硝化細菌の酵素遺伝子（$amoA$）を標的としたPCR-DGGE解析により，化学肥料を施肥した畑特異的に出現する硝化細菌群集の検出にも成功している[6]。このようにPCR-DGGE法を用いると，土壌中に存在する遺伝子（あるいは微生物）を電気泳動のバンドとして検出でき，異なる環境下でその微生物相の変化を比較解析することが可能となる。

1.4 eDNAプロジェクト

こうした，PCR-DGGE法を用いたメタゲノム解析を農耕地土壌で大規模に行おうという国家プロジェクト「土壌微生物相の解明による土壌生物性の解析技術の開発」が，日本の農林水産省の予算で2006年に開始された。このプロジェクトは，通称「eDNAプロジェクト」と呼ばれ，国や地方の農業関連試験機関や大学の研究者が参加し，2010年度までの5年間，現在も研究が進行中である。本プロジェクトでは，メタゲノムという言葉の代わりに，土壌から培養過程を経ず得たDNAという意味でeDNA（environmental DNA）という言葉を用いているが，基本的には同義である。このプロジェクトでは，農耕地における微生物多様性を調査する手法等を開発し，土壌生物相の機能と構造を土壌から抽出したDNAに基づき解析するとともに，作物生産性と土壌生物相との関連を解析することを目的としている。

プロジェクトでは，まず，PCR-DGGE法を用いて農耕地土壌の微生物相の構造を解析するための標準法を開発した。土壌抽出DNAを用いてPCR-DGGE解析により細菌，糸状菌及び線虫群集を解析する際に必要となるサンプルDNAの調整法，標準PCRプライマーとPCRおよびDGGE解析の至適条件，および標準DGGEマーカー等の情報を取りまとめマニュアル化した[7,8]。このマニュアルは，農業環境技術研究所のWebサイト（http://www.niaes.affrc.go.jp/project/edna/edna_jp/manual_pdf.html）からも閲覧できるようになっている。この標準法により，写真3のような鮮明なDGGEバンドパターンが得られる。プロジェクトでは，更に日本各地の肥培管理や作付け作物の異なる様々な畑土壌や水田土壌からDNAを抽出，この標準解析法を用いて解析し得られたDGGE画像データは農耕地土壌の物理化学的データや肥培管理・作付けデータ，および作物病害の発生状況等のメタデータとともに，eDDASs（eDNA database for

メタゲノム解析技術の最前線

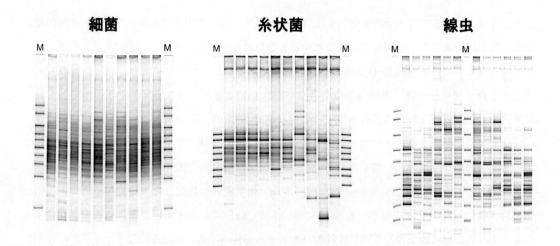

写真3　eDNA解析のための標準PCR-DGGE解析法を用いた解析例
様々な圃場の土壌からDNAを抽出し，細菌（Bacteria），糸状菌（Fungi）及び線虫（Nematodes）それぞれのリボソーム遺伝子を標準プライマーで増幅して，マニュアルに記載された至適化されたDGGE法で解析した。Mは，バンドパターンを比較するために本プロジェクトで開発されたDGGE用の標準マーカーのレーンを示す。

agricultural soils）と名付けられたデータベースに格納している。この様に収集された，DGGE画像とそれぞれのサンプリング地のメタデータは，統計学的手法を用いて肥培管理や作物病害，土壌の物理化学性との因果関係が解析され，指標となるDGGEバンドの抽出が行われている。最終的には，収集されたDGGE画像データに土壌の物理化学的特性や作付けデータなどのメタデータも加味した総合的な土壌診断法や，診断結果に基づく土壌微生物相の改良による病害低減技術，あるいは適正な施肥管理技術の開発など，環境と調和した生産性・品質の向上に結びつく技術開発を目指している。

　メタゲノムを対象としたプロジェクト研究は，日本ばかりでなく欧米でも積極的に行われており，特にメタゲノム遺伝子バンクの作成と新規抗生物質生産遺伝子や新規酵素遺伝子等のスクリーニングを目的としたプロジェクトは，2000年から数えるとすでに10個ほど行われている。これらのプロジェクトの詳細については，ヨーロッパで作物病害抑止土壌のメタゲノムから新規抗生物質生産遺伝子等の有用遺伝子のスクリーニングを目指した「メタコントロール・プロジェクト」の担当者が総説を書いているのでそちらを参照して頂きたい[2]。これらのプロジェクトでは，いずれも大腸菌等を用いてメタゲノムバンクを作成し，そのバンクから有用遺伝子のスクリーニングを試みている。しかしながら，eDNAプロジェクトのように，土壌の物理化学的性状や作物生育や肥培管理等の作付けデータなど，関連メタデータと共に土壌抽出DNAを用いた微生物群集構造解析データをデータベース化する様な取り組みを行っている例はほとんど無く，

eDNA プロジェクトは，世界的に見てもユニークなプロジェクトであると言える。

1.5　土壌メタトランスクリプトーム解析

　eDNA プロジェクトでは，土壌から抽出した RNA を用いた土壌メタトランスクリプトーム解析のための基礎研究にも取り組んでいる。土壌から直接抽出した DNA には，実際に生育して活動している微生物以外に，活動をしていない微生物やすでに死んでしまった微生物由来の DNA も含まれる。また，DNA を用いて解析する場合，検出された遺伝子がその土壌中に存在することは証明できても，発現し機能しているのかどうかを見分けることはできない。そのため，土壌中で機能している微生物の活性を評価しようとする場合には，微生物の生理活性に関連した機能遺伝子が発現した結果生じる RNA，即ち土壌メタトランスクリプトームを直接解析することが最も望ましい。近年，土壌からの RNA 抽出条件が種々検討され[9~11]，市販の土壌 RNA 抽出キットも販売されるようになり，RNA を比較的とりやすい土壌サンプルでは，土壌で生育する微生物の遺伝子発現解析もできるようになってはいる。しかしながら，土壌成分への RNA の吸着度合いや RNA の解析に必要となる酵素反応を阻害する腐植物質の混入率が土壌によって異なり，現時点では，どんな土壌からも高純度の RNA を効率よくとれる完全な抽出法は存在しないのが現状である。特に，日本の農耕地土壌に多い黒ボク土から高純度の RNA の抽出は極めて難しい。

　そのため，本プロジェクトでは，土壌への RNA の吸着と土壌中に含まれる腐食物質の混入を極力抑えることができる土壌 RNA 抽出法の開発に取り組んでいる。これまでに，腐食物質の混入を抑える抽出条件を明らかにし，腐植物質の混入の少ない高純度の RNA を土壌から抽出する手法を開発した。この方法を用いて土壌から抽出した RNA を使い，滅菌土壌ではあるがリアルタイム RT-PCR[12,13]や DNA マイクロアレイ（投稿中）を用いて土壌中で生育している微生物の遺伝子発現の検出に成功している。今後は，更に改良を加え，黒ボク土も含めて様々な生土壌から高純度な RNA の抽出法の開発を目指している。

1.6　今後の展望

　現在，我々の行っているメタゲノム解析では，PCR-DGGE 解析を主に使っている。この解析法は，比較的安価に多数のメタゲノムサンプルの比較解析を行なうのに適している。前述のように，DGGE パターンの比較により，特定の DGGE バンドに着目して，土壌の状態を示す指標にしたり，特定の機能微生物や遺伝子をメタゲノムから単離したりする際の，有力な武器にもなる。しかしその一方で，PCR-DGGE 解析で得られる情報は，農耕地土壌メタゲノムの持つ全情報のごく一部であると同時に，あくまで電気泳動の画像情報であり，PCR-DGGE 法で検出した DNA 断片の配列情報を得るためには，その断片をゲルから切り出してシークエンサーで解析し

なければならないという欠点もある。

　もし，次世代シークエンサーを用いた土壌メタゲノムあるいはメタトランスクリプトームの全塩基配列の解析が可能となれば，どのような微生物種が多数を占め機能しているのか，どのような酵素遺伝子群が土壌中で実際に発現しているのか，あるいは，作物生産量や肥培管理，作物の病害の程度等の重要な作付け指標と相関する遺伝子配列はあるのか，など，直接配列情報で解析が可能となる。また，配列情報に基づいた新規の有用遺伝子の発見も容易になるだろう。ただ，土壌に生息する微生物種は，膨大である。今日の飛躍的に進んだシークエンシング技術を持ってしても，一つの土壌メタゲノム，あるいはメタトランスクリプトームサンプルの全塩基配列データを取得するためには，相当の時間と費用が必要となるだろう。当面は，どの程度の配列を読めば，どの程度の土壌の生物学的特性が明らかにできるかを値踏みすることが必要になるのかもしれない。また，土壌メタゲノム・メタトランスクリプトーム情報が充分蓄積すれば，マイクロアレイによる簡便な土壌メタゲノム解析が主流になるのかもしれない。いずれにしても，更にシークエンシング技術が進歩し，より安価により多くの配列情報が解析できるようになり，これまで，eDNAプロジェクト等で我々が収集してきた農耕地の生物学的特性に遺伝子配列情報が組み込まれ，より精緻な解析ができる日が来ることを念じてやまない。

文　献

1) R. I. Amann, *et al.*, *Microbiol. Rev.*, **59**, 143 (1995)
2) J. D. van Elsas, *et al.*, *Trends in Biotech.*, **26**, 591 (2008)
3) Y. T. Hoshino, *et al.*, *Microb. Environ.*, **19**, 13 (2004)
4) S. Morimoto, *et al.*, *Microb. Environ.*, **23**, 285 (2008)
5) H. Chu, *et al.*, *Appl. Environ. Microbiol.*, **73**, 485 (2007)
6) H. Chu, *et al.*, *Soil Biol. Biochem.*, **39**, 2971 (2007)
7) 森本晶ほか，土と微生物，**62**(2), 63 (2008)
8) 大場広輔ほか，土と微生物，**62**(2), 69 (2008)
9) Y. Tsai, *et al.*, *Appl. Environ. Microbiol.*, **57**, 765 (1991)
10) K. J. Purdy, *Methods in Enzymol.*, **397**, 271 (2005)
11) D. Peršoh, *et al.*, *J. Microbiol. Methods*, **75**, 19 (2008)
12) Y. Wang, *et al.*, *Biosci. Biotechnol. Biochem.*, **72**, 694 (2008)
13) Y. Wang, *et al.*, *J. Appl. Microbiol.*, **107**, 1168 (2009)

2 植物根圏土壌におけるメタゲノム解析

海野佑介[*1], 信濃卓郎[*2]

2.1 植物根圏とそこに棲む微生物

"根圏-Rhizosphere"とは，ドイツ人農学者Lorenz Hiltnerによって1904年に提唱された，根を意味する"Rhizo"と場所を意味する"Sphere"を組み合わせた造語であり，根が影響を及ぼす領域全体を定義する概念である[1]。その一領域にあたる根圏土壌は，いくつかの要因から植物根の直接の影響下に無い土壌と比較して著しく異なった特性を持つ。一つには根から分泌される有機酸，アミノ酸などが，根圏土壌に生息する微生物の栄養源として利用されるため，根圏土壌では微生物活性が周辺の土壌に比較して高まることがあげられる。また逆に植物は，根圏土壌から大量の養水分を選択的に吸収するため，根近傍土壌は周辺土壌と比べ全く異なる養分動態が発達しており，例えば植物の要求量に比べて土壌中の存在量の多いカルシウムやマグネシウムが蓄積する一方で，窒素，リン酸，カリウムは，根圏近傍できわめて低濃度になることから，これらの物質に対しては植物と微生物との間で資源の競合が生じることが想定される[2]。また，植物は根圏から効果的に養分を吸収するため，根毛という細胞を発達させる。根毛は皮層細胞が変形した組織であり，大多数の植物において形成が確認されている。根毛の持つ生態的意義としては，動物小腸に見られる上皮細胞の絨毛と同様に，細胞の表面積の増大をもたらすことで，根圏から養水分を効率的に吸収することにあると考えられている。動物腸内圏の研究から，腸内圏微生物は食物の分解のみならず，ビタミン合成など宿主への養分や有用成分の供給作用とともに絨毛構造にも影響をあたえることが明らかにされている[3]。このように高等動物においては腸内圏微生物と動物の間で様々な有益な関係性が明らかにされつつあり，腸内環境の健全性と腸内微生物叢との関係性が対応づけられてきた。その一方で，構造的にも機能的にも腸内圏に相似することが期待される植物根圏では，研究を遂行する際に直面する様々な障害のため，微生物と植物との間における関係性に関してはいまだに不明瞭な点が多い。

植物根圏研究の進展を妨げる要因の一つとしては，系統学的見地から人間の腸内細菌の種類が数百と見なされているのに対して，土壌では1gに数千種類以上の微生物が存在するとされており，こうした対象の持つ生物的多様性の高さが挙げられる[4]。また腸内圏では多くの細菌種に培養法が確立されているのに対し，根圏ではそのほとんどが未だ培養困難であること，また，根圏

[*1] Yusuke Unno ㈱農業・食品産業技術総合研究機構　北海道農業研究センター　根圏域研究チーム　特別研究員

[*2] Takuro Shinano ㈱農業・食品産業技術総合研究機構　北海道農業研究センター　根圏域研究チーム　チーム長

は遺伝子の水平伝播のホットスポットとしても知られており，種を越えた遺伝子の移動が微生物の種と遺伝子機能を関連づけた考察を困難にしていることも一因となっている[5,6]。こうした様々な課題を抱える根圏ではあるが，植物と明確な共生関係を構築する根粒菌や菌根菌といった有用微生物の存在や，植物ホルモン様物質の生産，および植物の養分獲得の促進，病原菌の感染抑制作用などといった植物生長促進根圏微生物（Plant growth promoting rhizosphere microorganism）と呼ばれる有用微生物の存在が，これまでの研究から報告されている[7~12]。このように植物に対して有益な機能を持つ微生物以外にも，根圏には様々な物質代謝経路を発達させている微生物の存在が想定され，新たな代謝経路を担う微生物や酵素遺伝子の探索に適していると考えられている。これは20万種とも40万種とも言われる様々な植物成分が，植物根からの分泌，あるいは組織の脱落等によって根圏土壌中に供給され，これらの種々の化合物が微生物群集によって積極的に利用されていると考えられるためである[13~15]。一方，農業生産の観点から，現在強くその技術的基盤の確立が求められている循環型農業，省資源型農業，環境保全型農業を構築するために，土壌中の蓄積養分や投入される有機物資源の効率的な活用が望まれている。有機物を活用した農業を，人間が制御可能な農業技術としてレベルアップさせるためには，土壌中に投入された有機物を効率的に分解し，植物に利用される形態に変化させるとともに，持続性を持つ健全な土壌微生物叢を制御しうる技術の開発が望まれる。そのためには，これらの機能を担う微生物そのもの，あるいは微生物の持つ遺伝子の分布に対する制御技術の開発が重要であるが，従来の手法では根圏土壌微生物群集の何を指標として解析し，如何にして機能と結びつけるかについて道筋が描けていなかった。そこで，私たちは土壌が持つ様々な有用機能を発揮させる上で，もっとも微生物の作用性が高く，さらに農業技術に直結することが予想される，植物根圏の物質動態を担う根圏微生物の機能を解析，その応用技術の確立を目指し微生物遺伝子全体を対象としたメタゲノム解析技術の導入を試みている。

2.2 植物根圏微生物群集へのメタゲノム解析

植物根圏は土壌圏において微生物活性が高い領域の一つであり，また比較的炭素源が豊富な環境に適応した微生物が多く存在することから，実験室内での培養に適した微生物が主体を占めると考えられている。しかしながら，一般的な土壌サンプルと同様に難培養性微生物が大半を占めるため，少なく見積もっても90％以上の根圏微生物は，未だ実験室内での培養が困難である[16]。加えて，こうした環境中の微生物群集は，酸化・還元・代謝共役といった複雑な反応系を，複数の微生物，さらには植物の関与によって協同的に行うことが指摘されており，単離・培養を経た機能解析のみでは，根圏微生物の根圏における生態学的意義を理解することは難しいと考えられる[17,18]。そのため，環境中の微生物群集とその機能を制御する技術の開発を行うためには，根圏

第5章 農業

そのものを対象とし，根圏微生物群集を機能群複合体として捉えた技術開発戦略をとる必要がある。

根圏微生物を群集として解析する試みは，これまでにも様々な分子生態学的手法によって行われてきた。特に，分子フィンガープリント法は，根圏微生物群集構造解析に広く用いられ，細菌や真菌に加え，古細菌といった根圏に存在する微生物群集の系統学的多様性に基づいた解析や特定の機能性遺伝子を対象とした解析が行われている。その結果，植物種や土壌種の違い，さらには同じ植物体においても根の状態に応じて，根圏微生物群集の系統学的多様性や機能遺伝子の分布において統計学的に異なる傾向を示すことが明らかとなった[19~21]。また，難培養性微生物を含めた根圏微生物群集構造の動態を調査することが可能であることや，根圏微生物群集構造が根圏環境に応じて構造に変化を見せることが示唆された。その一方で，作物品種が根圏微生物群集構造に与える影響や，遺伝子組み換え作物の環境評価といった応用面でより重要となる形質において，分子フィンガープリント法を用いた網羅的な解析には，その寄与と解析結果との間に明確な回答を得ることが困難なケースが見られる[22]。これは，植物種や土壌種といった根圏微生物群集構造に大きな影響を与える因子とくらべ，品種間差のようなより小さな影響を与える因子の解析に対して，分子フィンガープリント法では技術的な困難が生じることを示唆している[23]。そのため，微生物群集の変動を実用可能なレベルで網羅的に解析し得る技術の開発が求められるなか，こうした技術的障壁を突破することに向け近年，環境中に含まれる遺伝子の分布，およびそれら遺伝子が共同して発揮する集合的機能の理解を目的として，メタゲノム解析手法を根圏微生物叢解析に取り入れることが試みられている。

メタゲノミクスは，環境中に含まれる遺伝子の分布，およびそれら遺伝子が共同して発揮する集合的機能の理解を目指す学問分野であり，対象を総体として評価する[24]。しかし土壌は生命活動の影響を受けた物質層であり，様々な無機物や有機物，また土壌生物が不均一に分布するヘテロな場として存在する。生物性は化学性や物理性に強く依存する一方で，環境の変化によって激しく変動する特性を持つため，とりわけヘテロな場である土壌においては，ほんのわずかな空間的，時間的な差異であっても生物性が著しく異なる状態として存在することが知られている。そのため空間的にも時間的にも激しく変動する土壌微生物群集の構成因子を総体として網羅することは困難を極める。しかし，これを網羅しない限り，総体としての動態を解析する概念を生み出すことは難しく，このことが土壌生態系サービスの実態に生物性の観点から迫ることを困難とする一因となっている。そのため，メタゲノム解析技術を土壌生態系機能の本質に迫るための手法として用いるには，対象とする生態系機能を評価しうる解析スキームの構築が必要であり，こうした解析スキームを利用することにより，たとえ土壌生態系の一部分の網羅であったとしても，土壌生態系の形成に意味をもつ部分的な動態を網羅的に解析する概念の構築が期待される。これ

らの観点からも，連続的に存在する土壌の一部として特殊な生態系機能を有すると考えられる根圏は，空間的にも，時間的にも制限された領域において網羅的な解析を実行するスキームの構築が可能であり，また植物の状態という，ある意味判断が下しやすい指標を設定可能であるという点からも，土壌においてメタゲノム解析を行いうる対象の一つであると判断される。

これまでに，土壌を対象としたメタゲノム解析プロジェクトは，テラゲノムコンソーシアなどの国際共同研究プロジェクトに加え，各国で農耕地や森林，極地の凍結土，熱帯雨林土壌などを対象としたプロジェクトが進行している[25]。これらのプロジェクトは生態学的，地球化学的，また農学的見地から各々の環境中における微生物群集の全貌を捉えることを目的とし，単離菌株や長鎖DNAクローンのシークエンス解析による参照配列の蓄積が土壌メタゲノム解析基盤の構築を目指し行われている。また，メタゲノム解析プロジェクトにおいては，これまで以上に広範な対象の評価が重要であることから，未だ土壌微生物の大半を占める難培養性微生物にアクセスするため，難培養性微生物を培養可能とする新規培養法の開発や，一細胞レベルでの機能およびゲノム解析技術の開発も進められている[26,27]。また，こうして得られた遺伝子情報を活用するため，Integrated Microbial Genomes with Microbiome Samples などのゲノムデータベースにおいて土壌に特化したWebポータルの設置も検討されている[28]。

現在，根圏を対象としたメタゲノム解析はイネ，タルウマゴヤシ，トウモロコシ，ススキなどにおいてプロジェクトがアナウンスされている。根圏効果の評価や植物根の状態変化に対する根圏微生物群集構造の応答という基礎的な生態学的研究に加え，有機物施与下で植物に高い生産性をもたらす根圏微生物群集や，植物病害の発生を抑制する土壌静菌作用の実態調査，また品種や遺伝子組み換え処理による根圏微生物群集構造への影響調査などといった，作物生産性に関わる様々な土壌生態系機能と微生物群集構造の評価を組み合わせた応用生態学的観点からの研究も始まりつつある。これらのメタゲノム解析研究ではDNAもしくはRNAを対象とし，ハイブリダイゼーション法や，サンガー型シークエンサーに加え超並列型シークエンサーを用いたショットガンシークエンス法により行われている。ハイブリダイゼーション法を用いた解析では，SSU-rDNAなどの系統分類基準遺伝子や機能性遺伝子を搭載したマイクロアレイを用い，環境要因と微生物群集構造との関連性を，多サンプルを対象とした動態解析として行うことができる[29,30]。しかしハイブリダイゼーション法の欠点として，多様性の高い根圏微生物群集構造の評価を行なう場合に擬陽性や偽陰性の生じる危険性が絶えず存在し，また混入する植物細胞の影響が大きいため機能性遺伝子を対象とした解析は，原理的に極めて困難であると考えられる。またハイブリダイゼーション法は既知の遺伝子情報に完全に依存するため，基盤となる参照配列の蓄積が乏しい根圏土壌微生物群集への適用には現状として限界がある。ショットガンシークエンス法による根圏微生物群集解析は，現段階では論文としての報告は特定の根圏微生物のゲノム解析を扱った

第 5 章　農業

もののみであるが，根圏微生物群集を対象としたプロジェクトも進展している[31]。

　ショットガンシークエンス法を用いた根圏微生物群集解析は草創期にあり，得られた配列情報の処理法に加え，根圏土壌サンプリング法やメタゲノム DNA 調整法に関しても未だ技術的課題が山積している。ショットガンシークエンス法を用いた解析を行う場合，研究目的に適したサンプルから高純度の DNA を獲得する必要があるが，植物根圏土壌微生物群集を対象とした解析では，これに加えて根圏を採取する際に混入する多量の植物組織を排した，根圏土壌微生物群集特異的なメタゲノム DNA を回収する技術を確立する必要がある。筆者らの研究室では理化学的手法に加え，情報学的に植物由来配列を除去することにより，この問題を解決している。具体的には，水中分画法を用いて根圏土壌を獲得した後，顕微鏡下で物理的に植物細胞を除去することで，植物由来と推測される配列を 10% 以下に抑え，これに加えて情報学的な植物由来配列の除去を行うことで根圏土壌微生物群集 DNA 配列の抽出を行っている。またシークエンスにはパイロシークエンス法を導入しているが，土壌から抽出した DNA には腐植等の不純物が多量に混入しており，これらの物質はパイロシークエンス法に供する際の障害となる。しかし複数の精製法を併用することで，ほとんどの土壌ではパイロシークエンス法に供するに十分な純度を持つ DNA を獲得することが可能となっている。詳しくは他章に委ねるが，これらの得られた配列に関してはクオリティーチェックおよびシークエンスノイズ除去を行った後，系統学的，および機能性遺伝子の分布推定を行い，これらを介した対象メタゲノムの特徴付けを行うことが可能である。また近年，サブサンプリング法を用いた比較メタゲノム解析を行うことで，メタゲノム間における遺伝子の変動を統計学的に扱うことも可能となった。しかし，これらの技術は発展途上段階にあり，DNA 抽出法の妥当性に加え，シークエンスの精度や配列解析手法についても未だ多くの問題を抱えている。加えて，現在はサンプルをバルク化しシークエンス解析を行っているが，生態学的見地からすれば複数の植物根圏サンプルを用いることで反復を持たせたメタゲノム解析手法の確立が求められる。しかし，現状の解析手法であっても，比較メタゲノム解析から生態学的に意義があると考えられる遺伝子の変動が確認されており，対象とする根圏の物質動態の根幹を担うと考えられる因子の抽出が可能であることが示唆されている。未だ発展途上の技術ではあるが，こうした研究の発展により，現在では夢物語として語られるような根圏微生物群集機能を活用した生態系農業とも呼ぶべき新たな技術開発への道が開け，また重要ではあるが土壌の一部分にすぎない根圏を足がかりとして，地表を覆う土壌に棲む未知なる土壌微生物が，我々の足下でいったいどのような機能を果たしており，またどれほどの恩恵を我々に与えているのか，その理解と，これを活用した応用生態学の 1 ページが開かれることを期待する。

文　献

1) L. Hiltner, *Arb. Deut. Landw. Gesell.*, **98**, 59 (1904)
2) H. Marschner, "Mineral Nutrition of Higher Plants", Academic press (1995)
3) P. R. Burkholder & I. McVeigh., *Proc. Natl. Acad. Sci.*, **28**, 285 (1942)
4) V. Torsvik *et al.*, "Use of DNA analysis to determine the diversity of microbial communities", p.39-48, "Beyond the Biomass", Wiley (1994)
5) R. I. Amann *et al.*, *Microbiol. Rev.*, **59**, 143 (1995)
6) J. D. van Elsas *et al.*, *New Phytol.*, **157**, 525 (2003)
7) O. Steenhoudt & J. Vanderleyden, *FEMS Microbiol. Rev.*, **24**, 487 (2000)
8) J. W. Kloepper *et al.*, *Nature*, **286**, 885 (1980)
9) E. I. Newman & P. Reddell, *New Phytol.*, **106**, 745 (1987)
10) G. Truchet *et al.*, *Protoplasma*, **149**, 82 (1989)
11) J. M. Lynch, "The Rhizosphere", p.1, John Wiley & Sons, (1990)
12) J. I. Sprent & E. K. James, *Plant Physiol.*, **144**, 575 (2007)
13) W. W. Wenzel, *Plant Soil.*, **321**, 385 (2009)
14) O. Fiehn *et al.*, *Curr. Opin. Biotechnol.*, **12**, 82 (2001)
15) H. P. Bais *et al.*, *Annu. Rev. Plant Biol.*, **57**, 233 (2006)
16) G. Berg & K. Smalla, *FEMS Microbiol. Ecol.*, **68**, 1 (2009)
17) J. Pandey *et al.*, *FEMS Microbiol. Rev.*, **33**, 324 (2009)
18) R. L. Tatusov *et al.*, *Nucleic Acids Res.*, **29**, 22 (2001)
19) J. F. Salles *et al.*, *Appl. Environ. Microbiol.*, **70**, 4021 (2004)
20) G. Wieland *et al.*, *Appl. Environ. Microbiol.*, **67**, 5849 (2001)
21) P. Marschner *et al.*, *Soil Biol. Biochem.*, **33**, 1437 (2001)
22) J. Lottmann *et al.*, *FEMS Microbiol. Ecol.*, **29**, 365 (1999)
23) C. Bremer *et al.*, *Appl. Environ. Microbiol.*, **73**, 6876 (2007)
24) J. Handelsman *et al.*, "The New Science of Metagenomics : Revealing the Secrets of Our Microbial Planet", The National Academic Press (2007)
25) T. M. Vogel *et al.*, *Nature Rev. Microbiol.*, **7**, 252 (2009)
26) A. Raghunathan *et al.*, *Appl. Environ. Microbiol.*, **71**, 3342 (2005)
27) R. Stepanauskas & M. E. Sieracki, *Proc. Natl. Acad. Sci. U. S. A.*, **104**, 9052 (2007)
28) V. M. Markowitz *et al.*, *Nucleic Acids Res.*, **36**, D534 (2008)
29) H. Sanguin *et al.*, *Appl. Environ. Microbiol.*, **72**, 4302 (2006)
30) Z. He *et al.*, *ISME J.*, **1**, 67 (2007)
31) C. Erkel *et al.*, *Science*, **313**, 370 (2006)

3 水田土壌のメタゲノム解析

伊藤英臣[*1], 石井　聡[*2], 妹尾啓史[*3]

3.1　はじめに（水田土壌の特徴と微生物）

　年間を通じて好気的な環境が優占している畑土壌とは異なり，水田土壌は水管理によって土壌中の酸素濃度が1年の間に大きく変化する農耕地土壌である。春になると土壌を耕転し，圃場に水を引き入れ，土壌は湛水状態となり田植えが行われる。土壌と大気とが水で遮断されることにより，大気から土壌への酸素の供給速度よりも土壌中での消費速度が上回り，湛水後の日数の経過とともに土壌は好気的な環境から徐々に嫌気的な環境となる。このとき，土壌中で硝酸還元，脱窒，マンガン還元，鉄還元，硫酸還元，メタン生成といった還元反応が逐次的に進行し，土壌の酸化還元電位が低下していく（図1)[1]。ただし，マンガン還元と鉄還元は化学的にも進行する。はじめ褐色を呈していた土壌が徐々に青みを帯びた色に変化するのは，三価鉄が還元されて二価鉄が生成する鉄還元反応の進行を示している。夏期に一時的に落水する「中干し」が行われる場合もあるが，水稲栽培期間中は基本的には土壌は湛水状態にある。収穫期が近づくと完全に水を抜かれ，土壌は再び空気にさらされ，生物的・化学的な酸化反応が起こる。一毛作の場合には，翌年の水稲栽培シーズンまで土壌は酸化的な状態が保たれる。このように，水田土壌の特徴の一つは，好気的あるいは嫌気的な状態にある期間が明確に分かれ，水稲栽培が継続される限りそれ

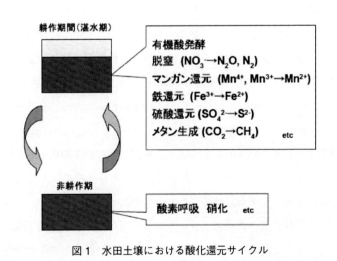

図1　水田土壌における酸化還元サイクル

---

* 1　Hideomi Itoh　東京大学大学院　農学生命科学研究科　応用生命化学専攻；日本学術振興会特別研究員
* 2　Satoshi Ishii　東京大学大学院　農学生命科学研究科　応用生命化学専攻　特任助教
* 3　Keishi Senoo　東京大学大学院　農学生命科学研究科　応用生命化学専攻　教授

らが周期的に入れ替わることである。この特徴は，土壌の肥沃度やイネの養分吸収，連作障害の防止など水稲生産性にも深くかかわっている。

水田は地域・地球環境とも関わりが深い。湛水期間中は脱窒が起こりやすい環境にあるため，水田土壌では，畑土壌で問題となる硝酸の溶脱や温室効果ガスの N_2O の生成が少ない[2]利点があるものの，施肥窒素の損失にもつながる。また，湛水期に大量に放出されるメタンは温室効果ガスであるためその発生の低減が求められている。このように，酸化還元電位の変動という水田土壌独特の性質は，農業活動や周辺環境においてメリットもデメリットもある。

生命活動において重要な酸素濃度の激変という過酷な環境変化を代表とする，このような特徴を有する水田土壌の微生物群集の全体像を網羅する詳細な情報を得ることは，学術的のみならず環境保全型の稲作を継続するために重要な基礎的知見となるであろう。特に次のような点に興味が持たれる。

(1) 水田土壌の微生物群集構造の詳細，微生物群集が保有する機能遺伝子群の詳細。
(2) 微生物群集構造や機能の年間を通じての変遷。特に土壌環境のダイナミックな変化との関連。
(3) 土壌の還元過程・酸化過程の各反応や窒素変換を担う微生物群集。
(4) 偏性嫌気性の硫酸還元菌やメタン生成菌が，非湛水時期の好気的な土壌環境の中でどのようにして生残しているのか。

水田土壌微生物に関する少なからぬ研究がこれまでになされている。分離培養法を用いて，還元過程の各反応を担う微生物や窒素変換を担う微生物，水稲根圏の微生物などが分離され，性質が調べられてきた[3~6]。また，土壌微生物の大部分は培養困難であるとされていることから，Polymerase Chain Reaction Denaturing Gradient Gel Electrophoresis（PCR-DGGE）法，クローンライブラリー法，Terminal Restriction Fragment Length Polymorphism（T-RFLP）法など土壌核酸を直接解析する分子生態学的手法により，水田土壌の微生物群集構造を解析することも近年活発に進められている[7~9]。しかし，一定の実験操作の範囲内では，広範で複雑な群集構造を解明するためには，得られる情報量は必ずしも十分であるとは言えない。

近年，迅速性・コスト性に優れた次世代シーケンサーの登場により土壌核酸の大量シーケンス解析が可能になっている[10]。土壌に存在し機能している微生物群集と機能の全体像を従来よりもはるかに詳細・網羅的に明らかにできる状況になってきている。

現在，我々は，分子生態学的解析の従来法に加え，次世代シーケンス技術を取り入れたメタゲノム解析手法を導入し，水田土壌から抽出した核酸を従来よりも大量にシーケンスし解析する事により，土壌に存在し機能している微生物群集の全体像を詳細・網羅的に明らかにすることを進めている。また，年間を通じての連続的なサンプリングによって土壌理化学性，ガス発生と微生

第5章 農業

物群集構造を経時的に把握している。核酸（微生物）情報と環境情報とを比較解析することにより，土壌中の微生物群集の構造と土壌環境の変化に応答する微生物群集の変遷の解明を試みる。農耕地土壌の微生物群集の構造およびその変遷と環境要因との関わりを明らかにすることによって，学術的基礎知見のみならず，農耕地土壌からの硝酸溶脱や温室効果ガス発生低減化などの土壌微生物管理技術の構築に向けた知見の取得にもつながると期待される。

3.2 水田土壌のメタゲノム解析
3.2.1 土壌サンプリングと土壌環境メタデータの収集

水田で観測されるガスフラックスや土壌の理化学性の変化と土壌微生物群集の変化との関係を解明することが本研究の大きな目的である。メタゲノム解析を導入することで，従来よりもはるかに詳細に水田土壌微生物群集の構造が明らかにできると期待される。しかし，大量の塩基配列情報を得るだけで，水田土壌の現象を説明することには無理がある。メタゲノム解析という強力な解析ツールを存分に生かしてより深い考察を得るためには，メタゲノム解析に加え，土壌環境に関する詳細な情報（環境メタデータ）も収集する必要がある。そこで本研究では水田における土壌環境データやガスフラックスのモニタリングを行うとともに，経時的に土壌を採取して土壌の理化学性の分析を行った。また，メタゲノム解析を導入する前に，従来的な分子遺伝学的手法により土壌サンプルの微生物性に関する予備的解析を行った。こうした環境メタデータと従来的解析，メタゲノム解析から得られる情報をつき合せ，土壌環境の変化に伴う微生物群集の構造と機能の変遷の網羅的解析を目指している。

2009年度に新潟県農業総合研究所内の連作水田圃場において，湛水前から収穫後にかけて，経時的に土壌を採取した。圃場にはデータロガーを設置し，土壌の温度と体積含水率をリアルタイムで測定した。また，サンプリングの際に，圃場からのメタンおよび亜酸化窒素のガスフラックス，土壌の酸化還元電位を測定した。さらにサンプリングした土壌の，硝酸態窒素，亜硝酸態窒素，アンモニア態窒素，二価マンガン，二価鉄，硫酸の含量，脱窒活性，硝化活性などを測定した。

結果の一部を図2に示す。本サンプリングサイトにおける土壌の酸化還元状態の経時的な変化が明らかとなった。湛水期においてEhの降下に伴い，脱窒，マンガン還元，鉄還元，硫酸還元，メタン生成がさかんに進行している。また，落水期にかけてEhが上昇するにつれて各還元反応が抑制されている。このように，耕作シーズンを通して土壌の理化学性が大きく変動していることがわかる。

3.2.2 従来法による予備解析

経時的に採取したそれぞれの土壌からDNAとRNAを抽出し，細菌，古細菌のrRNA遺伝子

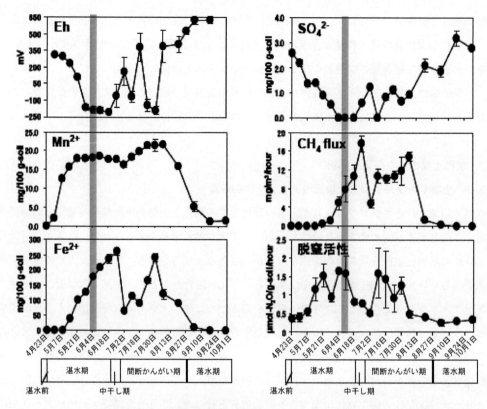

図2 水田土壌における酸化還元電位と各還元反応の基質・生成物量の経時変化
(CH₄ flux データは白鳥豊博士による[15])

およびrRNAの部分配列をそれぞれPCRで増幅し，DGGE法により分離して，バンドパターンを比較した。その結果，DNAに基づくPCR-DGGE解析では，細菌相および古細菌相は耕作期間を通して安定していることがわかった。RNAに基づく解析でも，湛水後期に細菌相にわずかに変化がみられたのみで，細菌・古細菌相の大部分は安定していることが示唆された。

しかしながら，鉄還元能，硫酸還元能，メタン生成能は細菌や古細菌でしか見出されていないことから，水田土壌の酸化還元電位をはじめとする理化学性のダイナミックな変動（図2）は細菌や古細菌が鍵となって引き起こしているはずである。原核生物群集の大部分が安定的に見えるのは，各還元反応を担っているメンバーや酸化還元電位の変化に応答する集団は全体に対して割合が極めて少ないためである可能性が考えられた。次世代シーケンサーによるメタゲノム解析を行えば大量のシーケンスデータが取得でき，より解像度を上げた解析が可能となるため，これらの少数グループを明らかにできると期待された。

3.1項でも述べたが，本研究以外にも，水田土壌の微生物群集の解明を目指し，これまでにも

第5章 農業

PCR-DGGE法，クローンライブラリー法，T-RFLP法を用いて，解析対象を特定の微生物群やその機能遺伝子に絞った解析が行われてきた。しかし，PCR増幅を仲介する従来法では，PCRプライマーの特異性によるバイアスは避けられない。全ての属種を網羅できる完璧なプライマーというものは未だにない。また，細菌，古細菌，真核生物の3ドメインを同時に解析することができず，ドメイン同士の量的な比較ができない。

一方，メタゲノム解析では土壌から抽出したDNAを直接，次世代シーケンサーに供し，大量のシーケンスデータを得る。ターゲットをしぼったPCRを介さないので，特定のグループに限らない，まさに環境中の微生物群集の全体像が詳細に明らかになることが期待される。この点でメタゲノム解析は有効かもしれない。

3.2.3　メタゲノム解析—土壌DNAの包括的な大量シーケンス解析

水田土壌にメタゲノム解析を応用した例は未だない。我々はその第一歩として，水田特有の各還元反応が進行している湛水期のサンプル（図2の影部分）を対象としてメタゲノム解析を実施し，そもそも水田土壌圏はどのような生物で構成されているのか明らかにすることを試みた。

土壌から抽出したDNAを次世代シーケンサーの454GS-FLX Titanium（Roche）に供し，938,730リードの塩基配列情報を取得した。得られた配列をアセンブルしたところ，5%の配列がcontigを形成し，残りの95%がcontigを形成しない独立した配列のsingltonであった。

次に得られた塩基配列情報を，細菌・古細菌の既知ゲノム（1,236 genomes）をデータベースとして相同性検索を行った（identity 90%以上，塩基長100 bp以上）。全リード数の約15%が特定の菌種に分類され，そのうちの大部分が細菌であり，古細菌と分類された配列は全体の1%にも満たなかった。さらに詳細に見ると，水田土壌生物群集の構成分類群として細菌27門462属，古細菌4門36属が同定された。門レベルでは，細菌27門のうち*Proteobacteria*門と*Actionbacteria*門だけで細菌全体の86%が構成されていた。古細菌は94%が*Euryarchaeota*門に分類された。属レベルでは，細菌は*Burkholderia*，*Anaeromyxobacter*がそれぞれ細菌全体の10%ずつを占め，*Streptomyces*，*Geobacter*，*Bradyrhizobium*が次点で優占率が高かった。*Burkholderia*，*Anaeromyxobacter*，*Geobacter*属の中には鉄還元細菌として知られているものが多く，湛水期の水田土壌における二価鉄の生成はこれらの菌が鍵となって三価鉄の還元反応が触媒されている可能性が考えられた。*Bradyrhizobium*は根粒菌として有名だが，脱窒能を有するものも知られている[11]。このことから湛水期の水田土壌中における脱窒に*Bradyrhizobium*が関与している可能性が考えられた。また，鉄還元細菌に比べると少ないが，*Desulfovibrio*や*Desulfomicrobium*など硫酸還元反応を触媒する細菌も検出された（全細菌の1%未満）。

一方，古細菌は*Methanosarcina*や*Methanoculleus*などの絶対嫌気性菌の優占率が高かった。他の研究グループによるDGGE解析やクローンライブラリー解析でも水田土壌から

219

Methanosarcina, *Methanoculleus* などに近縁なメタン生成菌や機能遺伝子が検出されている[12,13]。図2に示すように，今回解析したサンプルは圃場からメタンが大量に発生している時期のものであることから，新潟水田土壌においても，*Methanosarcina*, *Methanoculleus* などのメタン生成菌が圃場のメタンフラックスに関与していることが考えられた。

一方で，ゲノムデータベースから同定されなかった配列は約85％にも上る。このことは，水田土壌生物群集の構成員として，今回用いたデータベースに含まれなかったゲノム未解読菌や真核生物，あるいは未知の生物が多く含まれている可能性を示している。

まだ1土壌サンプルの解析を行ったのみであり，現在得られている情報だけで深い考察をするのは危険である。他の時期に採取した土壌サンプルを解析することに加え，得られた大量の配列を最適な方法で解析することで上記の目的を達成したい。森らがメタゲノム解析の指針を示している[14]ように，得られた大量のシーケンス情報をrRNAや機能遺伝子のデータベースを用いて解析を進める予定である。

3.3 おわりに

水田土壌という特殊な環境下で微生物集団構造がどのように変遷しているのかを明らかにするために，古くから分離培養による解析や，土壌DNAに含まれるrRNA遺伝子や機能遺伝子をターゲットとした培養に依存しない解析が行われてきた。メタゲノム解析はシーケンス対象を限定しない，土壌DNAの包括的・網羅的な解析が可能である。酸素濃度が大きく変化する環境下における微生物群集の構造の変化，また，胞子形成や代謝経路の切り替えなど微生物の生き残り戦略が明らかになると考えられる。

土壌という生育環境の複雑さや実験手法の確立の遅れ（核酸抽出方法など）から，土壌圏のメタ解析は海洋や湖沼などの水圏に比べると，まだまだ少ない。今後，土壌でメタゲノム解析の手法を導入した研究が進むにつれて，新規微生物，新規有用遺伝子の発見や，土壌環境の変化と微生物集団の関係がますます明らかになることが期待できる。

謝辞

本研究は生研センター基礎研究推進事業ならびに日本学術振興会科学研究費補助金の支援を受けた。水田の管理，土壌・土壌データ採取に関して，白鳥豊博士（新潟県農業総合研究所），八木一行博士（農業環境技術研究所）ならびに新潟県農業総合研究所の皆様に多大な協力を頂いた。メタゲノム解析には，服部正平博士，大島健志朗博士（ともに東京大学大学院新領域創成科学研究科）の技術協力を頂いた。また。大塚重人博士（東京大学大学院農学生命科学研究科）には研究全般を通じて貴重な助言を頂いた。ここに記して謝意を表する。

第5章 農業

文　献

1) 高井康雄, 水田土壌学, 川口桂三郎編, 講談社 (1979)
2) S. Nishimura et al., *Soil Sci. Soc. Am. J.*, **69**, 1977 (2005)
3) S. Sanae et al., *Appl. Environ. Microbiol.*, **73**, 4329 (2007)
4) S. Aboubakar et al., *FEMS Microbiol. Ecol.*, **101**, 217 (1992)
5) T. Hashimoto et al., *Biol. Fertil. Soils*, **42**, 179 (2006)
6) Y. Oyaizu-Masuchi et al., *J. Gen. Appl. Microbiol.*, **34**, 127 (1988)
7) S. Asakawa et al., *Soil Biol. Biochem.*, **40**, 1322 (2008)
8) X-Z. Liu et al., *Soil Biol. Biochem.*, **41**, 687 (2009)
9) T. Lueders et al., *Appl. Environ. Microbiol.*, **66**, 2732 (2000)
10) L. F. Roesh et al., *ISME J.*, **1**, 283 (2007)
11) F. Vairinhos et al., *J. Gen. Microbiol.*, **135**, 189 (1988)
12) T. Watanabe et al., *Soil Biol. Biochem.*, **39**, 2877 (2007)
13) T. Watanabe et al., *Soil Biol. Biochem.*, **41**, 276 (2009)
14) 森宙史, 丸山史人, 黒川顕, 難培養微生物研究の最新技術Ⅱ―ゲノム解析を中心とした最前線と将来展望, 大熊盛也ほか監修, 82 (2010)
15) 白鳥豊,「農林水産省プロジェクト研究地球温暖化が農林水産業に及ぼす影響評価と緩和及び適応技術の開発（炭素循環・緩和技術・影響評価） 平成21年度研究成果報告書」pp.170-173 (2010)

4 植物共生微生物の群集構造解析

池田成志[*1], 南澤 究[*2]

4.1 はじめに

多様性情報に基づく生物群集の動態解析は，生物群集の各種環境因子への応答や生物間相互作用などを解明する新分野である。微生物生態学では，非培養法が開発されて定性的・定量的な多様性解析が可能になり，種々の環境試料について群集構造解析が報告されている[1]。野外環境下の植物は，植物共生微生物に光合成産物や安定した生息場所を提供し，共生微生物は植物の養分吸収を助け，植物病害の発生を抑制している[2]。また，乾燥や重金属などの各種ストレスへの耐性能も共生微生物が植物に付与することが報告されている[3]。

これまでの植物圏の微生物多様性解析は主に根組織あるいは根圏土壌を対象としており，植物の地上部組織への非培養法による共生微生物の多様性解析・群集構造解析は後述するような植物組織に固有の技術的な問題のため研究がほとんど進んでいない。本節では，初めにそれら問題点について概述し，続いて今後の植物共生微生物の分子生態学的研究におけるキーテクノロジーとなると考えられる細菌濃縮法とその応用例を紹介し，最後に植物共生微生物のメタゲノム解析・オミクス研究を軸とした今後の植物共生科学に関する展望を示したい。

4.2 非培養法による植物共生微生物の群集構造解析の現状と問題点

我々が植物共生微生物の多様性研究を始めた当初は，非培養法による植物共生微生物の群集構造解析を行うために，主に根組織を液体窒素などで粉末状に，あるいは緩衝液中ですり潰して破砕し，ジルコニアビーズなどと混和して植物細胞と細菌細胞をひとまとめにした形でのDNA抽出法が多用されていた。この方法では，当然ながら多量の植物細胞由来の物質がDNA試料に混入し，PCR法を用いた非培養法による群集構造解析は困難となる。我々の経験では，微生物量が比較的多い根組織を用いた場合でも，16S rRNA遺伝子のクローンライブラリー解析の場合で約半数のクローンがクロロプラストやミトコンドリアなどのオルガネラ由来となる。さらに，他の環境試料と比較して，植物組織はPCR反応を阻害する多糖類やフェノール化合物を多く含み，各自の植物材料に経験的な工夫を重ねている状況にある。また，分子微生物生態学で対象とする植物試料は野外環境で栽培されたものを用いる場合が多く，DNAの純度はさらに低くなる。茎や葉などの地上部組織にいたっては，上記のようなクローンライブラリーではほぼ全てクロロプ

[*1] Seishi Ikeda ㈱農業・食品産業技術総合研究機構 北海道農業研究センター 根圏域研究チーム 芽室研究拠点 主任研究員

[*2] Kiwamu Minamisawa 東北大学大学院 生命科学研究科 教授

第5章　農業

ラスト由来のクローンで占められ，これらの組織では群集レベルでの微生物生態学的な研究はほぼ不可能であった。

　環境微生物の群集構造解析法は，DNA多型解析とクローンライブラリー解析の2つに分けられる。一般的な環境試料の群集構造解析では，DNA多型解析法としては16S rRNA遺伝子領域を標的にしたDGGE法やT-RFLP法などが広く用いられている。しかしながら，植物オルガネラDNA，特にクロロプラストDNAが細菌の16S rRNA遺伝子領域と高い相同性を持つことから，これらのDNA多型解析法による植物共生細菌の群集構造解析は困難であった。そこで，我々は，DNA多型解析に基づく種々の群集構造解析法を比較検討した結果，唯一RISA (Ribosormal Intergenic Spacer Analysis) 法が植物DNAによる解析の阻害を受けにくいことを明らかにし，さらに従来のRISA法と比較して迅速・簡易・高感度な改変RISA法を確立した[4〜9]。

　クローンライブラリー作成時のPCRにおいて，クロロプラストDNA等のような植物DNAの増幅を抑制する試みとして，微生物群に特異的なPCRプライマーの利用が幾つか考案されている[10]。しかし，クロロプラストDNAは細菌に非常に良く似たゲノム構造を持っていること，異なる植物種や遺伝子型によりクロロプラストなどのゲノム配列にも多様性があること，クロロプラストDNAの絶対量の圧倒的多さなどから，細菌群に特異的でかつ，汎用的に利用できる多様性解析用のPCRプライマーの開発は容易ではない[11,12]。

　葉の表在性微生物の非培養法による解析においては組織の表面から細菌細胞を緩衝液による洗浄[13]や緩衝液中で超音波処理により微生物細胞を分離・回収するという方法がある[14]。これらの方法は，植物組織でバイオフィルムを形成している微生物細胞[15]の分析には向かない。一方，主に茎を対象にした植物内在性微生物の微生物細胞の回収・濃縮実験では茎の切断面から漏出する細胞間液中の細菌細胞を回収するというような方法が提案されている[16,17]が，回収できる細菌細胞量は極微量であり，生息環境を代表するような細菌群のサンプリングが可能であるか疑問である。

　以上のような問題点に加え，葉や茎に関係した共生微生物の多様性研究では常に多量の植物DNAの混入が問題となっており，微生物特異的なプライマーを使用した場合でも，我々の経験や文献上においても多様性解析は困難な場合が多い[12,18]。

　したがって，微生物バイオマスが比較的多い根組織や根圏土壌については，かろうじて多様性解析や群集構造解析ができる技術レベルにあったと言える。しかしながら，地下部組織と同様に植物生育促進や病害防除などへの重要な寄与が期待されている地上部組織の共生微生物相は，分子微生物生態学的にはブラックボックスという状況に置かれていた。

4.3 細菌細胞濃縮法の開発

上記のような背景の下で，我々は植物組織から細菌細胞を物理的に分離・濃縮・精製する「細菌細胞濃縮法」の開発を行った。研究当初の時点において，既に他の研究グループによって植物組織から細菌細胞を分離・精製するという類似のアイデアによる報告はなされていた。Jiaoら[19]が植物細胞壁の酵素による加水分解後に，続いて分別遠心することにより細菌細胞の濃縮を試みている。Wangら[20]が界面活性剤と塩析を組み合わせた比較的簡単な方法の組み合わせによりクロロプラストと植物残渣を除去することで，樹皮からの細菌細胞の濃縮法を報告している。しかし，酵素処理中の微生物増殖や界面活性剤の影響で，一般植物組織への汎用性については疑問が残る。

我々は，これらの細菌細胞濃縮法の長短所を見極めつつ，独自の細菌細胞濃縮法の開発を行った（図1）[21, 22]。始めに植物組織をブレンダーでホモジナイズし，植物残渣をろ過により除く。得られたろ液について低速遠心により不溶性デンプンや核，小さな植物残渣を沈殿させ，上澄みに浮遊する細菌細胞を高速遠心で沈殿させペレットとして回収する。この抽出操作における重要なポイントは，クロロプラストなどの植物オルガネラの膜系を強力に破壊できる一方で細菌細胞には比較的穏やかな作用を持つTriton X-100を抽出バッファーの界面活性剤として適正濃度（約1％）で使用したことである[23]。これにより，比較的高濃度の界面活性剤存在下において植物細胞由来の核やオルガネラの膜構造は効率的に破壊されると期待した。これらの緩衝液の効果と分別遠心の繰り返しによる細菌細胞の洗浄により，植物オルガネラを効果的に分別破砕し，細菌細胞のみを効率的に分離・濃縮することが可能となった。調製試料中には分別遠心では容易に除去できない植物由来の微細粒子が多量に存在するが，Nycodenzを用いた細胞密度に依存した密度勾配法[24]により細菌細胞を効率的に濃縮・精製することに成功した。Nycodenzは高濃度でも浸透圧作用を低く抑えることができ，かつ細胞毒性が低いので，濃縮画分からの多様な細菌群の分離にも成功している（図1）。

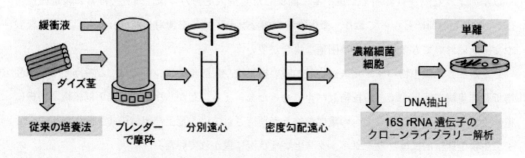

図1　植物体からの細菌細胞の調製とその多様性解析

第 5 章　農業

4.4　新時代の植物共生細菌の多様性解析・群集構造解析

　次に，細菌細胞濃縮法による，圃場栽培植物試料の共生細菌の多様性解析例を紹介する。宮城県の田畑輪換圃場における播種後約3ヶ月のダイズ品種エンレイの茎組織を分析試料として用いた[21]。濃縮法を使用した場合，現実的なシークエンス解析量（約200-300クローン）で培養法による表生細菌や内生細菌の多様性の大部分をカバーできることが明らかとなった[21]。また，当該濃縮法は表生細菌と内生細菌の両方の群集に対していずれにも系統的に大きな偏りなく植物共生細菌を抽出できることが示された。濃縮画分に含まれる細菌類の多様性はAlphaproteobacteriaを中心にして，放線菌類（Actinobacteria），Betaproteobacteria，Gammaproteobacteriaなどに広く分布した。興味深いことに，濃縮画分の培養可能な細菌群では，表生細菌や内生細菌の培養画分よりも非常に大きな多様性が観察され，当該濃縮法が共生細菌の分離・培養にも有用であることが示唆された。従来の菌株の純粋分離では我々の研究例も含めて，いずれもダイズ茎に共生する分離細菌の集団の中ではGammaproteobacteriaが優占化していた[25,26]。これに対して，濃縮法を利用した非培養法による多様性解析ではAlphaproteobacteriaの優占化が示唆され，培養法では観察されない多様なActinobacteriaの存在も明らかとなった。植物地上部組織の共生微生物の多様性が，非培養法と比較して門や綱のような高次の分類群レベルで異なっているという点は注目に値する。

　濃縮法を活用した多様性解析や群集構造解析の最大の利点は，簡便でかつ再現性が高いので，植物共生系の分子微生物生態学的研究を一気に加速させることにある。上記のダイズの茎の共生細菌について濃縮法を利用した16S rRNA遺伝子のクローンライブラリー解析により更に追加データを加え，約600配列のデータを用いて解析した結果を紹介する。表1に示されるように，種レベル（類似度97%）でクラスタリングした場合でも96%，属レベル（類似度95%）の場合は98%のLibrary coverageが得られ，今回の実験条件下では数百クローンの解析で十分である

表1　ダイズ茎共生細菌群集の生態学的統計値

クラスタリング時の類似度（%）	97%[a]	95%[b]
解析に使用した配列数	599	599
OTU数	69	44
Library coverages[c]	95.8	97.8
各種多様性指数値		
Chao1	99.0	55.1
ACE	96.9	57.2
Shannon index（H'）	3.3	2.9
Simpson index（$1/D$）	15.3	12.9

[a] 種レベルに相当，[b] 属レベルに相当，[c] $C_x = 1-(n/N)$。nとNは各シングルトンと全数を示す。

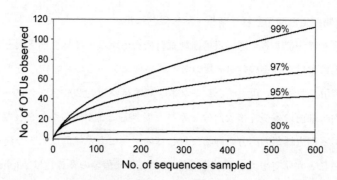

図2 ダイズ茎共生細菌群集の異なる分類群レベルの Rarefaction curve.
99％，97％，95％，80％の各類似度でクラスタリングした際に得られる Rarefaction curve を示す。97％，95％，80％はそれぞれ種，属，門レベルの分類群に対応する。99％では直線的に多様性が増加している。一方，80％では数十クローンで多様性が飽和している。

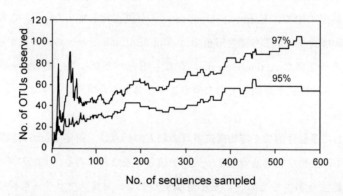

図3 ダイズ茎共生細菌群集の種と属レベルでの Chao1 richness estimate collector's curve.
97％と95％の各類似度でクラスタリングした際に得られる Chao1 richness estimate collector's curve を示す。97％と95％はそれぞれ種と属レベルの分類群に対応する。属レベル（95％）の Chao1 指数が約450クローンあたりから安定している点に注目。

ことが分かる。Rarefaction カーブからは，亜種レベル（類似度99％）の多様性はほぼ直線的な増加を示すのに対して門レベル（類似度80％）の多様性は数十配列で飽和している（図2）。一方，Rarefaction カーブが示すように，OTU（Operational Taxonomic Unit）数自体は600配列の解析では属レベルでも飽和していないが，最低限の OTU 数の推定値を示す Richness 指数である Chao1 や ACE の値は配列数が450を越えるあたりから属レベルで安定し始め，ダイズの茎については属レベルの解析では60個の OTU 数が一応の目安になり得ることが分かる（図3）。

系統情報を表2と図4に示す。Alphaproteobacteria，特に Rhizobiales の4属（*Aurantimonas*, *Devosia*, *Methylobacterium*, *Rhizobium*）で全クローンの半数近くを占めた。これらの中で，*Aurantimonas* 属は比較的最近に提案された新属であり[27]，植物共生細菌としての報告はこれま

第5章　農業

表2　ダイズ茎共生細菌群集の系統群構成比

Bacteroidetes	0.5[a]
Firmicutes	0.8
Actinobacteria	11.0
Proteobacteria	81.7
Alphaproteobacteria	48.5
Aurantimonas	5.2
Devosia	3.3
Methylobacterium	31.9
Rhizobium	7.1
Sphingomonas	9.5
Betaproteobacteria	16.0
Acidovorax	1.0
Variovorax	11.1
Unclassified Comamonadaceae	3.7
Gammaproteobacteria	17.2
Acinetobacter	5.7
Unclassified Enterobacteriaceae	7.7
Unclassified bacteria	6.0

[a] 全クローン中に占める割合（％）。

でイネからの1例のみで[28,29]，この「知られざる植物共生細菌」が多様な植物種に広く分布していることが示唆された。さらに，種レベルでのクラスタリング解析の結果，最も多い菌群であった Methylobacterium 属の中でも Methylobacterium extorquens に類縁の特定のOTUに属する菌群が全クローン中の約19％も占めることが示された。また，上記のRhizobiales目に属する4属はいずれの属も数個までのOTUの比較的小さな属内多様性を示したのに対し，同じAlphaproteobacteria の Sphingomonas 属は全体の1割程度のクローン数しか占めないにも関わらず，14個のOTUに分かれ，属内多様性が非常に高いという特徴を示した（図4）。また，全OTU数及び全クローン数の約半分近くを5属で占める Alphaproteobacteria とは対照的に，放線菌群（Actinobacteria）は全クローン数の約11％が12属に分かれるという属レベル以上で高い多様性を示す菌群であることが示唆された。Sphingomonas 属や放線菌群は高い2次代謝能を持つことから産業利用上注目されている菌群であり，このような特性は多様な植物の2次代謝産物を資化できるように多様化した結果なのかもしれない。さらに，各OTUの代表配列を用いたBlast解析や系統樹解析の結果，Aurantimonas 属や Sphingomonas 属などに類縁のAlphaproteobacteria については植物共生系に潜在的な新種・新属が多数存在することが示唆された。

メタゲノム解析技術の最前線

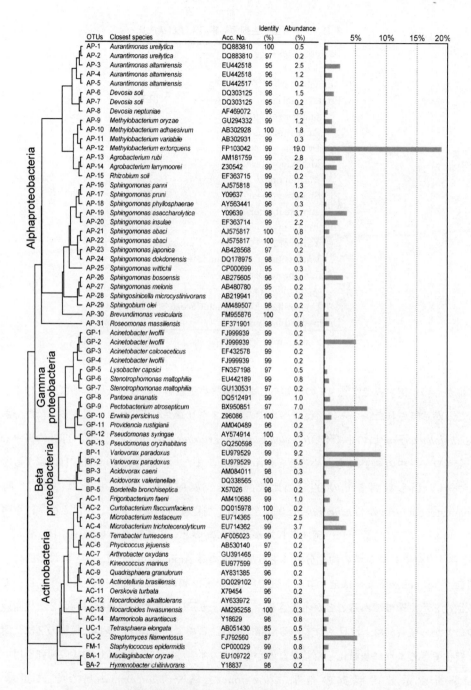

図4 ダイズ茎共生細菌群集の16S rRNA遺伝子のクローンライブラリーにおける各OTUの代表配列の系統分布

デンドログラム（左の系統樹）は種レベル（97%の類似度でクラスタリングした場合）での各OTUの代表配列間の類縁関係を示す．表は各代表配列についてBlast検索における最も近縁の種とその類似度及び全クローン数に占める各OTUに含まれるクローン数の割合を示す．棒グラフはクローン数の相対的割合を示す．

第 5 章　農業

4.5　植物共生科学におけるパラダイムシフト

　植物共生科学研究への細菌群集構造解析の適用は，根粒菌・菌根菌や病原微生物などの特定の微生物に焦点をあてた従来の共生科学や植物病理学のような古典的な研究とは異なり，トップダウン的な視点からの全く新しい情報を得ることを可能にする。例えば，マメ科植物における根粒の形成・制御に重要な植物遺伝子が *Aurantimonas* 属や *Methylobacterium* 属のような根粒菌以外の細菌群集の多様性や群集構造に強い影響を及ぼすというような事実は我々による群集構造解析で初めて明らかにされた[30]。さらに，植物における窒素施肥に反応するシグナル伝達系と根粒の形成・制御系の両者が共生細菌の群集構造に及ぼす影響の類似点と相違点，これらの情報から植物における未知の微生物制御系の存在などが示唆されている[30]。窒素などの植物栄養素が共生微生物相に強い影響を持つという事実は，我々の想像以上に貧栄養状態が自然界で植物と微生物の共生を規定しているということを反映していると考えられる。

4.6　今後の植物共生科学の展望：多様性解析からメタゲノム解析へ向けて

　基礎科学的には，宿主植物の遺伝解析・人為的な遺伝子改変・突然変異体の利用により，宿主と微生物の両者において遺伝子レベルでの相互作用の解析が可能である。これは動物や昆虫の共生系では得られない利点である。

　応用的な視点においては，根粒や菌根菌を含む有用共生微生物に関係する分野は当然ながら，従来は微生物生態学的な手法や研究視点がほとんどなかった植物病理学においても難培養性微生物を含めた新規の病原体の探索・解析や[12]，野外環境下での非宿主における病原微生物の動態解析などの疫学研究が一気に進展すると思われる[31]。実際に我々の解析データでも *Agrobacterium* 属や *Pectobacterium* 属などの植物病原性細菌に類似した一定の菌群が安定して検出されており（図4），自然状態では病原細菌の多くが非宿主において共生細菌として存在し得るのではないかとも推察できる。また，実験室では植物生育促進や病害防除効果が期待されながら圃場レベルでの実用化が困難であった有用微生物についても，植物共生系への環境因子の影響や生物間相互作用の解析により解決への糸口をつかめる可能性がある。

　近年の植物共生微生物の研究では，ファイトレメディエーションへの利用が期待されているが，肝心の共生微生物に関する情報は極めて乏しい。これらの共生微生物の群集構造解析やメタゲノム解析により，各種の炭化水素化合物の分解[32]や，重金属類耐性[33]における共生微生物の機能解明が格段に進むことが期待される。その他にも，遺伝子組換え植物の環境リスクアセスメントへの応用[6,7]，薬用植物における薬用成分合成に関与する微生物・遺伝子の探索[34]，環境保全や緑化など多岐にわたる研究・産業分野への波及効果が新時代の植物共生科学に期待されている。既に，我々のグループでは植物DNAを含まない純粋な共生細菌群集のDNA調製法の確立にも

成功し，各種植物試料での共生細菌のメタゲノム解析を進めている。これらの解析から植物・微生物相互作用に関する微生物種と機能情報を網羅的に得られると期待できる[35]。

謝辞

かずさDNA研究所の金子貴一博士，佐藤修正博士，田畑哲之博士に大量のDNA塩基配列決定を行って頂き，深く感謝致します。本研究は，振興調整費（ゲノム情報に基づいたダイズ共生微生物の多様性と共生機構の解析）の補助のもとで実施されました。

文　献

1) A. Ramete, *FEMS Microbiol. Ecol.*, **62**, 142 (2007)
2) R. P. Ryan *et al.*, *FEMS Microbiol. Lett.*, **278**, 1 (2008)
3) G. I. Burd *et al.*, *Can. J. Microbiol.*, **46**, 237 (2000)
4) S. Ikeda *et al.*, *J. Biosci. Bioeng.*, **98**, 500 (2004)
5) S. Ikeda *et al.*, *J. Agr. Food Chem.*, **53**, 5604 (2005)
6) S. Ikeda *et al.*, *Microbes Environ.*, **21**, 112 (2006)
7) S. Ikeda *et al.*, *Plant Biotechnol.*, **23**, 137 (2006)
8) S. Ikeda *et al.*, *Microbes Environ.*, **22**, 165 (2007)
9) S. Ikeda *et al.*, *Appl. Environ. Microbiol.*, **74**, 5704 (2008)
10) M. K. Chelius and E. W. Triplett, *Microbiol. Ecol.*, **41**, 252 (2001)
11) F. Rasche *et al.*, *Can. J. Microbiol.*, **52**, 1036 (2006)
12) U. S. Sagaramu *et al.*, *Appl. Environ. Microbiol.*, **75**, 1566, (2009)
13) H. Kadivar and A. E. Stapleton, *Microb. Ecol.*, **45**, 353 (2003)
14) C. -H. Yang *et al.*, *Proc. Natl. Acad. Sci. USA*, **98**, 3889 (2001)
15) B. E. Ramey, *Curr. Opin. Microbiol.*, **7**, 602 (2004)
16) P. Garbeva *et al.*, *Microb. Ecol.*, **41**, 369 (2001)
17) B. Reiter and A. Sessitsch, *Can. J. Microbiol.*, **52**, 140 (2006)
18) B. Normander and J. I. Prosser, *Appl. Environ. Microbiol.*, **66**, 4372 (2000)
19) J. -Y. Jiao *et al.*, *J. Appl. Microbiol.*, **100**, 830, (2006)
20) H. Wang *et al.*, *Environ. Microbiol.*, **10**, 2684, (2008)
21) S. Ikeda *et al.*, *Microb. Ecol.*, **58**, 703 (2009)
22) K. Minamisawa *et al.*, 土と微生物，**62**, 89 (2008)
23) D. W. Deamer and A. Crofts, *J. Cell Biol.*, **33**, 395 (1967)
24) D. Rickwood *et al.*, *Anal. Biochem.*, **123**, 23 (1982)
25) J. Kuklinsky-Sobral *et al.*, *Environ. Microbiol.*, **6**, 1244 (2004)
26) T. Okubo *et al.*, *Microbes Environ.*, **24**, 253 (2009)
27) E. B. M. Denner, *et al.*, *Int. J. Syst. Evol. Micr.*, **53**, 1115 (2003)

28) H. Mano *et al.*, *Microbes Environ.*, **22**, 175 (2007)
29) H. Mano and Morisaki, *Microbes Environ.*, **23**, 109 (2008)
30) S. Ikeda *et al.*, *The ISME J.*, **4**, 315 (2010)
31) C. Allen *et al.*, *Plant Physiol.*, **150**, 1631 (2009)
32) L. A. Phillips *et al.*, *Soil Biol. Biochem.*, **40**, 3054 (2008)
33) R. Idris *et al.*, *Appl. Environ. Microbiol.*, **70**, 2667 (2004)
34) G. Strobel *et al.*, *J. Nat. Prod.*, **67**, 257 (2004)
35) J. H. J. Leveau, *Eur. J. Plant Pathol.*, **119**, 279 (2007)

メタゲノム解析技術の最前線 《普及版》 （B1191）

2010年12月27日 初　版　第1刷発行
2017年 2 月 8 日 普及版　第1刷発行

監　修	服部正平	Printed in Japan
発行者	辻　賢司	
発行所	株式会社シーエムシー出版	

東京都千代田区神田錦町 1-17-1
電話 03 (3293) 7066
大阪市中央区内平野町 1-3-12
電話 06 (4794) 8234
http://www.cmcbooks.co.jp/

〔印刷　株式会社遊文舎〕　　　　　　　　　　　Ⓒ M. Hattori, 2017

落丁・乱丁本はお取替えいたします。

本書の内容の一部あるいは全部を無断で複写（コピー）することは，法律で認められた場合を除き，著作者および出版社の権利の侵害になります。

ISBN978-4-7813-1133-3 C3045 ¥4600E